虚拟样机设计与仿真

袁利毫　曲东越　昝英飞　编著

哈爾濱工程大學出版社
Harbin Engineering University Press

内容简介

本书对机械系统虚拟样机设计与仿真技术的相关理论、方法及应用进行较为全面而翔实的介绍和分析，主要内容包括系统建模与仿真、多刚体动力学与运动学仿真、机械系统数值仿真、虚拟现实技术在虚拟样机中的应用、ROV 虚拟样机仿真应用等，同时注重理论与实践相结合，对 ROV 设计、维修作业可视化仿真等应用案例进行详细分析。

本书可作为计算机工程、系统工程、机械工程、船舶与海洋工程等学科专业本科生和硕士研究生的教材或教学参考书，同时也可供有关工程技术人员自学和参考。

图书在版编目(CIP)数据

虚拟样机设计与仿真/袁利毫，曲东越，昝英飞编著. —哈尔滨：哈尔滨工程大学出版社，2018.7
ISBN 978-7-5661-2063-2

Ⅰ. ①虚… Ⅱ. ①袁… ②曲… ③昝… Ⅲ. ①机械工程-计算机仿真-应用软件 Ⅳ. ①TH-39

中国版本图书馆 CIP 数据核字(2018)第 165281 号

选题策划 雷 霞
责任编辑 王俊一 于晓菁
封面设计 刘长友

出版发行 哈尔滨工程大学出版社
社　　址 哈尔滨市南岗区南通大街 145 号
邮政编码 150001
发行电话 0451-82519328
传　　真 0451-82519699
经　　销 新华书店
印　　刷 北京中石油彩色印刷有限责任公司
开　　本 787 mm×1 092 mm 1/16
印　　张 13.25
字　　数 330 千字
版　　次 2018 年 7 月第 1 版
印　　次 2018 年 7 月第 1 次印刷
定　　价 59.80 元
http://www.hrbeupress.com
E-mail: heupress@hrbeu.edu.cn

前　言

近年来，虚拟样机技术在机械产品设计和开发中得到了广泛应用。针对这种情况，为了解虚拟样机技术的理论基础，掌握虚拟样机软件的使用方法，为我国培养机械系统仿真和分析的高级专业人才，在高等院校机械工程相关专业开设虚拟样机技术的课程势在必行。

本书在介绍虚拟样机相关技术的基础上，从应用技术的角度出发，着重在虚拟现实的开发与应用方面进行了论述。

第1章着重介绍了制造业的信息化、制造技术的发展与支撑技术的发展现状，并阐述了机械系统虚拟样机的基本概念、仿真技术在虚拟样机中的应用、虚拟样机的发展及其关键技术等。

第2章主要介绍了仿真系统的基本原理，包括系统仿真的类型及一般步骤、连续系统仿真概论、模型结构变换、仿真建模算法、偏微分方程仿真建模算法和并行仿真技术等。

第3章对虚拟样机系统仿真进行了分析，首先介绍了多刚体系统运动学与动力学的相关基础知识，并具体阐述了多刚体系统运动学与动力学的理论；其次介绍了基于ADAMS的仿真分析流程；最后基于ADAMS进行了多刚体系统仿真实例分析。

第4章对机械系统的数值仿真与虚拟样机仿真进行了论述，首先对机械系统进行了动力特性分析，并阐述了主要机械系统动力学方程的数值方法；其次讨论了虚拟样机仿真与机械系统仿真的关系。

第5章讨论了虚拟现实技术在虚拟样机中的应用，首先介绍了虚拟样机与虚拟现实技术的概念、基本特征与系统构成等基础知识；其次介绍了虚拟现实的关键技术；最后对虚拟场景中对象实体的建模进行了介绍。

第6章以ROV水下维修作业仿真系统为例，注重理论与实践相结合，从系统总体目标、总体方案设计、仿真分系统组成三个方面对ROV虚拟样机仿真应用案例进行了详细的分析。

本书在编写过程中参阅了大量的书籍和文献资料，在此向有关作者表示衷心的感谢。

当今社会，虚拟样机技术发展迅速，尽管本书力求概括全面，但限于编著者的水平，难免存在不当之处，恳请广大读者批评指正。

编 著 者

2018年于哈尔滨

目　　录

第1章 绪　　论

1.1 引　　言

虚拟样机技术(virtual prototyping technology)是一种崭新的产品开发方法,是随着计算机技术的发展而迅速发展起来的一项计算机辅助工程(computer aided engineering,CAE)技术。虚拟样机技术是在产品设计开发过程中,将分散的零部件设计和分析技术相结合(如在某一系统中,将零部件的计算机辅助设计(computer aided design,CAD)和有限元分析(finite element analysis,FEA)技术相结合),在计算机上建造出产品的整体模型,并针对该产品投入使用后的各种工况进行仿真分析,预测产品的整体性能,进而改进产品设计、提高产品性能的一种新技术。

应用虚拟样机技术,可以使产品的设计者、制造者和使用者在产品研制的早期(产品尚未加工生产时),在虚拟环境中直观、形象地对虚拟产品原型进行设计优化、制造仿真、性能测试和使用,这对创新产品设计、减少设计错误、加快产品开发、提高产品质量具有重要意义。

1.1.1 制造业信息化

制造业信息化是制造企业信息化的简称。制造业信息化将信息技术、自动化技术、现代管理技术与制造技术相结合,可以改善制造企业的经营、管理、产品开发和生产等环节,提高生产效率、产品质量和企业的创新能力,带动产品设计方法及设计工具的创新、企业管理模式的创新、制造技术的创新和企业间协作关系的创新,从而实现产品设计制造及企业管理的信息化、生产过程控制的智能化、制造装备的数控化和咨询服务的网络化,全面提升制造业的国际竞争力。

制造业信息化是国际制造业发展的大趋势。面对经济全球化的国际形势,在全球范围内配置制造资源、形成制造业优势产业链及区域产业集群、抢占世界市场是各国制造业发展的首选战略,世界制造业正朝着全球化、集群化、信息化和服务化方向发展。制造业信息化是支撑制造业自主创新、实现国际化协作及资源配置、促进制造业优势产业链及区域特色产业集群形成的主要手段,受到世界各国的高度重视。制造业信息化的五个特征包括设计数字化、制造装备数字化、生产过程数字化、管理数字化和企业数字化,如图1.1所示。

①设计数字化:通过实现产品设计手段与设计过程的数字化和智能化,缩短产品的开发周期,促进产品的数字化,提高企业的产品创新能力。

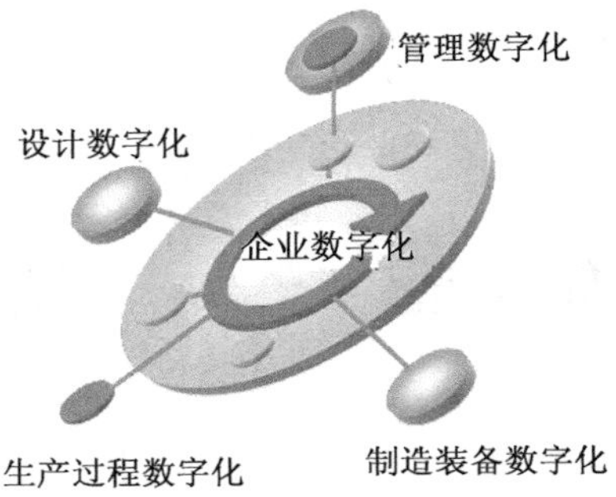

图 1.1　制造业信息化的五个特征

②制造装备数字化：通过实现制造装备的数字化、自动化和精密化，提高产品的精度和加工装配的效率。

③生产过程数字化：通过实现生产过程控制的数字化、自动化和智能化，提高企业生产过程的自动化水平。

④管理数字化：通过实现企业内外部管理的数字化，促进企业重组和优化，提高企业的管理效率和水平。

⑤企业数字化：在企业设计、制造装备、生产过程和经营管理数字化的基础上，实现企业的信息集成、过程集成和内外部资源集成，实现制造企业的整体优化，提高企业的竞争能力。

制造业信息化的发展趋势表现为集成化、协同化和服务化。

①集成化：制造业信息化技术正在从重点支持产品设计制造向支持产品全生命周期管理发展，从企业内业务集成向跨地区、跨企业、跨国界的全球业务集成拓展。

②协同化：国际化的协作及资源配置需要实现制造业产业的协同和企业的协同，大型跨国公司广泛应用数字化综合服务平台，实现信息化集成应用、协同工作和资源的全球配置，以最大限度地利用全球优势资源、降低成本，在竞争中占据制高点。

③服务化：以公共服务平台为基础，采用一对多的服务方式，提供制造业信息化的应用服务，支持企业的业务过程，实现企业间的信息和业务集成。

1.1.2　制造技术的发展

回溯制造业的历史，从瓦特改良蒸汽机，到福特的 T 型车和第一条汽车装配流水线，制造工业的迅猛发展满足了人类日益增长的物质需求，为大幅度提高人类的生活水平提供了物质基础。同时，也应看到，迄今为止的工业化发展过程主要建构在大量消耗不可再生资源的基础上，其生产与消费过程产生的大量污染牺牲了人类生存的环境，致使制造业可持续发展的议题成为当前社会关注的焦点。

20 世纪 30 年代至 60 年代，“规模效益第一”，市场上的产品基本处于供不应求的状态，传统的手工业作坊因其生产周期长、产品数量少而难以满足人们的需求，于是美国率先提出了大规模、大批量、流水线生产。这不仅大大缩短了生产周期，而且极大地降低了生产成本，便于以更强的经济实力去占领市场，从而降低经营风险。

进入20世纪70年代,随着电子信息技术、自动化技术以及各种工艺技术和装备的进步,产品的成本结构发生了本质的变化,劳动力费用不再是成本的主要部分。在这个时期,“价格成本第一”。产品的价格因素是市场竞争的主要因素,降低成本的主要努力方向是提高企业的内部效率和效益。以日本为代表,特别是丰田公司,摒弃了流水线生产中库存大、周转慢的浪费现象,提出准时生产制和精益生产,去除企业中冗余的部分,更好地协调企业系统的各个环节,从而提高企业的生产效率。

进入20世纪80年代,用户对产品的要求不断提高,同时竞争对手的数量也越来越多,满足用户的质量要求成为企业竞争的内容。在这个时期,产品质量成为客户关注的焦点,成了企业和制造商们的主要追求目标,即“制造质量第一”。全面质量控制的目的是使企业能生产高质量的产品。在此时期内形成了ISO 9000质量标准,并相应地实施及发展了质量控制技术和全面质量管理技术,其质量观点从符合性质量发展到适用性质量。

进入21世纪以来,开始了以信息技术为主的新经济时代。在这个时代里,有形产品的制造成本在整个产品成本中的比例日益萎缩,同时,无形产品及产品无形部分的价值变得前所未有的重要。信息技术迅速发展加快了知识的传递,提高了各个领域更新的频率。美国提出敏捷制造(agile manufacturing,AM)、虚拟企业(virtual enterprise,VE)等新概念,制造进入企业集成与优化阶段,包括信息集成、知识集成、资源集成、技术集成、过程集成、串并行工作机制集成及人机集成等。然而,在实际进行企业间合作之前,需要对虚拟企业的运作模式、风险效益等进行精确评估。对于这样一个庞大而复杂的系统,人们十分迫切地希望建立一个和谐的人机环境,使计算机处理的问题及其求解空间尽可能与人们的认识空间一致,于是一个以企业间集成为特色的直观、自然的虚拟制造环境建设被提上议程。图1.2为未来企业的主要特征。

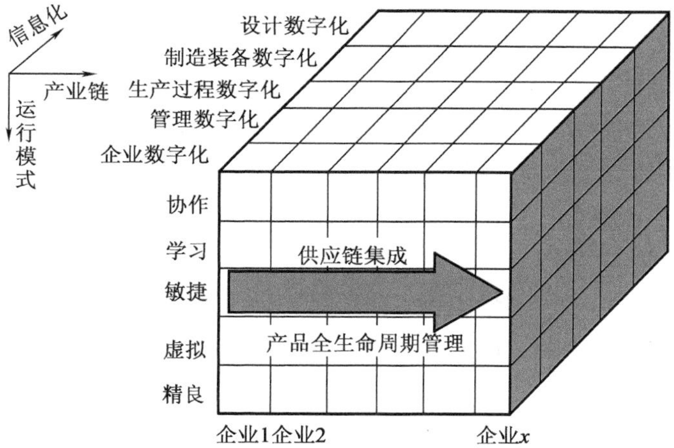

图1.2 未来企业的主要特征

多年来的实践证明,将信息技术应用于制造业进行传统制造业的改造,是现代制造业发展的必由之路。尽管各种新的制造概念的侧重点不同,但都无一例外地强调充分利用现代信息技术的成果。但是,当人们试图利用信息技术工具解决制造系统的问题时,必然会遇到制造系统和信息系统之间的整合问题。也就是说,制造业信息化过程中必须解决如何用信息工具描述制造系统、处理制造活动，以及如何在信息世界完整地再现真实的制造系统等难题，才能更好、更快地发展。

1.1.3 支撑技术的发展现状

计算机软硬件及网络技术的飞速发展推动整个社会进入了一个前所未有的网络时代。社会中个体之间的联系越来越密切，界限越来越模糊，企业之间的界限被打破，企业不再是参与社会活动的技术合作的最小单元，取而代之的是一个更小粒度上的企业间的合作。在这种形式下，不仅企业内部之间、企业同企业之间、企业同市场之间的信息交换与共享的速度和程度得到了极大的提高，而且也为不同地点、不同部门、不同文化背景的技术人员的合作创造了基本条件。

近二十年来，建模与仿真技术飞速发展，分布式交互仿真技术向人们展示了建模与仿真技术对复杂系统的设计和分析的巨大帮助，这些复杂系统足可以与生产系统的复杂性相媲美。而仿真技术以及相关的建模和优化技术正是21世纪信息技术同制造技术相结合的桥梁，是使企业产生最大经济效益的核心技术。另外，计算机图形学、虚拟现实技术和可视化技术在娱乐界的普及带给人们感官上的强烈震撼。工程技术人员及客户迫切希望使用这些先进技术对制造业进行改造，为产品的设计、加工、分析以及生产的组织和管理等提供一个虚拟环境，从而在计算机上组织和"实现"生产，在实际投入生产前对产品的可制造性与可生产性等性能进行设计，保证试制一次就能够成功，从而降低生产成本，缩短上市时间，快速响应用户需求和市场变化，实现清洁生产以减少环境污染，由此提高企业的竞争力。虚拟环境下的设计加工及装配包括装配过程仿真、数字化预装配、结构分析、强度分析、管路设计、CAM等。

现代制造技术是基于集成技术、智能技术、网络技术、自动化技术、分布式并行处理技术、人－机－环境系统技术等的多学科、多功能综合的新一代制造技术。以建模及仿真技术为基础的虚拟制造为沟通信息技术与制造系统间的鸿沟提供了有效的工具和环境，它能够为我们提供有效的制造系统及制造活动信息化方法，使制造系统的产品及其制造过程数字化。因此，在诸多新概念中，"虚拟制造"得到了人们的广泛关注，在科技界与企业界已经成为研究和应用的热点之一。

在这种情况下，在强调柔性和快速响应的前提下，随着计算机技术特别是信息技术的发展，从虚拟制造诞生之日起，其潜在的优势就受到了广泛的关注和认可，被认为是现代制造技术的基础。

1.2 机械系统虚拟样机技术

机械系统虚拟样机技术是一门新的综合性的多学科技术，该技术以机械系统运动学和动力学理论为核心。借助该技术，工程师可以在计算机上建立机械系统的模型，伴之以有效的数值算法、成熟的三维可视化技术以及标准的图形用户界面,模拟现实环境下机械系统的运动学和动力学特性,并根据仿真结果改进或优化机械系统的设计方案与工作过程,最大限度地减少物理样机的试制次数,从而缩短设计和生产周期,降低成本,提高产品质量。

1.2.1 机械系统的内涵

机械系统是指由各个机械基本要素组成的,用以完成所需动作,实现机械性能变换的系统。机械系统以各种形式(如各类制造控制设备、工程机械、武器装备等)广泛地存在于人类的生产及社会活动中。由于科学技术的迅猛发展,机械系统的内涵早已不再是字面意义上的机械执行装置,而是拓展为集电力驱动、电子控制及形态各异的执行机构于一体的机电一体化系统。

任何机械系统都可以看成由若干装置、部件和零件按照一定的结构组合而成的有特定功能的整体。组成机械系统的基本要素是机械零件。从系统结构的不同层次来看,零件、部件和装置都是组成机械的要素,它们是机械处于不同层次的子系统;从更大的范围来看,机械、人和环境组成了一个更大的系统,它们之间相互联系和相互作用,具有特定的功能,通常把机械称为这个大系统的内部系统,而把人和环境称为外部系统。外部系统与内部系统的关系可以用输入和输出表示。从外部系统对内部系统的作用和影响来看,对内部系统是输入,对外部系统是输出;从内部系统对外部系统的作用和影响来看,对外部系统是输入,对内部系统是输出。

机械系统的研究就是要在规定需完成的任务的情况下进行机械元件的最佳组合,使系统的输入与输出保持某种有利的因果关系。机械系统在运作过程中表现出来的特征(动态特性)包括系统在特定激励下的响应特性、稳定性、鲁棒性等,它们往往是系统设计、使用及维护人员最为关心的品质,也是评价系统综合性能、总体质量的首要特性。

1.2.2 机械系统与虚拟样机的关系

将传统的"产品设计—样机建造—测试评估—反馈设计"的循环过程采用虚拟样机技术进行,减少了物理样机的建造,从而极大地缩短了产品开发周期,降低了产品开发成本。机械系统虚拟样机(mechanical system virtual prototyping)技术是基于虚拟样机的机械系统仿真技术,其核心是多体系统运动学和动力学建模理论及其技术实现——在机械系统设计开发过程中,在制造出一台物理样机之前,先利用计算机技术建立机械系统的三维数字化模型(即虚拟样机),对其进行静力学、运动学和动力学分析,较好地仿真该系统的运动过程,以预测机械系统的整体性能,从而快速地分析、比较并改进系统的设计方案,提高系统的性能,最大限度地减少对物理样机的试验次数。图 1.3 为飞机起落架的虚拟样机。

虚拟样机技术有以下特点:

①全新的研发模式:它基于并行工程(concurrent engineering)使产品在概念设计阶段就可以迅速地分析、比较多种设计方案,确定影响性能的敏感参数,并通过可视化技术设计产品,预测产品在真实工况下的特征以及所具有的响应,直至获得最优工作性能。

图 1.3　飞机起落架的虚拟样机

②更低的研发成本,更短的研发周期,更高的产品质量:通过计算机技术建立产品的数字化模型(虚拟样机),可以完成无数次物理样机无法进行的虚拟试验,从而无须制造及试验物理样机就可获得最优方案。

③实现虚拟企业的重要手段:目前世界范围内广泛地接受了虚拟企业(virtual company)的概念,即为了适应快速变化的全球市场,克服单个企业资源的局限性,出现了在一定时间内通过互联网临时缔结而成的一种虚拟企业。

1.2.3　机械系统虚拟样机的概念

机械系统虚拟样机(以下简称虚拟样机)涉及领域与技术面广,因此至今没有一个统一定义。下面是对虚拟样机技术及虚拟样机的一些代表性的论述。

①虚拟样机技术是指将 CAD 建模技术、计算机支持的协同工作(CSCW)技术、用户界面设计、基于知识的推理技术、设计过程管理和文档化技术、虚拟现实技术集成起来,形成一个基于计算机、桌面化的分布式环境,以支持产品设计过程的并行工程方法。

②虚拟样机的概念与集成化产品和加工过程开发(integrated product and process development,IPPD)是分不开的。IPPD 是一个管理过程,这个过程将产品概念开发到生产支持的所有活动集成在一起,对产品及其制造和支持过程进行优化,以满足性能和费用目标。IPPD 的核心是虚拟样机,而虚拟样机技术必须依赖 IPPD 才能实现。

③虚拟样机技术就是在建立第一台物理样机之前,设计师利用计算机技术建立机械系统的数学模型进行仿真分析,并利用图形方式显示该系统在真实工程条件下的各种特性,从而修改并得到最优设计方案。

④虚拟样机是一种计算机模型,它能够反映实际产品的特性,包括外观、空间关系以及运动学和动力学特性。借助于这项技术,设计师可以在计算机上建立机械系统模型,伴之以三维可视化处理,模拟真实环境下系统的运动和动力特性,并根据仿真结果精简和优化系统。

⑤虚拟样机技术利用虚拟环境在可视化方面的优势和可交互式探索虚拟物体功能,对

产品的几何、功能、制造等方面交互建模与分析。它在CAD模型的基础上,把虚拟技术与仿真方法相结合,为产品的研发提供了一个全新的设计方法。

这五种表述的不同主要是因为它们从各自的角度出发进行描述,侧重点不同。

第一种表述从计算机科学的角度出发,从设计理念的角度出发。以前的样机设计或者机械产品的设计主要依靠计算和经验,在完成制作后进行评估,而计算机科学的兴起将会改变这种局面,使得设计完成后可以直接依据计算机强大的计算能力进行计算、评估。

第二种表述从产品的制造过程出发,这个定义是从机械生产的管理者的角度来描述的。以前,产品在推出前必须有样机作为支撑,费时且周期长,现在只需要建出虚拟样机就可以进行评估,决定产品是否发布、什么时候发布,给管理者提供更加明确的产品预期,有利于其对市场的把握。

第三种表述从比较和替代的角度出发,从设计者的角度出发。在设计者看来,虚拟样机可以进行物理样机功能的替代,在设计之初就可以根据结构进行视觉上的观察,做出初期的选择与修改,可以减轻工作量,使设计更高效、可靠。

第四种表述和第三种表述非常类似,但可以看出,第四种表述是在第三种表述的基础上发展而来的。第三种表述强调的是设计,第四种表述强调的是分析,进行机械产品强度和动力学的优化,而这些在早期的虚拟样机技术中很难进行。由此也可以看出,虚拟样机的定义不固定的原因是虚拟样机技术在不断地发展。

第五种表述主要体现应用者的角度,强调沉浸感,强调人机结合,更加强调虚拟样机的舒适性、功能仿真等不易数字化且很难进行描述的指标。

总之,虚拟样机技术就是用CAD数字模型来代替真实的物理样机(模型)的技术。在常规的产品开发过程中,物理样机是用来验证设计思想、选择设计产品、测试产品的可制造性和展示产品的唯一方法。虚拟样机要替代物理样机,首先至少要具备物理样机的功能。因此,虚拟样机应该可以用来测试产品的外形和行为,并且可以用来进行一系列的研究。另外,物理样机可以让人对一个产品有一种最直观的评价,如评价颜色、外形大小、外观特性、触觉和舒适性等。要替代物理样机的这些特性,虚拟样机技术必须包含人和产品的交互。通过以上分析可知,虚拟样机就是用来替代物理产品的计算机数字模型,它可以像真实的物理模型一样,对所涉及产品的全寿命周期(设计、制造、服务、循环利用等)进行展示分析和测试。

1.2.4 虚拟样机技术的优势和局限性

在机电一体化产品的设计中,若采用实物验证方法的传统机电产品设计,则应先对产品进行局部设计,加工出物理样机,然后进行调试,再对其各种行为进行评估,若不满足使用要求则选择返回修改设计,然后加工出新的物理样机,如此反复评估,直至满足要求为止。

虚拟样机技术应用于机电产品的开发设计过程时与传统设计步骤相差不大,主要差别是虚拟样机技术集合各领域的理论和技术在计算机上直接进行建模与仿真。它在产品设计阶段能够对产品使用、制造、维护等行为进行评估、分析,优化产品性能指标,保证设计出来的产品能够达到制造、使用和维护的要求，而且它的修改只要直接改变建模的数据即可。因此，虚拟样机技术的优势在于缩短研发周期，节约研发资本，实现资源共享。

但是，虚拟样机技术涉及的学科领域太广，技术复杂，给设计者提出了很高的要求，而且对于一些复杂的问题，其在计算上无法得到精确的解，只能尽量地将误差控制在允许的范围内，所以该技术本身的不成熟和不完善在一定程度上制约了它的发展。此外，在对产品进行建模时，很难建立理想的、完整的模型。因此，虚拟样机目前尚无法完全替代物理样机。

1.3　仿真技术在虚拟样机中的应用

1.3.1　仿真的定义和分类

计算机仿真(computer simulation)又称计算机模拟，它是分析及研究系统运行行为、揭示系统动态过程和运动规律的一种重要手段与方法，是系统仿真的一个重要分支。系统仿真就是建立系统的模型，并在模型上进行试验的过程。系统仿真技术实质上就是建立仿真模型并进行仿真试验的技术。因此，通俗地说，计算机仿真就是指在实体尚不存在或者不易在实体上进行试验的情况下，对考察对象进行建模，然后通过计算机编程考察对象随系统参数以及内外环境条件改变的情况，达到全面了解和掌握考察对象特性的目的。

计算机仿真技术是一门利用计算机软件模拟实际环境进行科学试验的技术。它具有经济、可靠、实用、安全、灵活、可重复使用等优点，已经成为对许多复杂系统(工程的、非工程的)进行分析、设计、试验、评估的必不可少的手段。它是以数学理论为基础，以计算机和各种物理设施为工具，利用系统模型对实际的或设想的系统进行试验、仿真研究的一门综合技术。

目前，计算机仿真计算主要包括以下几种：

①面向对象的仿真(object - oriented simulation, OOS)：主要是将整个系统的功能设计和实现通过对对象的操作及对象信息的彼此综合利用来实现，对象间信息的传送引起系统的活动。

②分布交互仿真(distributed interactive simulation, DIS)：主要是通过计算机网络将分散在各地的仿真设备互联，构成时间与空间互相耦合的虚拟仿真环境。

③智能仿真(intelligence simulation, IS)：主要是以知识为核心和以人类思维行为作背景的智能技术，引入整个建模与仿真过程，构造各种基本知识的开发途径，是人工智能(如专家系统、知识工程、模式识别、神经网络等)与仿真技术(如仿真模型、仿真算法、仿真语言、仿真软件等)的集成化。

1.3.2　计算机仿真的发展现状

计算机仿真大致经历了模拟机仿真、模拟 - 数字混合机仿真和数字机仿真三个大的阶段。20 世纪 50 年代,计算机仿真主要采用模拟机;20 世纪 60 年代后,串行处理数字机逐渐被应用到仿真之中,但难以满足航天、化工等大规模复杂系统对仿真时限的要求;到了 20 世纪 70 年代,模拟 – 数字混合机曾一度被应用于飞行仿真、卫星仿真和核反应堆仿真等众多高技术研究领域;20 世纪 80 年代后,由于并行处理技术的发展,数字机才最终成为计算机仿真的主流。现在,计算机仿真技术已经在机械制造、航空航天、交通运输、船舶工程、经济管理、工程建设、军事模拟和医疗卫生等领域得到了广泛的应用。

计算机仿真技术主要是随着计算机技术、计算技术、图形图像技术、复杂系统建模技术和专业建模技术的发展而发展的。从历史上看,计算机仿真大致经历了四个发展阶段。

①模型试验:最原始的仿真思想,其模型试验是基于物理模型进行的,缺乏柔性和精度。

②数字化仿真:采用计算机进行分析、计算,但是计算结果表达局限于记录文件和图表,缺乏直观形象。

③图像化仿真:大量采用丰富的图形图像技术来表达仿真结果,如三维图形。

④虚拟现实技术:不仅采用三维图形技术表达计算结果,而且采用特殊装置(如三维数据头盔、触摸仪器等),使人有身临其境的感受。

目前,虚拟现实技术迅速发展起来,不仅因为它可为人类提供文化娱乐环境,更因为它为研究和探索宏观世界、微观世界,以及由于种种原因难以直接面对的真实对象提供了有效手段。

1.3.3 计算机仿真在虚拟样机中的应用

计算机仿真方法是以计算机仿真为手段,通过仿真模型模拟实际系统的运动来认识其规律的一种研究方法。计算机仿真(或称系统仿真)作为分析及研究系统运行行为、揭示系统动态过程与运动规律的一种重要手段和方法,是随着系统科学研究的深入,以及控制理论、计算技术、计算机科学与技术的发展而形成的一门新兴学科。近年来,随着信息处理技术的突飞猛进,仿真技术得到迅速发展。计算机仿真的实质是建立系统模型并将其放到计算机上进行试验,即面向研究对象利用计算机建立实验环境模拟样机与系统仿真的关系。

近年来,由于问题域的扩展和仿真支持技术的发展,系统仿真致力于更自然地抽取事物的属性特征,寻求使模型研究者更自然地参与仿真活动的方法等。在这些探索的推动下,出现了一批新的研究热点。

①面向对象仿真:从人类认识世界模式出发,使问题空间和求解空间相一致,提供更自然、直观且具可维护性和可重复性的系统仿真框架。

②定性仿真:用于复杂系统的研究,由于传统的定量数字仿真的局限,仿真领域引入定性研究方法将拓展其应用。定性仿真力求非数字化,以非数字手段处理信息输入、建模、分析和结果输出,通过定性模型推导系统定性行为描述。

③智能仿真:以知识为核心和以人类思维行为作背景的智能技术,引入整个建模与仿真过程,构造各种基本知识的仿真系统,即智能仿真平台。智能仿真技术的开发途径是人工智能(如专家系统、知识工程、模式识别、神经网络等)与仿真技术(如仿真模型、仿真算

法、仿真语言、仿真软件等)的集成化。因此,近年来各种智能算法(如模糊算法、神经算法、遗传算法)的探索也形成了智能建模与仿真中的一些研究热点。

④分布交互仿真:通过计算机网络将分散在各地的仿真设备互联,构成时间与空间互相耦合的虚拟仿真环境。实现分布交互仿真的关键技术是网络技术、支撑环境技术、组织和管理。其中,网络技术是实现分布交互仿真的基础;支撑环境技术是分布交互仿真的核心;组织和管理是完善分布交互仿真的信号。

⑤可视化仿真:用以为数值仿真过程及结果增加文本提示、图形、图像、动画的表现,使仿真过程更加直观,使结果更容易被理解,并能验证仿真过程是否正确。

⑥多媒体仿真:在可视化仿真的基础上加入声音,从而得到视觉和听觉媒体组合的多媒体仿真。

⑦虚拟现实仿真:在多媒体仿真的基础上强调三维动画、交互功能,支持触、嗅、味觉,就得到了虚拟现实(VR)仿真系统。

虚拟样机技术利用虚拟环境在可视化方面的优势以及可交互式探索虚拟物体功能,在几何、功能、制造等方面对产品进行交互建模与分析。它在CAD模型的基础上,把虚拟技术与仿真方法相结合,为产品研发提供全新的设计方法。可以说,虚拟样机是以仿真为基础并通过仿真技术手段实现的。

1.3.4 虚拟样机与系统仿真的关系

所谓系统仿真(system simulation)就是指根据系统分析的目的,在分析系统各要素性质及其相互关系的基础上,建立能描述系统结构或行为过程且具有一定逻辑关系或数量关系的仿真模型,据此进行试验或定量分析,以获得做出正确决策所需的各种信息。

系统仿真是一种对系统问题求数值解的计算技术。尤其当系统无法通过建立数学模型求解时,仿真技术能有效地解决问题。它和现实系统试验的差别在于,仿真试验不是依据实际环境进行的,而是作为实际系统映象的系统模型在相应的“人造”环境下进行的,并在模型上进行系统试验。这是仿真的主要功能,仿真可以比较真实地描述系统的运行、演变及其发展过程。

虚拟样机技术是一种崭新的产品开发方法,是一种基于产品的计算机仿真模型的数字化设计方法。在物理样机生产出来之前,虚拟样机技术利用虚拟样机替代物理样机对产品进行创新设计、测试和评估。虚拟样机技术是基于先进的建模技术、多领域的系统仿真技术、交互式用户界面技术和虚拟现实技术的综合应用技术。

1.4 虚拟样机的发展及其关键技术

1.4.1 虚拟样机的产生及其发展

机械设计的历史可以追溯到石器时代,当时的人类就可根据实践经验制造出许多结构简单、操作方便的工具,但是直到工业革命前,人们对机械系统的设计始终停留在依据经验和灵感的阶段。17 世纪中叶以来,随着近代科学技术的发展,工程设计的理论、方法和手段都发生了很大变化。特别是 20 世纪 40 年代以来,随着现代数字电子计算机的出现和在工程中的成功应用(以 CAD 技术和 FEA 技术为代表),工程设计产生了根本性的变化。在机械产品的设计中,CAD 技术实际上解决了产品造型方面的问题,FEA 技术则解决了产品中单个零部件的优化问题,但都不能很好地解决产品整体性能的优化问题。

在传统的设计与制造过程中,先进行概念设计和方案论证,然后进行产品设计。在设计完成后,为了验证设计,通常还需要制造样机进行试验,有时候试验是破坏性的。当通过试验发现缺陷时,又要重新修改设计并再次验证样机。只有通过周而复始的"设计—试验—设计"过程,产品才能达到要求的性能。这一过程是冗长的,尤其对结构复杂的系统而言,设计周期无法缩短,更谈不上对市场的灵活反应了。样机的单机制造增加了成本,在大多数情况下,工程师为了保证产品按时投放市场,会提前中断这一过程。基于物理样机的设计验证过程严重制约了产品质量的提高、成本的降低和对市场的占有。

随着机械系统的构型越来越复杂,这些系统在构型上向多回路与多控制系统方向发展。例如,高速车辆对操纵系统与悬挂系统的构型提出更高的要求,要求高速、准确地操作以及能在恶劣的环境下工作,有的已采用自动控制环节,机器人及操作机械臂在工业与生活中将得到普遍应用,这些对系统的构型也提出新的要求。不仅如此,机械系统的大型化与高速运行的工况使机械系统的动力学性态变得十分复杂。复杂的机械系统的静力学与动力学的特性分析、设计和优化向科技工作者提出了新的挑战。

虚拟样机技术将传统的"产品设计—样机建造—测试评估—反馈设计"的循环过程采用虚拟样机技术进行,减少物理样机的建造,从而极大地缩短产品开发周期和降低产品开发成本。

国外对虚拟样机的概念、理论研究已相当深入,技术开发也日趋成熟,已进入了工业应用阶段,20 世纪 90 年代后,西方各国取得了很多应用成果。当前国际上虚拟样机技术最成功的应用集中在机械制造及离散制造业,尤其是汽车工业和飞机工业。1992 年,虚拟样机技术第一次成功应用于波音 777 飞机的设计,而后得到迅速发展;1996 年,北美技术基础组织(NATIBO)将协同虚拟样机(CVP)技术用于美加间军事服务的仿真;1997 年,美国能源部(DOE)和美国国防部(DOD)又提出了下一代虚拟样机技术的体系结构。美国 Sikorsky 和波音公司在开发军队最新、最大的航空项目 Commanche 时,大规模使用了虚拟样机技术。Sikorsky 使用 CVP 技术可使 Commanche 的单位开销降低 20% ~ 30%。Chrysler 公司将与 BIM 合作开发的虚拟制造环境用于其新车的研制,在样本生产之前发现其定位系统的控制及其他设计缺陷,缩短了研制周期。美国通用动力公司在新型攻击潜艇项目中应用虚拟样机技术,节约了超过 25% 的制造费用。欧洲空中客车公司采用虚拟样机及仿真技术,将空中客车的试制周期从 4 年缩短为 2.5 年。图 1.4 为美国通用动力公司的某型轿车的虚拟样机。

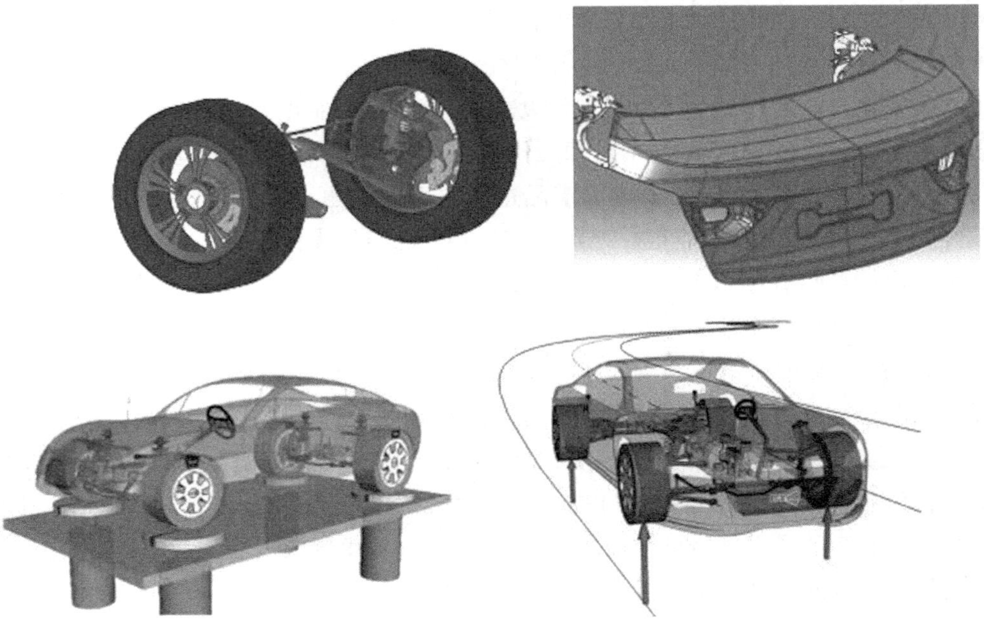

图 1.4　美国通用动力公司的某型轿车的虚拟样机

虚拟样机技术的成功应用促进了专业化虚拟样机工具软件的开发。虚拟样机技术已成功应用于大型工程项目中的样机软件,包括罗尔斯・罗伊斯公司在对引擎制造及维护可行性评估中所使用的155 虚拟现实试验检测器,波音公司在波音 777 飞机设计中应用的高性能工程可视化系统,等等。近年来,研究和开发虚拟样机系统的重心开始不局限于具体项目,如 Fruanhofer 中心计算机图形研究部门对现有工具集成技术的研究,目的是为现有 CAD 系统提供虚拟样机的功能。现在,一些 CAD 产品的附带软件(如 PTC Pro/Fly - trouhg, Mechanical Dynamics 的 ADAMS, Matra Datavision 的 Megvaision, Prosolvia Claurs 的 Real - time Link, EDS Unigraphies 建模模块,等等)均为工程设计提供了实时虚拟的功能。

1.4.2　虚拟样机的关键技术

虚拟样机技术是一种综合多学科的技术,它的核心部分是多体系统运动学与动力学建模理论及其技术实现。作为应用数学的一个分支的数值算法及时地提供求解这种问题的有效、快速的算法。CAD/FEA 等技术的发展为虚拟样机技术的应用提供技术环境。虚拟样机技术通过设计中的反馈信息不断地指导设计,保证产品寻优开发过程顺利进行,对制造业产生了深远的影响。

虚拟样机技术源于对多体系统动力学的研究。在工程中,对由零部件构成的系统进行设计优化与形态分析时可将其分为两类:一类称为结构,其特征是在正常的工况下,构件间没有相对运动,人们关心的是这些结构在受到载荷时的强度、刚度与稳定性;另一类称为机构,其特征是在系统运动过程中,构件间存在相对运动。此外,在车辆及其他有人参与的机械中,人体甚至也是系统的一部分。上述复杂系统的力学模型为多个物体通过运动副连接的系统,称为多体系统。

在对复杂系统的研究中，人们关心的问题大致有三类：一是不考虑运动起因的情况下，研究机械各部分的速度与加速度的关系的运动学分析；二是系统受力平衡时，确定系统各部分受力的平衡位置以及运动副的受力的静力学分析；三是确定载荷与运动的关系的动力学分析。

(1)虚拟样机技术的基本原理

20世纪60年代，古典的刚体力学、分析力学与计算机相结合的力学分支多体系统动力学在社会生产实践的推动下应运而生。其主要任务是：①建立复杂系统的机械运动学和动力学程式化的数学模型，开发实现这个数学模型的软件系统，用户只需输入描述系统的最基本数据，借助计算机就能自动进行程式化的处理；②开发和实现有效的处理数学模型计算方法与数值积分方法，自动得到运动学规律和运动响应；③实现有效的数据后处理，采用动画显示、图表或其他方式提供数据处理结果。

目前，多体系统动力学已形成了比较系统的研究方法。其中主要有工程中常用的以拉格朗日方程为代表的分析力学方法，以牛顿－欧拉方程为代表的矢量学方法、图论方法、凯恩方法、变分方法，等等。

尽管虚拟样机技术以多体系统运动学、动力学建模理论为核心，但没有成熟的三维计算机图形技术和基于图形的用户界面技术，虚拟样机技术也不会成熟。虚拟样机技术在技术和市场两个方面也与计算机辅助设计(CAD)技术的成熟及大规模推广应用分不开。首先，CAD中的三维几何造型技术能够使设计师们的精力集中在创造性设计上，把绘图等烦琐的工作交给计算机去做，这样设计师就有额外的精力关注设计的正确和优化问题；其次，三维造型技术使虚拟样机技术中的机械系统描述问题变得简单；最后，CAD强大的三维几何编辑修改技术使机械设计系统的快速修改成为可能，在这个基础上，在计算机上的“设计—试验—设计”的反复过程才有时间上的意义。

(2)虚拟样机仿真技术的内容

虚拟样机仿真技术包括两方面的内容：一是几何仿真，即机构的几何特性与装配关系的仿真；二是性能仿真，即系统运动性能及动力特性的仿真。

几何仿真通过虚拟造型技术直观、准确地反映产品的几何特性与装配关系，进而在设计早期预测系统干涉、检验装配缺陷，以便顺利进入下一步的运动学、动力学仿真。

性能仿真的核心是多体系统动力学。多体系统动力学是由多刚体系统动力学与多柔体系统动力学组成的。多刚体系统动力学的研究对象是由任意有限个刚体组成的系统，刚体之间以某种形式的约束连接，这些约束可以是理想的、完整的约束，非完整的约束，以及定常或非定常的约束。研究这些动力学需要建立非线性运动方程、能量表达式、运动学表达式，以及其他一些量的表达式。

在结构大小设计方面，目前三维产品设计软件已在企业得到广泛应用，而传统的二维产品设计软件正在逐渐退出。概括地说，现代生产中，产品设计和开发就是建立虚拟样机。相对于二维产品设计，三维产品设计不仅可以让设计者直观地评价产品，而且使设计本身更加便捷、快速。

对于某些零件，在进行结构尺寸设计的同时，设计人员还要对其进行结构强度和刚度的分析,进行材料及结构的优化设计。有限元法在机械结构强度和刚度分析方面是极为方便的手段。动力学仿真分析是指进行机构结构等的设计时,还需要了解机构的运动学和动力学的参数。设计人员可以采用刚体或者多体动力学分析的方法对运动机构进行全面的仿真分析,并对这些性能进行优化,从而达到提高产品性能、缩短开发时间、减少开发费用的目的。

目前,单纯的机械产品几乎已经不存在,更多的是多学科相耦合的产品,比如机电液一体化或者机光电一体化产品,现在已经出现了这方面的虚拟样机技术。同时,随着学科融合的加深,计算方法也伴随新技术的产生而发生变化,比如现在热门的协同仿真、并行计算、图形计算等也逐渐用于虚拟样机技术。

(3)虚拟样机的关键技术

虚拟样机技术是以并行工程思想为指导,以 CAX(对各项计算机辅助技术的综合叫法)/DFX(面向产品生产周期各环节的设计)技术为基础,以协同仿真技术为核心的先进的数字化设计方法。虚拟样机技术正处于发展阶段,目前主要有以下关键技术。

①系统总体与集成环境技术

系统总体技术从全局出发,考虑支持虚拟样机开发的各部分的关系,规定和协调各子系统的运行,并将它们组成有机的整体,实现信息和资源共享,完成总体目标。系统总体技术涉及规范化体系结构,以及其采用的标准、规范、协议、网络及数据库技术、系统集成技术及方法、系统运行模式等。

虚拟样机集成环境是一个支持并管理产品全生命周期虚拟化设计过程与性能评估活动,支持分布式采用协同 CAX/DFX 技术来开发和实施虚拟样机工程的集成应用系统平台。它能提供相应数据、模型库、CAX/DFX 设计工具,以及相关模拟器/仿真应用系统、协同仿真平台及可视化环境、基于知识管理的协同环境等,支持产品全生命周期的设计、仿真和分析活动;能支持组织、技术和过程三个要素在虚拟样机开发过程中的有机结合,支持虚拟产品数据、模型和项目的管理与优化,支持不同工具、不同应用系统的集成。

②多学科协同建模技术

多学科协同建模技术通过提供一个逻辑上一致、可描述产品全生命周期相关信息的公共产品模型描述方法,支持各类不同模型的信息共享、集成与协同运行,实现不同层次上的产品的构造、功能、行为的描述与模拟;支持模型在产品全生命周期上的一致表示与信息交换和共享,实现在产品全生命周期上的应用;支持模型相关数据信息的映射、提炼与交换,实现对产品全方位的协同测试、分析与评估;支持虚拟产品各类模型的协同建模与协同仿真活动,实现开发环境与运行环境的紧密集成。

从当前建模技术的发展趋势上看,采用层次化建模和模型抽象技术、多模式建模概念、并行和分布式建模技术、基于元模型及知识的建模技术是未来复杂产品建模技术的发展方向。

③协同仿真技术

协同仿真技术是基于建模技术、分布仿真技术和信息管理技术的综合应用技术,是在各领域建模、仿真分析工具和 CAX/DFX 技术基础上的进一步发展。协同仿真既包含在时间轴上对产品全生命周期的单点仿真分析，也强调在同一时间点上对象在系统层面上的联合仿真分析。协同仿真技术是不同的人员采用各自领域专业设计与分析工具协同地开发复杂系统的有效途径。

复杂产品协同仿真实验技术主要解决由不同工具、不同算法甚至不同描述语言实现的分布、异构模型之间的互操作与分布式仿真问题，以及在系统层次上对虚拟产品进行外观、功能与行为的模拟和分析问题。协同仿真运行管理技术负责管理协同仿真运行中各类模型的状态及其流程设计与管理等。

④模型资源信息与过程管理技术

通常，虚拟产品包含大量的、多层次的知识和信息，从上到下可大致分为三层：信息技术知识层，过程知识和生命周期知识层，以及基础知识、经验知识和产品知识层。因此，在虚拟样机开发过程中必然涉及大量的数据、模型、工具、流程和人员，这就需要在正确的时刻把准确的数据按合理的方式传递给相应的对象。

虚拟样机开发过程中的管理技术包括数据/模型的管理和项目过程的管理，即信息集成和过程集成。基于产品数据管理技术，进一步拓展对项目的多目标、模型库和知识库的管理功能与性能，是实施复杂产品数据、模型、工具、流程及人员管理的有效途径。

⑤分布式虚拟环境仿真技术

虚拟样机必须存在于虚拟环境之中。虚拟现实是一种全部或部分由计算机生成的多维感觉环境，使参与者产生沉浸感，可以在虚拟环境中进行观察、感知和决策等活动。目前，虚拟现实正向基于虚拟现实造型语言（virtual reality markup language, VRML）和分布式虚拟现实（distributed virtual reality, DVR）方向发展。虚拟环境仿真需要解决环境仿真模型的建立和环境效应的模拟等问题，逐步完善和建立各种环境数据库，最终实现利用虚拟现实技术开发出分布式虚拟环境平台。

⑥模型校验和确认技术

虚拟样机分布式仿真系统涉及的模型类型众多，组成关系复杂，如军事领域武器样机仿真系统模型由作战模型、实体模型、环境模型和评估模型组成。同时，数学模型的正确与否和精确度直接影响到仿真的置信度。规范、标准的模型校验和确认技术是保证分布式仿真置信度的关键，它包括建立规范、标准的系统性能评估模型与评估方法，建立分布建模与仿真的效验和确认，以及仿真置信度、可信性评估的规范化方法与典型基准题例等，它能够检验系统的标准兼容性、时空一致性、功能正确性、强壮性、可靠性，以及系统运行平台的综合性能和系统仿真精度等。

第 2 章　系统仿真基本原理

2.1　系统仿真的类型及一般步骤

2.1.1　系统的基本概念

尽管“系统”一词频繁出现在社会生活和学术领域中，并被广泛应用于其他领域，但不同的人在不同的场合往往赋予它不同的含义。长期以来，对“系统”的定义和特征的描述尚无统一、规范的定论。一般我们采用如下定义：系统是由一些相互联系、相互制约的若干组成部分结合而成的、具有特定功能的一个有机整体(集合)。

系统具有如下基本特征：整体性、相关性。首先，必须明确系统的整体性。也就是说，它是一个整体，它的各个部分是不可分割的。其次，要明确系统的相关性。其内部各物体以一定的规律联系着，它们的特定关系形成了具体的、有特性的系统。

尽管世界上的系统千差万别，但可以总结出描述系统的三要素：实体、属性、活动。

①实体确定系统的构成，即确定系统的边界，是存在于系统的各项确定的物体。

②属性为描述变量，描述实体的特征，是实体具有的各项有效的特征。

③活动定义系统内部实体的行为和相互作用，从而确定系统内部的变化过程，反映系统的变化规律。

与系统有关的常用术语包括：

①系统环境：影响系统但不受该系统直接控制的全部外界因素的集合。

②系统边界：为了限制所研究问题涉及的范围，一般用系统边界把被研究的系统与系统环境区分开来。在建立系统模型时，要注意正确划清系统边界。边界要根据研究目标而定，确定研究目标后才能确定哪些属于系统内部因素，哪些属于系统外部环境。

③内生活动：系统内部实体相互作用产生的活动。

④外生活动：系统外部环境影响产生的活动。

⑤封闭系统：没有外生活动的系统。

⑥开放系统：含有外生活动的系统。

⑦大系统、复杂系统：规模庞大、功能及结构复杂、交联信息多的系统。

建立系统概念的目的在于深入认识并掌握系统的运动规律，不仅定性地了解系统，而且定量地分析、综合系统，比较准确地解决工程、现代社会和自然中各种复杂的问题，以便获得更大的效益。

2.1.2　系统仿真的基本概念

所谓系统仿真就是根据系统分析的目的,在分析系统各要素性质及其相互关系的基础上,建立能描述系统结构或行为过程且具有一定逻辑关系或数量关系的仿真模型,据此进行试验或定量分析,以获得做出正确决策所需的各种信息。

通常,对系统仿真的定义是,建立系统的模型,并在模型上进行试验。它是以相似原理、系统技术、信息技术及其应用领域的相关专业技术为基础,以计算机和各种专用物理效益设备为工具,利用系统模型对真实的或设想的系统进行动态研究的一门多学科的综合性试验性科学。

相似理论是系统仿真的主要理论依据。系统仿真通过研究模型来揭示实际系统的形态特征和本质,从而达到认识实际系统的目的。

相似是指各类事物间某些共性的客观存在。相似性是客观世界的一种普遍现象,它反映客观世界的特性和共同规律。采用相似技术来建立实际系统的相似模型,是相似理论在系统仿真中具有基础作用的根本体现。相似理论的基本内容包括相似定义、相似定理、相似类型和相似方法。因为系统具有内部结构和外部行为,所以系统的相似有两个基本水平:结构水平和行为水平。同构必具有行为等价的特性,但行为等价的两个系统并不一定具有同构关系。因此,系统相似无论具有什么水平,其基本特征都归结为行为等价。人们对各种领域的认识水平不一样,不同领域的相似有各自的特点,大致有以下基本类型:

①几何相似:把真实系统按比例放大或缩小,其模型的状态向量与原物理系统的状态完全相同。

②感觉相似:主要是视觉、听觉、触觉和运动感觉相似,是人在回路中的仿真,特别适合作为用各种模拟器对操作人员进行训练的依据。

③逻辑思维方法相似:对获取的信息进行分析、归纳、综合、判断、决策直至操作控制的方法相似。

④微分方程的数字解法、离散相似:采用差分法、离散相似法等把连续时间系统离散化为等价的离散时间系统。这是数字仿真的基础。

系统仿真有三个基本活动,即系统建模、仿真建模和仿真试验。联系这三个活动的是系统仿真的三要素:系统、模型和计算机(包括硬件和软件)。它们的关系如图 2.1 所示。

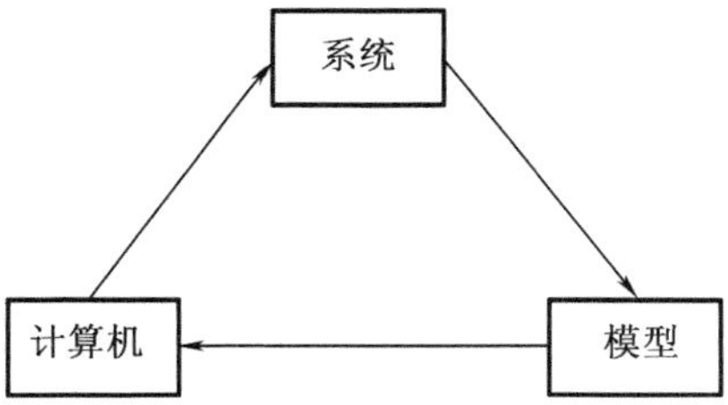

图 2.1　系统仿真三要素的关系

随着计算机的发展,计算机求解复杂系统数学模型的功能也越来越强。因此,运用计算机对系统进行数学仿真日益为人们所重视。数学仿真试验所需的时间相较于物理仿真大大缩短,试验数据的处理也简单得多。

(1)系统仿真的实质

①它是一种对系统问题求数值解的计算技术。尤其是当系统无法通过建立数学模型求解时,仿真技术能有效地处理。

②仿真是一种人为的试验手段。它和现实系统试验的差别在于,仿真试验不是依据实际环境而是作为实际系统映象的系统模型在相应的“人造”环境下进行的,这是仿真的主要功能。

③仿真可以比较真实地描述系统的运行、演变及发展过程。

(2)系统仿真的基本方法

系统仿真的基本方法是建立系统的结构模型和量化分析模型,并将其转换为适合在计算机上编程的仿真模型,然后对模型进行仿真试验。由于连续系统和离散(事件)系统的数学模型有很大差别,因此系统仿真的方法基本上分为两大类,即连续系统仿真方法和离散系统仿真方法。

在以上两类基本方法的基础上,还有一些用于系统(特别是社会经济和管理系统)仿真的特殊而有效的方法,如系统动力学方法、蒙特卡洛法等。系统动力学方法通过建立系统动力学模型(流图等),利用 DYNAMO 仿真语言在计算机上实现对真实系统的仿真试验,从而研究系统结构、功能和行为之间的动态关系。

2.1.3 系统仿真分类

系统仿真是建立在控制理论、相似理论、信息处理技术和计算机初等理论基础之上的,以计算机和其他专用物理效应设备为工具,利用系统模型对真实或假设的系统进行试验,并借助于专家的经验知识、统计数据和信息资料对试验结果进行分析、研究,进而做出决策的一门综合的试验性学科。从广义而言,系统仿真的方法适用于任何系统,无论是工程系统(机械、化工、电力、电子等系统)还是非工程系统(交通、管理、经济、政治等系统)。

①根据模型的类型,系统仿真可以分为物理仿真、数学仿真和物理 - 数学仿真(半实物仿真)。

按照真实系统的物理性质构造系统的物理模型,并在物理模型上进行试验的过程称为物理仿真。在计算机问世以前,仿真基本上是物理仿真,也称为“模拟”。物理仿真要求模型与原型有相同的物理属性,其优点是直观,形象,模型能更真实、全面地体现原系统的特性;缺点是模型制作复杂,成本高,周期长,模型改变困难,试验限制多,投资较大。

对实际系统进行抽象,并将其特性用数学关系加以描述而得到系统的数学模型,进而对数学模型进行试验的过程称为数学仿真。计算机技术的发展为数学仿真创造了条件,使数学仿真变得方便、灵活、经济,因而数学仿真亦称计算机仿真。数学仿真的缺点是受限于系统建模技术,即系统的数学模型不容易建立。

半实物仿真是指将一部分实物接在仿真试验回路中,用计算机和物理效应设备实现系统模型的仿真,即将数学模型与物理模型甚至实物联合起来进行试验。该方法对系统中比较简单的或规律比较清晰的部分建立数学模型,并在计算机上进行仿真;而面对比较复杂的部分或对其规律尚不十分清楚的系统(其数学模型的建立比较困难),则采用物理模型或实物进行仿真。仿真时,该方法将二者连接起来完成整个系统的试验。

②根据计算机的类别,系统仿真可以分为模拟计算机仿真、数字计算机仿真和混合仿真。

模拟计算机本质上是一种通用电气装置,这是20世纪中叶普遍采用的仿真设备。将系统数学模型在模拟计算机上加以实现并进行试验称为模拟计算机仿真。

数字计算机仿真是指将系统数学模型用计算机程序加以实现,通过运行程序来得到数学模型的解,从而达到系统仿真的目的。

本质上,模拟计算机仿真是一种并行仿真,即仿真时,代表模型的各部件是并发执行的。早期的数字计算机仿真则是一种串行仿真,因为计算机只有一个中央处理器,计算机指令只能逐条执行。为了发挥模拟计算机的并行计算功能和数字计算机强大的存储记忆及控制功能,以实现大型复杂系统的高速仿真,在数字计算机技术还处于较低水平时,产生了混合仿真,即将系统模型分为两部分,其中一部分放在模拟计算机上运行,另一部分放在数字计算机上运行,两个计算机之间利用模数和数模转换装置交换信息。

随着数字计算机技术的发展,以及其计算速度和并行处理能力的提高,混合仿真已逐步被全数字仿真取代,因此今天的计算机仿真一般指的是数字计算机仿真。

③根据仿真时钟与实际时钟的关系,系统仿真可以分为实时仿真、欠实时仿真和超实时仿真。

系统动态模型的时间标尺可以和实际系统的时间标尺不同,前者受仿真时钟控制,而后者受实际时钟控制。

实时仿真的仿真时钟与实际时钟完全一致;欠实时仿真的仿真时钟比实际时钟慢;超实时仿真的仿真时钟比实际时钟快。

④根据被仿真系统的特性,系统仿真可以分为连续系统仿真和离散事件系统仿真。

连续系统仿真是指对那些系统状态量随时间连续变化的系统进行仿真研究,包括数据采集与处理系统的仿真。这类系统的数学模型包括连续模型(微分方程)、离散时间模型(差分方程等)及连续－离散混合模型。

离散事件系统仿真是指对那些系统状态量只在一些时间点上因某种随机事件的驱动而发生变化的系统进行仿真试验。这类系统的状态量是因事件的驱动而发生变化的,两个事件之间的状态量保持不变,所以是离散变化的,被称为离散事件系统。这类系统的数学模型常用流程图或网络图来描述。

2.1.4　系统仿真的一般步骤

对于每一个成功的仿真研究项目,其应用都具有特定的步骤,不论仿真项目的类型和研究目的有何不同,仿真的基本过程是保持不变的。系统仿真的一般步骤可用图2.2来表示。

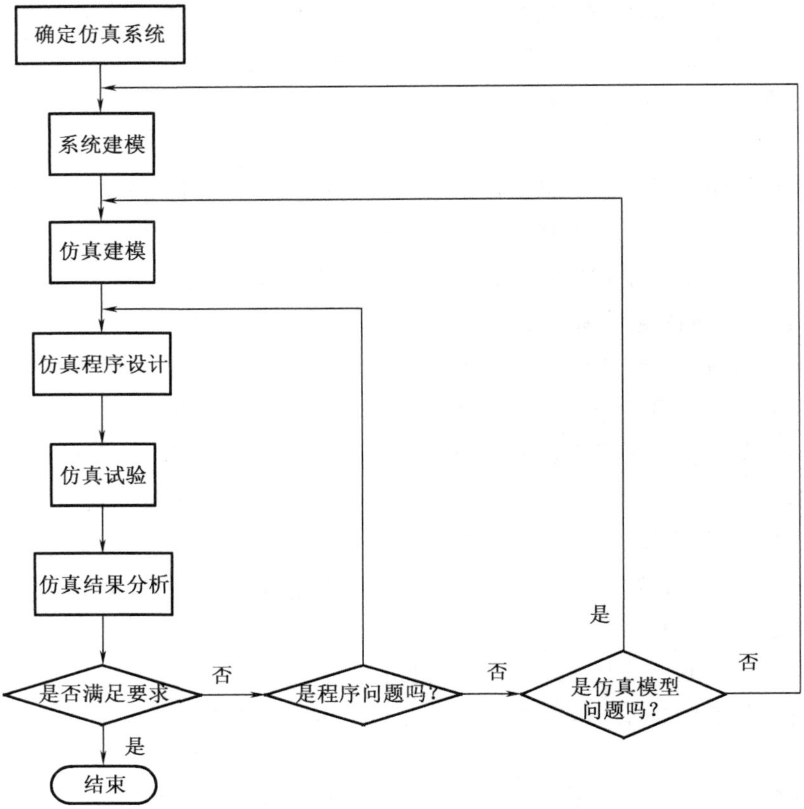

图 2.2 系统仿真的一般步骤

确定仿真系统即明确系统仿真的目的、基本要求和研究对象,明确通过仿真要解决的问题,根据仿真的目的,规定所仿真系统的边界、约束条件。

系统建模是指通过对实际系统的观测,在忽略次要因素的基础上,用物理或数学的方法进行描述,从而获得实际系统的简化近似模型。模型的繁简程度应与仿真目的相匹配,确保模型的有效性和仿真的经济性。

仿真建模应确定仿真算法,即根据系统的特点和仿真的要求选择合适的算法,这时应保证算法的稳定性、计算精度和计算速度能够满足仿真的基本要求。

仿真程序设计是指将仿真模型用计算机能够执行的程序来描述,同时还应包括对仿真实验的要求,如仿真运行参数、控制参数、输出要求等。当然,程序的检验是必不可少的,除了对程序的调试,更重要的是检验所选仿真算法的合理性。

仿真试验后的仿真结果分析是仿真过程中的一个重要步骤,其检验仿真结果的正确性,即通过仿真模型校验和确认,检验仿真结果与实际系统的一致性。

仿真技术的安全性和经济性使其得到了广泛的应用,特别是在复杂工程系统的分析和设计研究中已成为不可或缺的工具。不管系统多么复杂,只要能正确地建立系统的模型,就可以利用仿真技术对系统进行充分的研究。仿真模型一旦建立,就可以重复使用,而且改变灵活,便于更新。经过逐步修正,系统仿真可以深化对复杂系统内在规律和外部联系

及其相互作用的了解,从而采用相应的控制和决策,使系统处于科学化的控制与管理之下。其作用如下:

①仿真的过程是试验的过程,也是系统地收集和积累信息的过程。尤其是对一些复杂的随机问题,应用仿真技术是提供所需信息的唯一一种令人满意的方法。

②对一些难以建立物理模型和数学模型的对象系统,可通过建立仿真模型顺利地解决预测、分析和评价等系统问题。

③系统仿真可以把一个复杂系统降阶成若干子系统以便于分析。

④系统仿真能启发新的思想或产生新的策略,还能暴露出原系统中隐藏的一些问题,以便及时解决。

2.2　连续系统仿真概论

根据被仿真系统的特性,系统仿真可分为连续系统仿真和离散事件系统仿真两大类。连续系统包括可以用数学方程式描述的各类系统,如用微分方程描述的狭义连续系统,用差分方程描述的离散(时间)系统,用微分方程、差分方程联合描述的采样数据系统,等等。

2.2.1　连续系统模型描述

如果一个系统的输入量 $u(t)$、输出量 $y(t)$、内部状态变量 $x(t)$ 都是时间的连续函数,那么我们可以用连续时间模型来描述它。系统的连续时间模型通常可以有以下几种表示方式:微分方程、传递函数、状态空间表达式和结构图。

(1)微分方程

系统的输入量 $u(t)$、输出量 $y(t)$ 的关系(系统的微分方程)为

$$a_0\frac{\mathrm{d}^n y}{\mathrm{d}t^n}+a_1\frac{\mathrm{d}^{n-1} y}{\mathrm{d}t^{n-1}}+a_2\frac{\mathrm{d}^{n-2} y}{\mathrm{d}t^{n-2}}+\cdots+a_{n-1}\frac{\mathrm{d}y}{\mathrm{d}t}+a_n y=c_1\frac{\mathrm{d}^{n-1} u}{\mathrm{d}t^{n-1}}+c_2\frac{\mathrm{d}^{n-2} u}{\mathrm{d}t^{n-2}}+\cdots+c_n u \tag{2.1}$$

式中,$a_i(i=0,1,2,\cdots,n)$为系统的结构参数,$c_j(j=1,2,\cdots,n)$为输入函数的结构参数,它们均为常系数。

其初始条件为

$$\begin{aligned}&y(t_0)=y_0,\dot{y}(t_0)=\dot{y}_0,\cdots\\&u(t_0)=u_0,\dot{u}(t_0)=\dot{u}_0,\cdots\end{aligned} \tag{2.2}$$

若引进微分算子 $p=\frac{\mathrm{d}}{\mathrm{d}t}$,则式(2.1)可以写为

$$a_0p^ny+a_1p^{n-1}y+\cdots+a_{n-1}py+a_ny=c_1p^{n-1}u+c_2p^{n-2}u+\cdots+c_nu \tag{2.3}$$

即

$$\sum_{k=0}^{n}a_{n-k}p^ky=\sum_{l=0}^{n-1}c_{n-l}p^lu \tag{2.4}$$

则有

$$\frac{y}{u}=\frac{\sum_{l=0}^{n-1}c_{n-l}p^{l}}{\sum_{k=0}^{n}a_{n-k}p^{k}} \tag{2.5}$$

(2)传递函数

对式(2.1)两边取拉普拉斯变换,并假设 $y(t)$ 和 $u(t)$ 及其各阶导数的初值均为零,则有

$$\begin{aligned}&s^{n}Y(s)+a_{1}s^{n-1}Y(s)+\cdots+a_{n-1}sY(s)+a_{n}Y(s)\\&=c_{1}s^{n-1}U(s)+c_{2}s^{n-2}U(s)+\cdots+c_{n-1}sU(s)+c_{n}U(s)\end{aligned} \tag{2.6}$$

式中,$Y(s)$ 为输出量 $y(t)$ 的拉普拉斯变换;$U(s)$ 为输入量 $u(t)$ 的拉普拉斯变换。

设

$$G(s)=\frac{Y(s)}{U(s)} \tag{2.7}$$

为系统的传递函数,则有

$$G(s)=\frac{c_{1}s^{n-1}+c_{2}s^{n-2}+\cdots+c_{n-1}s+c_{n}}{s^{n}+a_{1}s^{n-1}+\cdots+a_{n-1}s+a_{n}} \tag{2.8}$$

比较式(2.8)和式(2.5),在初值为零的情况下,用微分算子 p 表示的式子与传递函数 $G(s)$ 表示的式子在形式上是等价的。

(3)状态空间表达式

对于一个连续系统来说,微分方程和传递函数描述方法仅描述了系统的外部特性,即仅确定了输入量 $u(t)$ 与输出量 $y(t)$ 的关系,一般称为系统的外部模型。

为了描述系统的内部特性,即描述组成系统的实体之间相互作用而引起的实体属性的变换情况,通常运用状态空间表达式。研究系统主要就是研究系统状态的改变(系统的进展),状态变量能够完整地描述系统的当前状态及其对系统未来的影响。换句话说,只要知道了 $t=t_0$ 时刻的初始状态向量 $\boldsymbol{x}(t_0)$ 和 $t>t_0$ 时的输入量 $u(t)$,就能完全确定系统在任何 $t>t_0$ 时刻的行为。动态系统的状态是指能够完全刻画系统行为的最小的一组变量,用向量 $\boldsymbol{X}$ 表示。系统的状态变量不一定具有严格的物理意义,线性定常系统的状态空间表达式由状态方程和输出方程组成,即

$$\begin{cases}\dot{\boldsymbol{X}}=\boldsymbol{AX}+\boldsymbol{BU}\\\boldsymbol{Y}=\boldsymbol{CX}+\boldsymbol{DU}\end{cases} \tag{2.9}$$

式中,$\boldsymbol{X}=[x_1,x_2,\cdots,x_n]^{\mathrm{T}}$ 为 n 维状态向量;$\boldsymbol{U}$ 为 r 维输入向量;$\boldsymbol{Y}$ 为 m 维输出向量;$\boldsymbol{A}$ 为 $n\times n$ 阶系统矩阵;$\boldsymbol{B}$ 为 $n\times r$ 阶输入矩阵;$\boldsymbol{C}$ 为 $m\times n$ 阶输出矩阵;$\boldsymbol{D}$ 为 $m\times r$ 阶直传矩阵。

可见,状态方程是一阶微分方程组,非常适宜用计算机求其数值解。因此,如果一个物理系统是用状态空间表达式来描述的,则可以直接利用状态方程编制积分求解程序对该系统进行仿真。

由于状态方程引入了系统的内部变量——状态变量,因而状态方程可以描述系统的内部特性,也被称为系统的内部模型。

(4)结构图

结构图是系统中每个单元或环节的功能信号流向的图解表示。它比较直观,对单输入单输出线性系统很容易通过结构图变换得出整个系统的传递函数;而对多输入多输出或具有非线性环节的系统可通过面向结构图的仿真方法得到系统的动态特性。根据元件传递函数可以把图 2.3 的 RLC 网络和图 2.4 的弹性阻尼系统转换成结构图,如图 2.5 和图 2.6 所示。

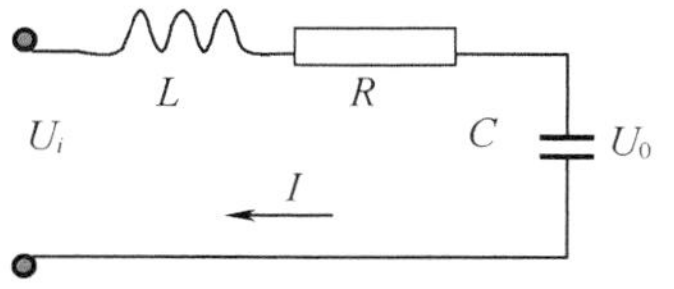

图 2.3　RLC 网络

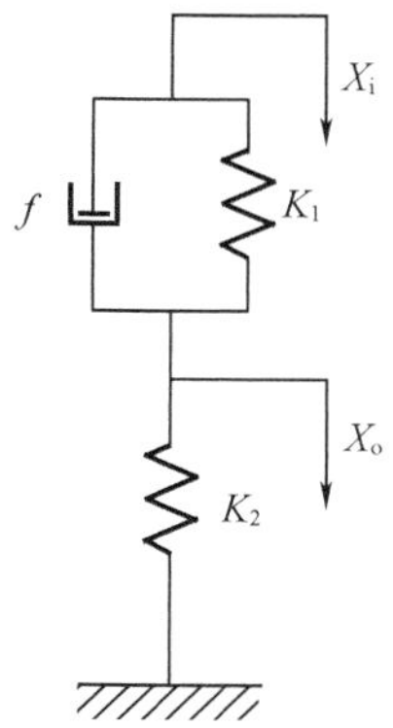

图 2.4　弹性阻尼系统

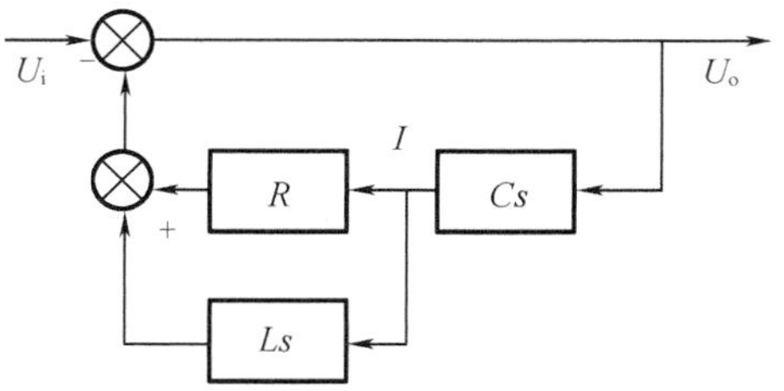

图 2.5　RLC 网络结构图

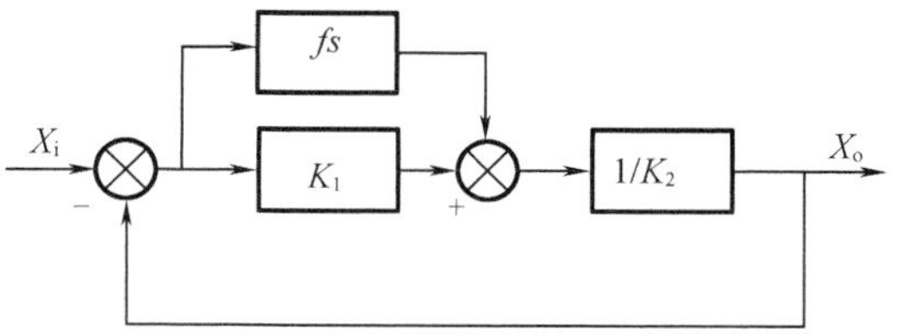

图 2.6　弹性阻尼系统结构图

2.2.2　离散时间系统数学模型

连续系统中的信号是连续型的时间函数,而离散时间系统中的一部分信号是离散型的时间函数。假定一个系统的输入量、输出量及内部状态量是时间的离散函数,即为一个时间序列:$\{u(kT)\}$,$\{y(kT)\}$,$\{x(kT)\}$,其中 T 为离散时间间隔,那么可以使用离散时间模型来描述该系统。常用的离散时间系统数学模型有差分方程、z 传递函数、离散状态空间表达式、离散系统结构图四种。

(1)差分方程

$$y(k+n)+a_1y(k+n-1)+\cdots+a_ny(k)=b_1u(n+k-1)+\cdots+b_nu(k) \tag{2.10}$$

若引进后移算子 q^{-1},定义为

$$q^{-1}y(k)=y(k-1) \tag{2.11}$$

则式(2.10)可改写为

$$\sum_{j=0}^{n} a_j q^{-j} y(k+n) = \sum_{i=1}^{n} b_i q^{-i} u(k+n) \tag{2.12}$$

式中，$a_0 = 1$。

若定义

$$A(q^{-1}) = \sum_{j=0}^{n} a_j q^{-j}$$

$$B(q^{-1}) = \sum_{i=1}^{n} b_i q^{-i} \tag{2.13}$$

则有

$$\frac{y(k+n)}{u(k+n)} = \frac{B(q^{-1})}{A(q^{-1})} \tag{2.14}$$

或

$$\frac{y(k)}{u(k)} = \frac{B(q^{-1})}{A(q^{-1})} \tag{2.15}$$

(2)z 传递函数

若系统的初始条件均为零，即 $y(k) = u(k) = 0(k<0)$，对式(2.10)两边取 z 变换，可得

$$(1 + a_1 z^{-1} + \cdots + a_n z^{-n}) Y(z) = (b_1 z^{-1} + \cdots + b_n z^{-n}) U(z) \tag{2.16}$$

定义

$$G(z) = \frac{Y(z)}{U(z)} \tag{2.17}$$

为系统的 z 传递函数，且令 $a_0 = 1$，则有

$$G(z) = \frac{\sum_{i=1}^{n} b_i z^{-i}}{\sum_{j=0}^{n} a_j z^{-j}} \tag{2.18}$$

可见，在系统初始条件均为零的情况下，z^{-1} 与 q^{-1} 等价。

(3)离散状态空间表达式

对于一个离散系统，式(2.10)和式(2.18)仅描述了它们的外部特性，故称为外部模型。和连续系统的状态空间状态表达式类似，为了描述系统的内部特性，我们引入状态变量。一般的状态空间表达式为

$$\boldsymbol{X}(k+1) = \boldsymbol{AX}(k) + \boldsymbol{BU}(k)$$

$$\boldsymbol{Y}(k) = \boldsymbol{CX}(k) + \boldsymbol{DU}(k) \tag{2.19}$$

式中，$\boldsymbol{X} = [x_1, x_2, \cdots, x_n]^{\mathrm{T}}$ 为 n 维状态向量；$\boldsymbol{U}$ 为 r 维输入向量；$\boldsymbol{Y}$ 为 m 维输出向量；$\boldsymbol{A}$ 为 $n \times n$ 阶系统矩阵；$\boldsymbol{B}$ 为 $n \times r$ 阶输入矩阵；$\boldsymbol{C}$ 为 $m \times n$ 阶输出矩阵；$\boldsymbol{D}$ 为 $m \times r$ 阶直传矩阵。

因为引入了状态变量，所以离散状态空间表达式不仅能描述系统的输入、输出关系，而且能描述系统的内部状态特性。

(4)离散系统结构图

离散系统结构图和连续系统结构图是相似的，只要将每个方块内的传递函数换成 z 函数即可。离散闭环系统结构图如图 2.7 所示。

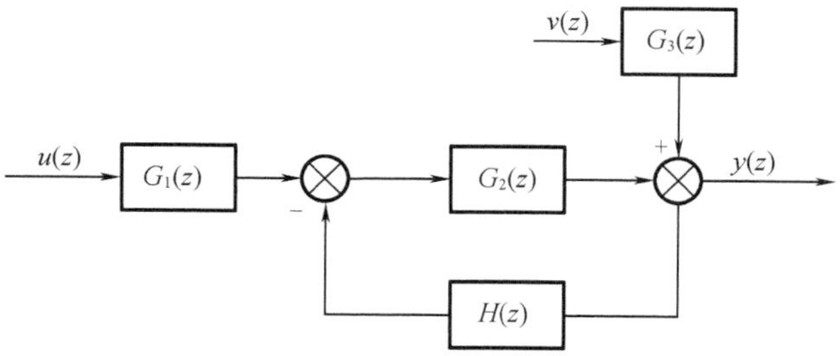

图 2.7　离散闭环系统结构图

2.3　模型结构变换

2.3.1　化微分方程为状态空间表达式

假设一个连续系统用下列 n 阶微分方程描述，即

$$y^{(n)}+a_{n-1}y^{(n-1)}+\cdots+a_1\dot{y}+a_0y=b_mu^{(m)}+b_{n-1}u^{(n-1)}+\cdots+b_1\dot{u}+b_0u,\quad m\leqslant n \tag{2.20}$$

为了说明方便，先假定作用函数中不含有导数项，即

$$y^{(n)}+a_{n-1}y^{(n-1)}+\cdots+a_1\dot{y}+a_0y=u \tag{2.21}$$

初始条件：当 $t=0$ 时，$y(0)$，$y^{(1)}(0)$，$\cdots$，$y^{(n-1)}(0)$，$y^{(n)}(0)$ 为已知，当 $t>0$ 时，输入函数 $u(t)$ 已知，且输出函数及其各阶导数存在，则在 $t>0$ 任意时刻的输出状态均可求得。

定义 n 个状态变量 $x_1,x_2,\cdots,x_n$，令

$$\boldsymbol{X}=\begin{bmatrix}x_1\\x_2\\\vdots\\x_n\end{bmatrix}=\begin{bmatrix}y\\\dot{y}\\\vdots\\y^{(n-1)}\end{bmatrix} \tag{2.22}$$

则可将式(2.21)化为一阶微分方程组

$$\begin{cases}\dot{x}_1=x_2\\\dot{x}_2=x_3\\\vdots\\\dot{x}_{n-1}=x_n\\\dot{x}_n=-a_0x_1-a_1x_2-\cdots-a_{n-1}x_n+b_0u\end{cases} \tag{2.23}$$

将式(2.23)改写为矩阵向量形式可得

$$\dot{\boldsymbol{A}}=\boldsymbol{AX}+\boldsymbol{B}u \tag{2.24}$$

式中

$$X=\begin{bmatrix} 0 & & & \\ \vdots & & I_{n-1} & \\ 0 & & & \\ -a_0 & -a_1 & \cdots & -a_{n-1} \end{bmatrix},B=\begin{bmatrix} 0 \\ \vdots \\ 0 \\ 1 \end{bmatrix}$$

输出方程的向量形式为

$$Y=CX \tag{2.25}$$

式中

$$C=[1 \quad 0 \quad \cdots \quad 0]$$

简写成

$$\begin{cases}\dot{X}=AX+Bu \\ Y=CX\end{cases} \tag{2.26}$$

若系统中含有输入量的导数，系统的微分方程如式(2.20)，则以 $m=n$ 为例说明如何化为状态空间表达式。

定义 n 个状态变量 $x_1,x_2,\cdots,x_n$，令

$$X=\begin{bmatrix} x_1 \\ x_2 \\ \vdots \\ x_n \end{bmatrix}=\begin{bmatrix} y-\beta_0 u \\ x_1-\beta_1 u \\ \vdots \\ x_{n-1}-\beta_{n-1}u \end{bmatrix} \tag{2.27}$$

则有

$$\begin{cases}\dot{x}_1=x_2+\beta_1 u \\ \dot{x}_2=x_3+\beta_2 u \\ \vdots \\ \dot{x}_{n-1}=x_n+\beta_{n-1}u \\ \dot{x}_n=-a_0x_1-a_1x_2-\cdots-a_{n-1}x_n+\beta_n u \\ y=x_1+\beta_0 u\end{cases}$$

简写成

$$\begin{cases}\dot{X}=AX+Bu \\ Y=CX+Du\end{cases} \tag{2.28}$$

式中

$$A=\begin{bmatrix} 0 & 1 & 0 & \cdots & 0 \\ 0 & 0 & 1 & \cdots & 0 \\ \vdots & \vdots & \vdots & & \vdots \\ -a_0 & -a_1 & -a_2 & \cdots & -a_{n-1} \end{bmatrix}$$

$$\boldsymbol{B}=\begin{bmatrix}\beta_1\\\beta_2\\\vdots\\\beta_n\end{bmatrix},\beta_i=b_{n-i}-\sum_{j=1}^{i}a_{n-j}\beta_{i-j},\quad i=0,1,2,\cdots,n$$

$$\boldsymbol{C}=[1\quad 0\quad \cdots\quad 0]$$

$$\boldsymbol{D}=\beta_0$$

当选取的状态变量不同时,所得到的状态空间表达式也不同,即转换方程不唯一。

2.3.2　化传递函数为状态空间表达式

由系统的传递函数或传递函数矩阵求得相应的状态空间表达式的过程称为实现问题。同样,其实现不是唯一的。

设系统的传递函数为

$$G(s)=\frac{Y(s)}{U(s)}=\frac{b_1s^{n-1}+b_2s^{n-2}+\cdots+b_{n-1}s+b_n}{s^n+a_1s^{n-1}+\cdots+a_{n-1}s+a_n}\tag{2.29}$$

下面介绍 4 种化传递函数为状态空间表达式的实现方式。

(1)化为可控标准型状态空间表达式

将式(2.29)改写为

$$G(s)=\frac{1}{s^n+a_1s^{n-1}+\cdots+a_{n-1}s+a_n}(b_1s^{n-1}+b_2s^{n-2}+\cdots+b_{n-1}s+b_n)\tag{2.30}$$

引入中间变量,将式(2.30)改写为

$$G(s)=\frac{Y(s)}{U(s)}=\frac{Z(s)}{U(s)}\times\frac{Y(s)}{Z(s)}\tag{2.31}$$

式中

$$\frac{Z(s)}{U(s)}=\frac{1}{s^n+a_1s^{n-1}+\cdots+a_{n-1}s+a_n}$$

$$\frac{Y(s)}{Z(s)}=b_1s^{n-1}+b_2s^{n-2}+\cdots+b_{n-1}s+b_n$$

取拉普拉斯反变换,得

$$z^{(n)}(t)+a_1z^{(n-1)}(t)+\cdots+a_{n-1}\dot{z}(t)+a_nz(t)=u(t)$$

$$y(t)=b_1z^{(n-1)}(t)+\cdots+b_{n-1}\dot{z}(t)+b_nz(t)\tag{2.32}$$

取状态变量

$$x_1=z$$

$$x_2=\dot{x}_1=\dot{z}$$

$$\vdots$$

$$x_n=\dot{x}_{n-1}=z^{(n-1)}$$

可得状态空间表达式为

$$\dot{\boldsymbol{X}}=\begin{bmatrix}0 & 1 & \cdots & 0\\ 0 & 0 & \cdots & 0\\ \vdots & \vdots & & \vdots\\ -a_n & -a_{n-1} & \cdots & -a_1\end{bmatrix}\begin{bmatrix}x_1\\ x_2\\ \vdots\\ x_n\end{bmatrix}+\begin{bmatrix}0\\ 0\\ \vdots\\ 1\end{bmatrix}u$$

$$\boldsymbol{Y}=\begin{bmatrix}-b_n & -b_{n-1} & \cdots & -b_1\end{bmatrix}\begin{bmatrix}x_1\\ x_2\\ \vdots\\ x_n\end{bmatrix} \tag{2.33}$$

简写为

$$\begin{cases}\dot{\boldsymbol{X}}=\boldsymbol{AX}+\boldsymbol{B}u\\ \boldsymbol{Y}=\boldsymbol{CX}\end{cases}$$

(2)化为可观标准型状态空间表达式

对式(2.30)所示的传递函数选取状态变量

$$\begin{cases}x_n=y\\ x_{n-1}=\dot{y}+a_1y-b_1u=\dot{x}_n+a_1x_n-b_1u\\ x_{n-2}=\ddot{y}+a_1\ \dot{y}-b_1\ \dot{u}-b_2u=\dot{x}_{n-1}+a_2x_n-b_2u\\ \vdots\\ x_1=y^{(n-1)}+a_1y^{(n-2)}+\cdots+a_{n-1}y-b_1u^{(n-2)}-\cdots-b_{n-1}u=\dot{x}_2+a_{n-1}x_n-b_{n-1}u\\ x_0=y^{(n)}+a_1y^{(n-1)}+\cdots+a_ny-b_1u^{(n-1)}-\cdots-b_nu=\dot{x}_1+a_nx_n-b_nu\end{cases} \tag{2.34}$$

即可得到状态空间实现的可观标准型,即

$$\begin{cases}\dot{\boldsymbol{X}}=\boldsymbol{AX}+\boldsymbol{B}u\\ \boldsymbol{Y}=\boldsymbol{CX}\end{cases}$$

式中

$$\boldsymbol{X}=\begin{bmatrix}x_1\\ x_2\\ \vdots\\ x_n\end{bmatrix},\boldsymbol{A}=\begin{bmatrix}0 & 0 & \cdots & 0 & -a_n\\ 1 & 0 & \cdots & 0 & -a_{n-1}\\ \vdots & \vdots & & \vdots & \vdots\\ 0 & 0 & \cdots & 1 & -a_1\end{bmatrix},\boldsymbol{B}=\begin{bmatrix}b_n\\ b_{n-1}\\ \vdots\\ b_1\end{bmatrix}$$

$$\boldsymbol{C}=\begin{bmatrix}0 & 0 & \cdots & 0 & 1\end{bmatrix}$$

(3)化为对角线标准型状态空间表达式

对于式(2.29)所示的传递函数,若传递函数的特征方程

$$s^n+a_1s^{n-1}+\cdots+a_{n-1}s+a_n=0 \tag{2.35}$$

有 n 个互异特征值 $\lambda_1,\lambda_2,\cdots,\lambda_n$,将传递函数展开部分分式,即

$$G(s)=\frac{c_1}{s-\lambda_1}+\frac{c_2}{s-\lambda_2}+\cdots+\frac{c_n}{s-\lambda_n} \tag{2.36}$$

并取状态变量

$$\frac{x_i(s)}{u(s)}=\frac{1}{s-\lambda_i},i=1,2,\cdots,n \tag{2.37}$$

然后对式(2.37)进行拉普拉斯反变换，取 $x_1,x_2,\cdots,x_n$ 为状态变量，则可以把式(2.29)化为对角线标准型状态空间表达式

$$\begin{cases}\dot{\boldsymbol{X}}=\boldsymbol{A}\boldsymbol{X}+\boldsymbol{B}u\\ \boldsymbol{Y}=\boldsymbol{C}\boldsymbol{X}\end{cases}$$

式中

$$\boldsymbol{X}=\begin{bmatrix}x_1\\x_2\\\vdots\\x_n\end{bmatrix},\boldsymbol{A}=\begin{bmatrix}\lambda_1&&&\\&\lambda_2&&\\&&\ddots&\\&&&\lambda_n\end{bmatrix},\boldsymbol{B}=\begin{bmatrix}1\\1\\\vdots\\1\end{bmatrix}$$

$$\boldsymbol{C}=[c_1\quad c_2\quad\cdots\quad c_n]$$

(4)化为约当标准型状态空间表达式

若传递函数的特征方程有重根，则其部分分式的展开比较复杂，下面以一个特例来说明，其他情况依此类推。设 λ_1 为 r 重特征根，其余 $(n-r)$ 个特征根互异，则传递函数的部分分式展开为

$$G(s)=\frac{c_{11}}{(s-\lambda_1)^r}+\frac{c_{12}}{(s-\lambda_1)^{r-1}}+\cdots+\frac{c_{1r}}{s-\lambda_1}+\frac{c_{r+1}}{s-\lambda_{r+1}}+\cdots+\frac{c_n}{s-\lambda_n} \tag{2.38}$$

取状态变量

$$\frac{x_1(s)}{u(s)}=\frac{1}{(s-\lambda_i)^r}$$

$$\frac{x_2(s)}{u(s)}=\frac{1}{(s-\lambda_i)^{r-1}}$$

$$\vdots$$

$$\frac{x_r(s)}{u(s)}=\frac{1}{s-\lambda_1}$$

$$\frac{x_j(s)}{u(s)}=\frac{1}{s-\lambda_j},j=r+1,r+2,\cdots,n$$

进行拉普拉斯反变换，取 $x_1,x_2,\cdots,x_n$ 为状态变量，则可以把式(2.29)化为对角线标准型状态空间表达式

$$\begin{cases}\dot{\boldsymbol{X}}=\boldsymbol{A}\boldsymbol{X}+\boldsymbol{B}u\\ \boldsymbol{Y}=\boldsymbol{C}\boldsymbol{X}\end{cases}$$

式中

$$X=\begin{bmatrix}x_1\\x_2\\\vdots\\x_n\end{bmatrix},A=\begin{bmatrix}\lambda_1&1&\cdots&0&0&\cdots&0\\0&\lambda_1&\ddots&&&&\\&&\ddots&1&&&\vdots\\\vdots&&&\lambda_1&0&&\\&&&&\lambda_{r+1}&\ddots&\\&&&&&\ddots&0\\0&&\cdots&&&0&\lambda_1\end{bmatrix},B=\begin{bmatrix}0\\0\\\vdots\\1\\1\\\vdots\\1\end{bmatrix}$$

$$C=[c_{11}\quad c_{12}\quad\cdots\quad c_{1r}\quad c_{r+1}\quad\cdots\quad c_n]$$

2.3.3 化结构图为状态空间表达式

设有一如图 2.8 所示的系统,其中每个有数字标号环节的传递函数 $G(s)(i=1,2,\cdots,l)$ 可以用多项式表示,也可以用零极点表示,即

$$G_i(s)=\frac{b_{m_i}^i s^{m_i}+b_{m_i-1}^i s^{m_i-1}+\cdots+b_1^i s+b_0^i}{s^{n_i}+a_{n_i-1}^i s^{n_i-1}+\cdots+a_1^i s+a_0^i},\quad m_i\leqslant n_i \tag{2.39}$$

或

$$G_i(s)=\frac{K_i(s-Z_1^i)(s-Z_2^i)\cdots(s-Z_{m_i}^i)}{(s-P_1^i)(s-P_2^i)\cdots(s-P_{n_i}^i)},\quad m_i\leqslant n_i \tag{2.40}$$

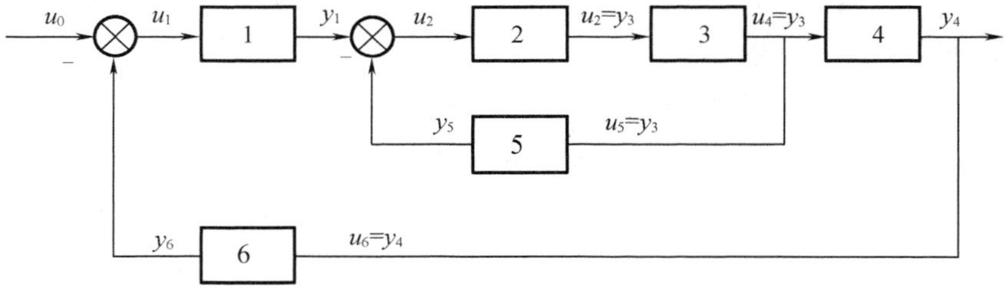

图 2.8 系统的结构图

各个环节之间的联结方式可以用一个联结矩阵 **Z** 来表示,即

$$Z=(Z_{ij})_{l\times l} \tag{2.41}$$

式中,$Z_{ij}(i=1,2,\cdots,l;j=1,2,\cdots,l)$ 表示各个环节之间的联结关系;l 为方块数。当 $Z_{ij}=K$ 时,表示第 j 方块的输出乘以 K 之后再输入第 i 环节中,所以 $Z_{ij}=1$ 表示直截联结;$Z_{ij}=0$ 表示不联结;Z_{ij} 为负号则表示负输入。对于图 2.8 所示系统容易写出

$$Z=\begin{bmatrix}0&0&0&0&0&-1\\1&0&0&0&-1&0\\0&1&0&0&0&0\\0&0&1&0&0&0\\0&0&0&1&0&0\\0&0&0&0&0&0\end{bmatrix} \tag{2.42}$$

该过程可以用计算机程序实现,其具体步骤如下:

①输入方块数 l,以及各环节传递函数 $G_i(s)$ 的参数。对于多项式输入 $a_i, b_j(i=1,2,\cdots,n_i; j=1,2,\cdots,m_i)$;对于零极点输入 $P_i, Z_j(i=1,2,\cdots,n_i; j=1,2,\cdots,m_i)$。

②输入联结矩阵元素 $Z_{ij}(i=1,2,\cdots,l; j=1,2,\cdots,l)$。

③若 $G_i(s)$ 为零极点输入,则需通过子程序变换成多项式形式。

④将全部 $G_i(s)$ 变换成状态空间,并用可控标准型表示,即

$$\boldsymbol{A}_i=\begin{bmatrix}0 & 1 & 0 & \cdots & 0\\ 0 & 0 & 1 & \cdots & 0\\ \vdots & \vdots & \vdots & & \vdots\\ -a_0^i & -a_1^i & -a_2^i & \cdots & -a_{n_i-1}^i\end{bmatrix} \tag{2.43}$$

$$\boldsymbol{B}_i=\begin{bmatrix}0\\ \vdots\\ 0\\ 1\end{bmatrix}, \boldsymbol{C}_i=[\gamma_1^i \quad \gamma_2^i \quad \cdots \quad \gamma_{n_i}^i], D_i=b_{n_i}^i$$

式中

$$\gamma_j^i=b_{j-1}^i-b_{n_i}^i a_{j-1}^i, \quad j=1,2,\cdots,n_i$$

⑤由 $\boldsymbol{A}_i, \boldsymbol{B}_i, \boldsymbol{C}_i, D_i(i=1,2,\cdots,l)$ 组成四个对角块阵

$$\boldsymbol{A}=\mathrm{ding}(\boldsymbol{A}_1 \quad \boldsymbol{A}_2 \quad \cdots \quad \boldsymbol{A}_l) \tag{2.44}$$

$$\boldsymbol{B}=\mathrm{ding}(\boldsymbol{B}_1 \quad \boldsymbol{B}_2 \quad \cdots \quad \boldsymbol{B}_l) \tag{2.45}$$

$$\boldsymbol{C}=\mathrm{ding}(\boldsymbol{C}_1 \quad \boldsymbol{C}_2 \quad \cdots \quad \boldsymbol{C}_l) \tag{2.46}$$

$$\boldsymbol{D}=\mathrm{ding}(D_1 \quad D_2 \quad \cdots \quad D_l) \tag{2.47}$$

并组成系统

$$\begin{cases}\dot{\boldsymbol{X}}=\boldsymbol{AX}+\boldsymbol{B}u\\ \boldsymbol{Y}=\boldsymbol{CX}+\boldsymbol{D}u\end{cases}$$

式中

$$\boldsymbol{X}=\begin{bmatrix}x_1\\ x_2\\ \vdots\\ x_i\end{bmatrix}, \boldsymbol{Y}=\begin{bmatrix}Y_1\\ Y_2\\ \vdots\\ Y_i\end{bmatrix}$$

其中

$$x_i=\begin{bmatrix}x_{i1}\\ x_{i2}\\ \vdots\\ x_{in_i}\end{bmatrix}, \quad i=1,2,\cdots,l$$

⑥输入量 u 包括参考输入和交连输入两部分,即

$$u=u_0+\boldsymbol{ZY} \tag{2.48}$$

则有

$$\dot{\boldsymbol{X}} = \overline{\boldsymbol{A}}\boldsymbol{X} + \overline{\boldsymbol{B}}u_0$$
$$\boldsymbol{Y} = \overline{\boldsymbol{C}}\boldsymbol{X} + \overline{\boldsymbol{D}}u_0 \tag{2.49}$$

式中

$$\overline{\boldsymbol{A}} = \boldsymbol{A} + \boldsymbol{BZ}(\boldsymbol{I} - \boldsymbol{DZ})^{-1}\boldsymbol{C}$$
$$\overline{\boldsymbol{B}} = \boldsymbol{B} + \boldsymbol{BZ}(\boldsymbol{I} - \boldsymbol{DZ})^{-1}\boldsymbol{D}$$
$$\overline{\boldsymbol{C}} = (\boldsymbol{I} - \boldsymbol{DZ})^{-1}\boldsymbol{C}$$
$$\overline{\boldsymbol{D}} = (\boldsymbol{I} - \boldsymbol{DZ})^{-1}\boldsymbol{D}$$

2.3.4 化状态空间表达式为传递函数

设系统的状态空间表达式为

$$\begin{cases}\dot{\boldsymbol{X}} = \boldsymbol{AX} + \boldsymbol{B}u \\ \boldsymbol{Y} = \boldsymbol{CX} + \boldsymbol{D}u\end{cases}$$

则可求得系统的传递函数为

$$\boldsymbol{\Phi}(s) = \boldsymbol{C}(s\boldsymbol{I} - \boldsymbol{A})^{-1}\boldsymbol{B} + \boldsymbol{D} \tag{2.50}$$

其中多项式矩阵($s\boldsymbol{I} - \boldsymbol{A}$)求逆的算法有多种,本书就不一一介绍了。

2.3.5 化传递函数为 z 传递函数

微分方程通过数值计算的方法就可以得到差分方程,进而得到 z 传递函数,所以我们从微分方程出发,假定微分方程

$$\frac{\mathrm{d}x}{\mathrm{d}t} = u(t) \tag{2.51}$$

采用梯形法则,求得近似的数值解为

$$x[(k+1)T] = x(kT) + \frac{T}{2}[\dot{x}(kT) + \dot{x}(kT+T)] \tag{2.52}$$

对式(2.52)两边取 z 变换,求得相应的 z 传递函数为

$$\frac{x}{\dot{x}} = \frac{T(z+1)}{2(z-1)} \tag{2.53}$$

由$\frac{x}{\dot{x}} = \frac{1}{s}$可得

$$s = \frac{2\,z-1}{T\,z+1} \tag{2.54}$$

由此得到传递函数和 z 传递函数的对应关系为

$$G(z) = G(s)\Big|_{s=\frac{2z-1}{Tz+1}} \tag{2.55}$$

对于一般形式的传递函数,有

$$G(z) = \frac{b_m s^m + b_{m-1}s^{m-1} + \cdots + b_1 s + b_0}{s^n + a_{n-1}s^{n-1} + \cdots + a_1 s + a_0}, \quad m \leqslant n \tag{2.56}$$

先将 $G(s)$ 化为可控标准型的离散方程

$$\begin{aligned}\dot{x} &= \boldsymbol{A}x + \boldsymbol{B}u \\ y &= \boldsymbol{C}x + \boldsymbol{D}u\end{aligned} \tag{2.57}$$

显然其应满足

$$G(s) = \boldsymbol{C}(s\boldsymbol{I} - \boldsymbol{A})^{-1}\boldsymbol{B} + \boldsymbol{D} \tag{2.58}$$

将式(2.54)代入式(2.58)可得

$$G(z) = \boldsymbol{C}\left(\frac{2}{T}\frac{z-1}{z+1}\boldsymbol{I} - \boldsymbol{A}\right)^{-1}\boldsymbol{B} + \boldsymbol{D} = \frac{T}{2}(z+1)\left[(z-1)\boldsymbol{I} - \frac{T}{2}(z6+1)\boldsymbol{A}\right]^{-1}\boldsymbol{B} + \boldsymbol{D} \tag{2.59}$$

2.3.6　化 z 传递函数为传递函数

设有 z 传递函数

$$G(z) = \frac{b_m z^m + b_{m-1}z^{m-1} + \cdots + b_1 z + b_0}{z^n + a_{n-1}z^{n-1} + \cdots + a_1 z + a_0}, \quad m \leqslant n \tag{2.60}$$

先将 $G(z)$ 化为可控标准型的离散方程

$$\begin{cases} x(k+1) = \boldsymbol{A}x(k) + \boldsymbol{B}u(k) \\ y(k) = \boldsymbol{C}x(k) + \boldsymbol{D}u(k) \end{cases} \tag{2.61}$$

式中

$$\boldsymbol{A} = \begin{bmatrix} 0 & 1 & 0 & \cdots & 0 \\ 0 & 0 & 1 & \cdots & 0 \\ \vdots & \vdots & \vdots & & \vdots \\ -a_0 & -a_1 & -a_2 & \cdots & -a_{n-1} \end{bmatrix}$$

$$\boldsymbol{B} = \begin{bmatrix} 0 \\ \vdots \\ 0 \\ 1 \end{bmatrix}, \boldsymbol{C} = [\gamma_1 \quad \gamma_2 \quad \cdots \quad \gamma_n], \boldsymbol{D} = b_n$$

$$\gamma_i = b_{i-1} - b_n a_{i-1}, \quad i = 1, 2, \cdots, n$$

显然式(2.61)应满足

$$G(z) = \boldsymbol{C}(z\boldsymbol{I} - \boldsymbol{A})^{-1}\boldsymbol{B} + \boldsymbol{D} \tag{2.62}$$

由式(2.54)可以得到 $G(z)$ 到 $G(s)$ 的变换关系为

$$z = \frac{1 + \frac{T}{2}s}{1 - \frac{T}{2}s} \tag{2.63}$$

即

$$G(z) = G(s)\Big|_{z = \frac{1 + \frac{T}{2}s}{1 - \frac{T}{2}s}} \tag{2.64}$$

将式(2.62)代入式(2.64)可得

$$G(s)=C\left(\frac{1+\frac{T}{2}s}{1-\frac{T}{2}s}I-A\right)^{-1}B+D$$
$$=\left(1-\frac{T}{2}s\right)C\left[\left(1+\frac{T}{2}s\right)I-\left(1-\frac{T}{2}s\right)A\right]^{-1}B+D \tag{2.65}$$

2.4 仿真建模算法

仿真建模算法是将系统数学模型转换成适合于计算机运行模型的一类算法。在工程领域中,连续系统是最常见的系统,其仿真算法是系统仿真技术中最基本、最常用和最成熟的。对于一个连续时间系统,可以在时域、频域中描述其动态特性。然而,在工程实际和科学研究中所遇到的实际问题往往比较复杂,在大多数情况下都不可能给出描述系统动态特性的微分方程解的解析表达式,多数只能用近似的数值方法求解。

连续系统的数学模型一般可以用微分方程的形式体现,因此连续系统仿真可归结为用计算机求解微分方程的问题。数值积分法就是对微分方程(组)建立离散形式的数学模型——差分方程,并求出其数值解。为了在计算机上进行仿真,通常先要对描述某系统的高阶微分方程进行模型变换,将其变换为一阶微分方程或状态方程的形式,然后用数值积分法进行计算。

设一阶微分方程及其初值分别为

$$\begin{aligned}\dot{y}&=f(t,y)\\ y(t_0)&=y_0\end{aligned} \tag{2.66}$$

对式(2.66)两端积分可得

$$y(t)-y(t_0)=\int_{t_0}^{t}f(\tau,y)\mathrm{d}\tau$$

即

$$y(t)=y(t_0)+\int_{t_0}^{t}f(\tau,y)\mathrm{d}\tau \tag{2.67}$$

当 $t=t_{n+1}$ 时,式(2.67)可化为

$$\begin{aligned}y(t_{n+1})&=y(t_0)+\int_{t_0}^{t_{n+1}}f(\tau,y)\mathrm{d}\tau\\ &=y(t_0)+\int_{t_0}^{t_n}f(\tau,y)\mathrm{d}\tau+\int_{t_n}^{t_{n+1}}f(\tau,y)\mathrm{d}\tau\\ &=y(t_n)+\int_{t_n}^{t_{n+1}}f(\tau,y)\mathrm{d}\tau\end{aligned} \tag{2.68}$$

若记

$$Q_n=\int_{t_n}^{t_{n+1}}f(\tau,y)\mathrm{d}\tau \tag{2.69}$$

则有

$$y(t_{n+1}) = y(t_n) + Q_n \tag{2.70}$$

或表示为

$$y_{n+1} = y_n + Q_n \tag{2.71}$$

数值积分法是在已知初值的情况下，对 $f(t,y)$ 进行近似积分，对 $y(t)$ 进行数值求解的方法，即寻求式(2.66)中 y 在一系列离散点 $t_1, t_2, \cdots, t_n$ 的近似解 $y_1, y_2, \cdots, y_n$，相邻两点之间 $h = t_n - t_{n-1}$ 成为计算步长或步距。根据已知的初始条件 y_0，采用不同的数值积分法，可逐步递推出各时刻的数值 y_i。数值积分法常用的方法有欧拉法、梯形法、龙格－库塔法、亚当姆斯法。对于式(2.66)，数值积分法可以运用统一公式

$$y_{n+1} = \sum_{i=0}^{m} \alpha_i y_{n-i} + h \sum_{i=-1}^{m} \beta_i f_{n-i} \tag{2.72}$$

数值积分法有以下常用概念。

(1)单步法与多步法

只由前一时刻的数值 y_n 就可以求得后一时刻的数值 y_{n+1}，称为单步法。它是一种能自动启动(自启动)的算法。计算 y_{n+1} 需要用到 $t_n, t_{n-1}, t_{n-2}, \cdots$ 时刻 y 的数值，则称为多步法。由于多步法计算 y_{n+1} 需要 $t_n, t_{n-1}, t_{n-2}, \cdots$ 非同一时刻的 y 值，启动时必须使用其他方法计算获得这些值，所以它不是自启动的算法。

(2)显式与隐式

计算 y_{n+1} 时所用数值均已计算出来，如式(2.72)中，$\beta_{-1} = 0$ 时，称为显式公式。反之，在算式中含有未知量 y_{n+1}，则称为隐式公式($\beta_{-1} \neq 0$)。使用隐式公式时，需用另一显式公式估计一个初值，然后用隐式公式进行迭代运算，称为预估－校正法。显然，这种方法也不是自启动的算法。

2.4.1　欧拉法和梯形法

(1)欧拉法

欧拉(Euler)法是一种最简单的数值积分法。该方法精度较差，在实际仿真中很少使用。但由于其推导简单，具有较明确的几何意义，所以常用于说明构造数值积分法一般计算公式的基本思想和相关概念。

对于式(2.66)给定的微分方程，由图 2.9 可知 $y(t)$ 过 (t_0, y_0)，该点斜率为 $f(t_0, y_0)$，若 t_1 十分靠近 t_0，$\Delta t = t - t_0$ 足够小，则在 t_0 附近，曲线 $y(t)$ 可近似用切线表示。

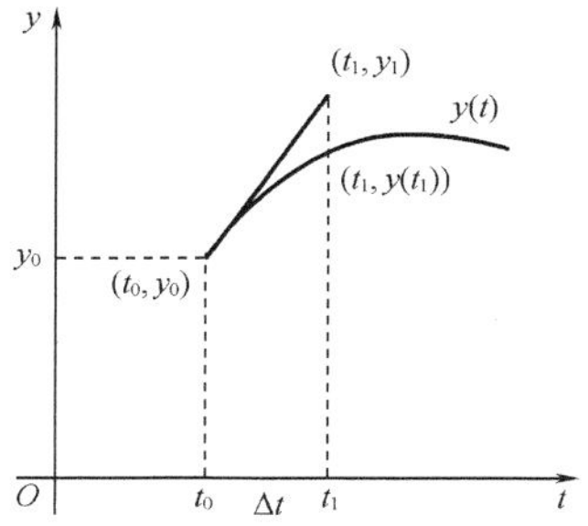

图 2.9　欧拉法积分图

已知切线方程为

$$y=y_0+f(t_0,y_0)(t-t_0) \tag{2.73}$$

由此可以得到 $t=t_1$ 时，$y(t_1)$ 的近似值为

$$y(t_1)\approx y_0+f(t_0,y_0)(t_1-t_0) \tag{2.74}$$

重复上述做法，$t=t_i$ 时，有

$$y(t_{n+1})\approx y_n(t_n)+f(t_n,y_n(t_n))(t_{n+1}-t_n) \tag{2.75}$$

令 $h_n=t_{n+1}-t_n$ 为第 n 步的计算步长或步距，通常取 h_n 为固定值 h，有

$$y(t_{n+1})\approx y_n(t_n)+hf(t_n,y_n(t_n)) \tag{2.76}$$

则式(2.76)可写为差分方程形式，即

$$y_{n+1}=y_n+hf(t_n,y_n) \tag{2.77}$$

式(2.77)称为欧拉公式，也称为矩形法。由式(2.77)可以看出，任何一个新的数值解 y_{n+1} 都是基于前一个数值解 y_n 以及它的导数 $f(y_n,t_n)$ 求得的。若已知初值 y_0，则利用式(2.72)进行迭代计算，即可以求得式(2.66)在 $t=t_1,t_2,\cdots,t_n$ 处的近似解 $y(t_1),y(t_2),\cdots,y(t_n)$。

欧拉法的几何意义十分清楚。图 2.10 通过 (t_0,y_0) 点作积分曲线的切线，其斜率为 $f(t_0,y_0)$，此切线与 t_1 处平行于 y 轴直线的交点为 y_1，再过 $f(t_1,y_1)$ 点作积分曲线的切线，它与过 t_2 平行于 y 轴直线的交点为 y_2。这样，过 (t_0,y_0)，$f(t_1,y_1)$，$f(t_2,y_2)$，…，得到一条折线，称为欧拉折线。

理论上，当 $n\to\infty$ 时，由欧拉法所得的解 $y(t_n)$ 收敛于微分方程的精确解 $y(t)$。由于一般都是以一定的步长进行计算的，所以用矩形法求得的解在 t_n 点的近似值 $y(t_n)$ 与微分方程 $y(t)$ 之间有误差。由图 2.11 中的阴影部分（矩形面积代替曲线下面积）所产生的误差可见，欧拉法的误差比较大。

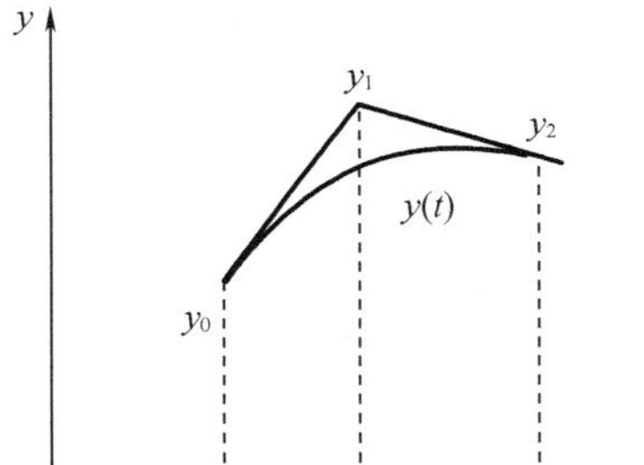

图 2.10　欧拉折线

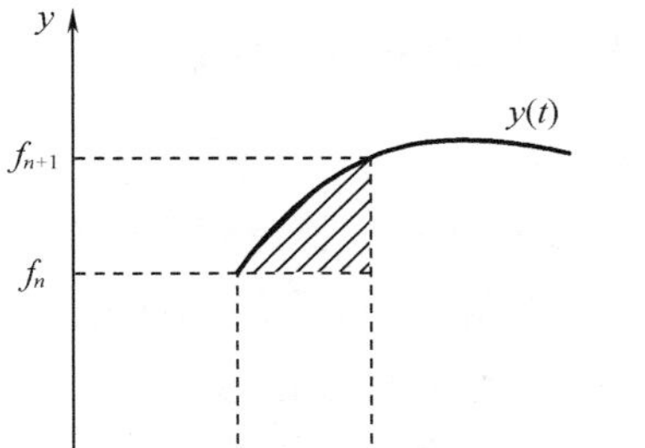

图 2.11　欧拉法误差

数字仿真的误差一般分截断误差和舍入误差两种。截断误差与采用的计算方法有关，而舍入误差则由计算机的字长决定。

①截断误差

将 $y(t_n+h)$ 在 $t=t_n$ 点进行泰勒级数展开，即

$$y(t_n+h)=y(t_n)+hf(t_n,y_n)+\frac{h}{2!}h^2f(t_n,y_n)+\cdots \tag{2.78}$$

将式(2.78)在 $R_n = \frac{h}{2!}h^2 f(t_n, y_n) + \cdots$截断,即得到式(2.76)的欧拉公式。$R_n$ 称为局部截断误差,它与 h^2 成正比,即

$$R_n = O(h^2) \tag{2.79}$$

此外,解从 $t=0$ 到 $t=t_n$ 所积累的误差称为整体误差。一般情况下,整体误差比局部误差要大,其值不易估计。欧拉法的整体截断误差与 h 成正比,即为 $O_1(h)$。

②舍入误差

舍入误差是由于计算机进行计算时,数的位数有限引起的。一般舍入误差与 h^{-1}成正比,最后欧拉法总误差表示为

$$\varepsilon_n = O_1(h^2) + O_2(h^{-1}) \tag{2.80}$$

(2)梯形法

由图2.11 可知,欧拉公式的误差在于用矩形面积代替小区间的曲线积分。为了提高精度,可以用梯形代替矩形来近似小区间的曲线积分表示的曲面面积,即

$$\int_{t_0}^{t_1} f(t)\,\mathrm{d}t \approx \frac{1}{2}(f_0 + f_1)\Delta t \tag{2.81}$$

则

$$y_1 = y_0 + \frac{1}{2}h_0(f_0 + f_1) \tag{2.82}$$

一般的梯形法公式为

$$y_{n+1} = y_n + \frac{1}{2}h(f(t_n, y_n) + f(t_{n+1}, y_{n+1})) = y_n + \frac{h}{2}(f_n + f_{n+1}) \tag{2.83}$$

由式(2.83)可以看出,用梯形法计算 y_{n+1}时需要知道f_{n+1},而$f_{n+1} = f(t_{n+1}, y_{n+1})$又依赖于 y_{n+1}本身,因此通常用欧拉法求出初值,算出 y_{n+1}的近似值 y_{n+1}^p,然后将其带入原微分方程,计算f_{n+1}的近似值$f_{n+1}^p = f(t_{n+1}, y_{n+1}^p)$,最后利用梯形公式求出修正后的 y_{n+1}。为了提高计算精度,可以用梯形公式反复迭代。通常在工程问题中,为了简化计算,只迭代一次,这样可得改进的欧拉公式为

$$\begin{cases} y_{n+1}^p = y_n + hf(t_n, y_n) \\ y_{n+1} = y_n + \frac{h}{2}(f(t_n, y_n) + f^p(t_{n+1}, y_{n+1}^p)), \quad n = 0, 1, 2, \cdots \end{cases} \tag{2.84}$$

式(2.84)中的第一式称为预测公式,第二式称为校正公式。通常称这类方法为预测 - 校正方法。式(2.84)实质上采用了连续两点斜率平均值,以提高计算精度,即

$$\begin{aligned} y_{n+1} &= y_n + \frac{h}{2}(k_1 + k_2) \\ k_1 &= f(t_n, y_n) \\ k_2 &= f^p(t_{n+1}, y_{n+1}^p) \end{aligned} \tag{2.85}$$

这一思想广泛应用于许多算法中。在实际应用时,可采用加权平均,若在每一步中取若干点,分别求出其斜率 $k_1, k_2, \cdots, k_r$,然后取不同的加权值,则

$$k\omega = \omega_1 k_1 + \omega_2 k_2 + \cdots + \omega_r k_r = \sum_{i=1}^{r} \omega_i k_i \tag{2.86}$$

常用的龙格－库塔法采用的就是此加权方法。

(3)泰勒级数法

将式(2.66)在 t_n 点展成泰勒级数,有

$$y(t_{n+1}) = \sum_{j=0}^{p} \frac{h^i}{j!} y^{(j)}(t_n) + \frac{h^{p+1}}{(p+1)!} y^{(p+1)}(\xi_m), \xi_m \in (t_n, t_{n+1}) \tag{2.87}$$

记

$$\varphi(t, y, h) = \sum_{j=1}^{p} \frac{h^{j-1}}{j!} \frac{\mathrm{d}^{j-1}}{\mathrm{d}t^{j-1}} f(t, y) \tag{2.88}$$

则

$$y(t_{n+1}) = y(t_n) + h\varphi(t_n, y(t_n), h) + \frac{h^{p+1}}{(p+1)!} y^{(p+1)}(\xi_m) \tag{2.89}$$

舍去式(2.89)中的最后一项,得

$$y(t_{n+1}) = y(t_n) + h\varphi(t_n, y(t_n), h), n = 0, 1, 2, \cdots \tag{2.90}$$

由于式(2.90)的局部截断误差是 $O(h^{p+1})$,因此它是 p 阶方法,称其为 p 阶泰勒级数法。当 $p=1$ 时,它就是欧拉法,理论上用泰勒级数可以构造出任意阶的方法。实际上,式(2.89)导数的计算比较复杂,它很少被直接用来求初值问题的解。泰勒级数法是显式的单步法,可以用它计算线性多步法的初值。

2.4.2 龙格－库塔法

上节讲到用泰勒级数法可以构造高阶单步法,但增量函数 $\varphi(t, y, h)$ 是用 f 的各阶导数表示的,通常不易计算,由于函数在一点的导数值可以用该点附近若干点的函数值近似表示,因此可以把泰勒级数法中的增量函数 φ 改为 f 在一些点上函数值的组合,然后由泰勒展开确定待定的系数,使方法达到一定的阶,这是龙格－库塔(Runge－Kutta)法的基本思想。n 级龙格－库塔法的一般公式为

$$y_{n+1} = y_n + h \sum_{i=1}^{r} \omega_i k_i, n = 0, 1, 2, \cdots; w_i \text{ 为待定常数} \tag{2.91}$$

式中

$$\begin{aligned} k_1 &= f(t_n, y_n) \\ k_i &= f\left(t_n + \alpha_i h, y_n + h \sum_{j=1}^{i-1} \beta_{ij} k_j\right), i = 2, 3, \cdots, r \end{aligned} \tag{2.92}$$

其中,α_i,β_{ij}为待定常数,$\alpha_i = \sum_{j=1}^{i-1} \beta_{ij}$;$r$ 为使用 k 值的个数(阶数)。

将 k_i 在(t_n, y_n)处做泰勒展开,并使局部截断误差的阶尽量高,从而可确定这些待定常数应满足的方程。

取 $r=1$,则可以定出 $\omega_i = 1$,此时式(2.91)就是欧拉公式。

取 $r=2$,将 k_2 在(t_n, y_n)处泰勒展开,则

$$\begin{aligned} k_2 &= f(t_n + \alpha_2 h, y_n + h\beta_{21} k_1) \\ &= \left[f + h(\alpha_2 f_t + \beta_{21} k_1 f_y) + \frac{h^2}{2}(\alpha_2^2 f_{tt} + 2\alpha_2 \beta_{21} k_1 f_{ty} + \beta_{21}^2 f_{yy})\right]_n + O(h^3) \end{aligned}$$

$$= \left[f + h(\alpha_2 f_t + \beta_{21} ff_y) + \frac{h^2}{2}(\alpha_2^2 f_{tt} + 2\alpha_2\beta_{21} ff_{ty} + \beta_{21}^2 f_{yy}) \right]_n + O(h^3) \tag{2.93}$$

将式(2.93)带入式(2.91)的右端,得

$$y_n + h(\omega_1 k_1 + \omega_2 k_2) = y_n + h(\omega_1 + \omega_2) f_n + h^2 \omega_2 (\alpha_2 ff_y)_n + \frac{h^3}{2}\omega_2(\alpha_2^2 f_{tt} + 2\alpha_2\beta_{21} ff_{ty} + \beta_{21}^2 f^2 f_{yy})_n + O(h^4) \tag{2.94}$$

另一方面

$$y(t_{n+1}) = y(t_n) + h\dot{y}(t_n) + \frac{h^2}{2}\ddot{y}(t_n) + \frac{h^3}{6}\bar{y}(t_n) + O(h^4)$$

$$\dot{y} = f$$

$$\ddot{y} = f_t + ff_y$$

$$\bar{y} = f_{tt} + 2ff_{ty} + f^2 f_{yy} + (f_t + ff_y) f_y \tag{2.95}$$

根据局部截断误差的定义,为了使误差的阶尽可能高,比较式(2.94)和式(2.95)中 h 的同次幂的系数,得

$$\begin{cases} \omega_1 + \omega_2 = 1 \\ \beta_{21} = \alpha_2 \\ \omega_2 \alpha_2 = \dfrac{1}{2} \end{cases} \tag{2.96}$$

该方程组有无穷多组解,它的任何一组解都对应一个二级龙格 - 库塔法,其局部截断误差为 $O(h^3)$,因此是二阶方法,又称二阶龙格 - 库塔法。

若取 $\omega_1 = 0, \omega_2 = 1, \beta_{21} = \alpha_2 = 1$,则

$$y_{n+1} = y_n + \frac{h}{2}(k_1 + k_2)$$

$$k_1 = f(t_n, y_n)$$

$$k_2 = f(t_n + h, y_n + hk_1) \tag{2.97}$$

它和式(2.84)相同,是改进的欧拉法。

若取 $\omega_1 = 0, \omega_2 = 1, \beta_{21} = \alpha_2 = \dfrac{1}{2}$,则

$$y_{n+1} = y_n + hk_2$$

$$k_1 = f(t_n, y_n)$$

$$k_2 = f\left(t_n + \frac{h}{2}, y_n + \frac{h}{2}k_1\right) \tag{2.98}$$

它称为修正的欧拉法。

比较式(2.94)和式(2.95),由于式(2.94)中不包含 $h^3(f_t + ff_y)f_y$,因此二级龙格 - 库塔法最多是二阶的。要想得到更高阶的方法,必须增加级数,即取较大的 r。当 r 比较大时,计算也就更加复杂。下面就不加推导而直接给出几个公式。

两个常用的三阶龙格 - 库塔法:

（1）

$$
\begin{aligned}
y_{n+1} &= y_n + \frac{1}{6}h(k_1 + 4k_2 + k_3) \\
k_1 &= f(t_n, y_n) \\
k_2 &= f\left(t_n + \frac{h}{2}, y_n + \frac{h}{2}k_1\right) \\
k_3 &= f(t_n + h, y_n - hk_1 + 2hk_2)
\end{aligned}
\tag{2.99}
$$

（2）

$$
\begin{aligned}
y_{n+1} &= y_n + \frac{1}{9}h(2k_1 + 3k_2 + 4k_3) \\
k_1 &= f(t_n, y_n) \\
k_2 &= f\left(t_n + \frac{h}{2}, y_n + \frac{h}{2}k_1\right) \\
k_3 &= f\left(t_n + \frac{3}{4}h, y_n + \frac{3}{4}hk_2\right)
\end{aligned}
\tag{2.100}
$$

四阶龙格－库塔法是一种较常使用的方法，即

$$
\begin{aligned}
y_{n+1} &= y_n + \frac{1}{6}h(k_1 + 2k_2 + 2k_3 + k_4) \\
k_1 &= f(t_n, y_n) \\
k_2 &= f\left(t_n + \frac{h}{2}, y_n + \frac{h}{2}k_1\right) \\
k_3 &= f\left(t_n + \frac{1}{2}h, y_n + \frac{1}{2}hk_2\right) \\
k_4 &= f(t_n + h, y_n + hk_3)
\end{aligned}
\tag{2.101}
$$

由于龙格－库塔法是通过对函数的泰勒展开来构造的，因此高阶龙格－库塔法要求微分方程的解具有高阶导数。如果解的光滑性较差，即使用高阶方法也不可能得到高精度的数值解，那么此时应当用低阶方法。

对 r 级龙格－库塔法，每计算一步，函数 f 需要计算 r 次，因此对给定的 r，我们总希望构造阶数最高的方法。记 $p^*(r)$ 为 r 级龙格－库塔法所能达到的最高阶数，有

$$
p^*(r) = \begin{cases} r, & r = 1,2,3,4 \\ r-1, & r = 5,6,7 \\ r-2, & r = 8,9 \end{cases}
\tag{2.102}
$$

由此可见，当 $r \geqslant 5$ 时，$p^*(r) < r$，因此四级四阶龙格－库塔法是最常用的方法。

2.4.3 线形多步法

前面讨论的欧拉法及龙格－库塔法都是单步法，在计算 y_{n+1} 的值时，只用到前一步的值 y_n，但实际上此时 $y_0, y_1, \cdots, y_n$ 都是已知的。如果利用前面多步的值计算 y_{n+1}，则有可能会得到较好的结果。具体地说，若在计算 y_{n+1} 时用到前 k 步的值 $y_m, y_{m-1}, \cdots, y_{m-k+1}$ $(k>0)$，则称这种方法为多步法，或更确切地称为 k 步法。

线性 k 步法的一般形式为

$$y_{n+1} = \sum_{i=1}^{k} \alpha_i y_{n-i+1} + h\sum_{i=0}^{k} \beta_i f_{n-i+1}, n = k-1, k, \cdots \tag{2.103}$$

式中，$f_{n-i+1} = f(t_{n-i+1}, y_{n-i+1})$；$\alpha_i$ 和 β_j 都是常数。如果 $\beta_0 = 0$，则该方法是显式的；如果 $\beta_0 \neq 0$，则该方法是隐式的。

对于式(2.103)，记局部截断误差为

$$R_{n+1} = y(t_{n+1}) - \left(\sum_{i=1}^{k} \alpha_i y(t_{n-i+1}) + h\sum_{i=0}^{k} \beta_i f(t_{n-i+1}, y(t_{n-i+1}))\right) \tag{2.104}$$

(1)用泰勒(级数)展开构造多步法

式(2.103)中的系数可用待定系数法确定，即利用泰勒展开使局部截断误差达到一定的阶数，并由此确定系数。

式(2.66)的局部截断误差，按式(2.104)可以重写为

$$R_{n+1} = y(t_{n+1}) - \left(\sum_{i=1}^{k} \alpha_i y(t_{n-i+1}) + h\sum_{i=0}^{k} \beta_i y'(t_{n-i+1})\right) \tag{2.105}$$

将式(2.105)右端各项在点 t_n 进行泰勒展开，即

$$y(t_{n+1}) = \sum_{j=0} \frac{1}{j!} h^j y^{(j)}(t_n)$$

$$y(t_{n-i+1}) = \sum_{j=0} \frac{(1-i)^j}{j!} h^j y^{(j)}(t_n)$$

$$y'(t_{n-i+1}) = \sum_{j=1} \frac{(1-i)^{j-1}}{(j-1)!} h^{j-1} y^{(j)}(t_n) \tag{2.106}$$

将它们代入式(2.105)可得

$$R_{n+1} = \sum_{j=0} c_j h^j y^{(j)}(t_n) \tag{2.107}$$

式中

$$c_0 = 1 - \sum_{i=1}^{k} \alpha_i$$

$$c_1 = 1 - \sum_{i=2}^{k} (1-i)\alpha_i - \sum_{i=0}^{k} \beta_i$$

$$c_j = \frac{1}{j!}\left[1 - \sum_{i=2}^{k} (1-i)^j \alpha_i - j\sum_{i=0}^{k} (1-i)^{j-1} \beta_i\right], j = 2, 3, \cdots$$

欲使方法是 p 阶的，则应有 $R_{n+1} = O(h^{p+1})$，于是 α_i, β_i 必须满足

$$c_j = 0, j = 0, 1, 2, \cdots, p \tag{2.108}$$

此时局部截断误差为

$$R_{n+1} = c_{p+1} h^{p+1} y^{(p+1)}(t_n) + \cdots \tag{2.109}$$

式(2.109)右端第一项称为局部截断误差的主项，因为后面各项中 h 的幂大于 $p+1$。对任意项的 p，由式(2.108)的线性方程组确定 α_i 和 β_i，这样可以构造出各种各样的线性多步法，并且能同时得到局部截断误差。

式(2.108)的线性方程组共有 $p+1$ 个方程，有 $2k+1$ 个未知数，p 最大可取 $2k$，也就是

说，有可能构造出 $2k$ 阶的 k 步法。

如对式(2.103)中的微分方程从 t_{n-1} 到 t_{n+1} 积分，则有

$$y(t_{n+1}) = y(t_{n-1}) + \int_{t_{n-1}}^{t_{n+1}} f(t,y)\,\mathrm{d}t \tag{2.110}$$

①四阶二步法

$$y_{n+1} = y_{n-1} + \frac{1}{3}h(f_{n+1} + 4f_n + f_{n-1})$$

$$R_{n+1} = -\frac{1}{90}h^5 y^{(5)}(t_n) + O(h^6) \tag{2.111}$$

式(2.111)是二步法中阶最高的方法，称为米尔尼(Milne)法。

②四阶三步法

$$y_{n+1} = \frac{1}{8}(9y_n - y_{n-2}) + \frac{3}{8}h(f_{n+1} + 2f_n - f_{n-1})$$

$$R_{n+1} = -\frac{1}{40}h^5 y^{(5)}(t_n) + O(h^6) \tag{2.112}$$

式(2.112)称为海明(Hamming)公式。

③四阶四步法

$$y_{n+1} = y_{n-3} + \frac{4}{3}h(2f_n - f_{n-1} + 2f_{n-2})$$

$$R_{n+1} = \frac{14}{45}h^5 y^{(5)}(t_n) + O(h^6) \tag{2.113}$$

(2)亚当姆斯显式公式

在线性多步法中，应用比较广的是亚当姆斯法。

将微分方程

$$\dot{y} = f(t,y) \tag{2.114}$$

在$[t_n, t_{n+1}]$区间上进行积分可得

$$y(t_{n+1}) = y(t_n) + \int_{t_n}^{t_{n+1}} f(t,y)\,\mathrm{d}t$$

$$t_{n+1} = t_n + h \tag{2.115}$$

若已经求得 $t_n, t_{n-1}, \cdots, t_{n-k}$ 这 $k+1$ 个时间点处的数据 $f_n, f_{n-1}, \cdots, f_{n-k}$，则可利用插值原理构造区间$[t_n, t_{n+1}]$上的插值多项式 $P(t)$ 来逼近 $f(t,y)$。

$$f(t,y) \approx P(t) = f_n l_n(t) + f_{n-1} l_{n-1}(t) + \cdots + f_{n-k+1} l_{n-k+1}(t) \tag{2.116}$$

由于构造插值多项式所用的时间点在区间$[t_n, t_{n+1}]$之外，故此时用的是外推方法。积分项 $\int_{t_n}^{t_{n+1}} f(t,y)\,\mathrm{d}t$ 的近似值 $\int_{t_n}^{t_{n+1}} P(t)\,\mathrm{d}t$ 可写为

$$\int_{t_n}^{t_{n+1}} f(t,y)\,\mathrm{d}t \approx \int_{t_n}^{t_{n+1}} P(t)\,\mathrm{d}t = h\sum_{i=0}^{k} \beta_i f_{n-i} \tag{2.117}$$

根据式(2.115)和式(2.117)可直接写出 y_{n+1} 的递推公式为

$$y_{n+1} = y_n + h\sum_{i=0}^{k} \beta_i f_{n-i}$$

$$\beta_i = \frac{1}{h}\int_{t_n}^{t_{n+1}} l_{n-i+1}(t)\,\mathrm{d}t \tag{2.118}$$

式中的参数 β_i 与 k 有关。以 $k=3$ 为例,3 个节点为 t_n, t_{n-1}, t_{n-2},插出 $k-1$ 次多项式。

①$i=1$

$$\beta_1 = \frac{1}{h}\int_0^h l_n(t)\,\mathrm{d}t$$

$$l_n(t) = \alpha_2 t^2 + \alpha_1 t + \alpha_0 \tag{2.119}$$

由于 $l_n(t)$ 是在 $t=t_n$ 时为 1、在其他点为 0 的插值函数,则有

$$\begin{cases}\alpha_0 = 1, & t=0\\ \alpha_2 h^2 - \alpha_1 h + \alpha_0 = 0, & t=-h\\ 4\alpha_2 h^2 - 2\alpha_1 h + \alpha_0 = 0, & t=-2h\end{cases} \tag{2.120}$$

解得

$$\alpha_0 = 1$$

$$\alpha_1 = \frac{3}{2h}$$

$$\alpha_2 = \frac{1}{2h^2} \tag{2.121}$$

代入式(2.119)得

$$\beta_1 = \frac{23}{12} \tag{2.122}$$

②$i=2$

$$\beta_2 = \frac{1}{h}\int_0^h l_{n-1}(t)\,\mathrm{d}t$$

$$l_{n-1}(t) = \alpha_2 t^2 + \alpha_1 t + \alpha_0 \tag{2.123}$$

可得

$$\begin{cases}\alpha_0 = 0\\ \alpha_2 h^2 - \alpha_1 h = 1\\ 4\alpha_2 h^2 - 2\alpha_1 h = 0\end{cases} \tag{2.124}$$

解得

$$\alpha_0 = 0$$

$$\alpha_1 = -\frac{2}{h}$$

$$\alpha_2 = -\frac{1}{h^2} \tag{2.125}$$

代入式(2.123)得

$$\beta_2 = -\frac{16}{12} \tag{2.126}$$

同理可得

$$\beta_3=\frac{5}{12} \tag{2.127}$$

将 β_1,β_2,β_3 代入式(2.108)即得亚当姆斯三阶公式，类似地也可得到 $k=1,2,4$ 情况下的公式。其数值见表 2.1。

表 2.1　亚当姆斯显式公式的 β_i 值

k	β_1	β_2	β_3	β_4	方法名称
1	1	0	0	0	显式欧拉法
2	$\frac{3}{2}$	$-\frac{1}{2}$	0	0	显式梯形法
3	$\frac{23}{12}$	$-\frac{16}{12}$	$\frac{5}{12}$	0	三阶显式亚当姆斯法
4	$\frac{55}{24}$	$-\frac{59}{24}$	$\frac{37}{24}$	$-\frac{9}{24}$	四阶显式亚当姆斯法

当 $k=1$ 时，式(2.118)就称为欧拉公式。

当 $k=2$ 时，得到二步法公式为

$$y_{n+1}=y_n+\frac{h}{2}(3f_n-f_{n-1}) \tag{2.128}$$

其截断误差为

$$R_{n+1}=\frac{5}{12}h^3y^{(3)}(\xi) \tag{2.129}$$

当 $k=4$ 时，得到四步法公式为

$$y_{n+1}=y_n+\frac{h}{24}(55f_n-59f_{n-1}+37f_{n-2}-9f_{n-3}) \tag{2.130}$$

其截断误差为

$$R_{n+1}=\frac{251}{720}h^5y^{(5)}(\xi) \tag{2.131}$$

式(2.130)就是常用的亚当姆斯四步显式公式，它由前面 4 个点上的数值计算下一点的数值，其计算精度为 4 阶。

由上可见，式(2.118)就是亚当姆斯外推公式的一般形式，它是 $k+1$ 步法，由于其局部截断误差为 $O(h^{k+2})$，故为 $k+1$ 阶精度。

(3)亚当姆斯隐式公式

上述亚当姆斯显式公式是外推公式，根据插值理论可知，同样阶数的内插公式比外推公式更准确。若已经得到 $t_{n+1},t_n,t_{n-1},\cdots,t_{n-k+1}$ 这 $k+1$ 个时间点处的数据 $f_{n+1},f_n,f_{n-1},\cdots,f_{n-k+1}$，则可利用插值原理构造区间 $[t_n,t_{n+1}]$ 上的插值多项式 $P(t)$ 来逼近 $f(t,y)$。此时用的是内插方法，有

$$f(t,y)\approx P(t)=f_nl_n(t)+f_{n-1}l_{n-1}(t)+\cdots+f_{n-k+1}l_{n-k+1}(t) \tag{2.132}$$

直接写出 y_{n+1} 的递推公式为

$$y_{n+1} = y_n + h\sum_{i=0}^{k}\beta_i f_{n-i+1}$$

$$\beta_i = \frac{1}{h}\int_{t_n}^{t_{n+1}} l_{n-i+1}(t)\,\mathrm{d}t, \quad i = -1,0,1,\cdots,k-2 \tag{2.133}$$

表 2.2 列出了 $k=1,2,3,4$ 情况时亚当姆斯隐式公式的 β_i 值。

表 2.2　亚当姆斯隐式公式的 β_i 值

k	β_{-1}	β_0	β_1	β_2	β_3	方法名称
1	1	0	0	0	0	隐式欧拉法
2	$\frac{1}{2}$	$\frac{1}{2}$	0	0	0	隐式梯形法
3	$\frac{5}{12}$	$\frac{8}{12}$	$-\frac{1}{12}$	0	0	三阶隐式亚当姆斯法
4	$\frac{9}{24}$	$\frac{19}{24}$	$-\frac{5}{24}$	$\frac{1}{24}$	0	四阶隐式亚当姆斯法

当 $k=2$ 时，得到二步法公式为

$$y_{n+1} = y_n + \frac{h}{2}(3f_{n+1} + f_n) \tag{2.134}$$

其截断误差为

$$R_{n+1} = -\frac{1}{12}h^3 y^{(3)}(\xi) \tag{2.135}$$

当 $k=4$ 时，得到四步法公式为

$$y_{n+1} = y_n + \frac{h}{24}(9f_{n+1} + 19f_n - 5f_{n-1} + f_{n-2}) \tag{2.136}$$

其截断误差为

$$R_{n+1} = -\frac{19}{720}h^5 y^{(5)}(\xi) \tag{2.137}$$

由上可见，亚当姆斯隐式公式的局部截断误差为 $O(h^{k+2})$，故也为 $k+1$ 阶精度。

将亚当姆斯隐式公式（以下简称隐式公式）与亚当姆斯显式公式（以下简称显式公式）比较可知：

①从计算量上看，显式公式比隐式公式计算量小。

②从计算精度上看，除一阶外，相同阶数的隐式公式的系数比显式公式的小，因而隐式公式比显式公式精确。

③隐式公式需要计算 f_{n+1}，通常需要用亚当姆斯显式公式为它提供一个首次近似值 y_{n+1}，又称预估值。

亚当姆斯法每步只需计算一次 f 函数值，因而计算量较小，这是线性多步法的共同优点。

(4)预测－校正法

由于隐式公式的稳定域大于显式公式,而且对同阶的亚当姆斯法来说,隐式公式的精度往往要高于显式公式,所以采用折中的方法,先用显式公式计算预测值 y_{n+1}^p,然后用隐式公式进行校正,得到近似值 y_{n+1},从而得到一组计算公式,这种方法称为预测－校正法。

常用的预测－校正公式有两种。

①亚当姆斯预测－校正公式

$$\text{预测}\quad y_{n+1}^p = y_n + \frac{h}{24}(55f_n - 59f_{n-1} + 37f_{n-2} - 9f_{n-3})$$

$$\text{校正}\quad y_{n+1} = y_n + \frac{h}{24}\left(9f(t_n, y_{n+1}^p) + 19f_n - 5f_{n-1} + f_{n-2}\right) \tag{2.138}$$

②米尔恩－海明预测校正公式

$$\text{预测}\quad y_{n+1}^p = y_{n-3} + \frac{4}{3}h(2f_n - f_{n-1} + 2f_{n-2})$$

$$\text{校正}\quad y_{n+1} = \frac{1}{8}(9y_n - y_{n-2}) + \frac{3}{8}h\left(9f(t_n, y_{n+1}^p) + 2f_n - f_{n-1}\right) \tag{2.139}$$

以上两种预测－校正公式均为四阶公式,其起步值通常用四阶龙格－库塔公式计算,有时为提高精度,校正公式可迭代多次,但迭代次数一般不超过三次。为减少一次迭代所产生的误差,常用局部截断误差进一步修正预测值与校正值,得到更精确的预测－校正公式,下面分别对亚当姆斯预测－校正公式和米尔恩－海明预测校正公式进行修正。

亚当姆斯公式的截断误差公式为

$$\begin{cases} y(t_{n+1}) - y_{n+1}^p = \dfrac{251}{720}h^5 y_n^{(5)} + O(h^6) \\ y(t_{n+1}) - y_{n+1} = -\dfrac{19}{720}h^5 y_n^{(5)} + O(h^6) \end{cases} \tag{2.140}$$

则有

$$y_{n+1} - y_{n+1}^p = \frac{270}{720}h^5 y_n^{(5)} + O(h^6) \tag{2.141}$$

从而有

$$h^5 y_n^{(5)} \approx \frac{720}{270}(y_{n+1} - y_{n+1}^p) \tag{2.142}$$

将式(2.141)代入式(2.140)得

$$\begin{cases} y(t_{n+1}) - y_{n+1}^p = \dfrac{251}{720}(y_{n+1} - y_{n+1}^p) \\ y(t_{n+1}) - y_{n+1} = -\dfrac{19}{720}(y_{n+1} - y_{n+1}^p) \end{cases} \tag{2.143}$$

用式(2.142)和式(2.143)修正式(2.138),就得到多环节的亚当姆斯预测－校正公式为

$$\text{预测}\quad p_{n+1} = y_n + \frac{h}{24}(55f_n - 59f_{n-1} + 37f_{n-2} - 9f_{n-3})$$

$$\text{改进}\quad m_{n+1} = p_{n+1} + \frac{251}{270}(c_n - p_n)$$

$$\text{校正}\quad c_{n+1} = y_n + \frac{h}{24}(9f(t_n, m_{n+1}) + 19f_n - 5f_{n-1} + f_{n-2})$$

$$改进\quad y_{n+1}=c_{n+1}-\frac{19}{270}(c_{n+1}-p_{n+1}) \tag{2.144}$$

类似地,可以导出多环节的米尔恩－海明预测校正公式为

$$预测\quad p_{n+1}=y_{n-3}+\frac{4}{3}h(2f_n-f_{n-1}+2f_{n-2})$$

$$改进\quad m_{n+1}=p_{n+1}+\frac{112}{121}(c_n-p_n)$$

$$校正\quad c_{n+1}=\frac{1}{8}(9y_n-y_{n-2})+\frac{3}{8}h(9f(t_n,m_{n+1})+2f_n-f_{n-1})$$

$$改进\quad y_{n+1}=c_{n+1}-\frac{9}{121}(c_{n+1}-p_{n+1}) \tag{2.145}$$

这两种预测－校正公式的优点是每算一步只需计算两个函数值,计算量小于四阶龙格－库塔法,而且在计算过程中能大致估计出误差;不足之处在于必须借助于别的方法计算开始的几个函数值,计算过程中不易变步长。

2.4.4 稳定性分析

稳定性是数值积分中非常重要的概念。在实际计算中,除了由数值方法所产生的截断误差外,还有因数字舍入而产生的误差。影响舍入误差的因素很多,这里我们只关心它在传播过程中的增长情况,这就是数值方法的稳定性问题,也就是误差的积累是否受到控制的问题。如果在每步的计算过程中,前面积累的舍入误差对实际误差 δ_r(δ_r = 计算值 － 实际值)的影响是减弱的,则计算方法是稳定的;反之,则可能由于 δ_r 的恶性增长而变得不稳定。如果在计算的过程中发生不稳定情况,则计算结果将失去意义,而且可能导致人们做出错误的判断。实际讨论时,均就下述模型进行,即

$$\dot{y}=\lambda y$$

$$\lambda=\alpha+\mathrm{j}\beta,且\ \mathrm{Re}(\lambda)=\alpha<0 \tag{2.146}$$

用某种数值方法求解式(2.146),对于固定步长 h,如果由计算点值 y_n 时产生的误差 δ 所引起的后面节点值 $y_m(m>n)$ 的误差 δ_m 的绝对值均不超过 $|\delta|$,则称该方法对于所用步长 h 和复数 λ 是绝对稳定的。使得方法绝对稳定的所有 h 和 λ 称为该方法的绝对稳定区域。特别地,如果绝对稳定区域包含整个左半平面,则称该方法是 ADAMS 隐式稳定方法。绝对稳定区域与实轴的交集称为绝对稳定区间。

(1)欧拉法的稳定性

欧拉法用于式(2.146),计算公式为

$$y_{n+1}=(1+h\lambda)y_n \tag{2.147}$$

若实际计算 y_n 时产生误差 δ,它使节点 y_{n+1} 产生误差 δ_{n+1},记 $\tilde{y}_n=y_n+\delta$,$\tilde{y}_{n+1}=y_{n+1}+\delta_{n+1}$,由式(2.147)得

$$\tilde{y}_{n+1}=y_{n+1}+\delta_{n+1}=(1+h\lambda)\tilde{y}_n=(1+h\lambda)y_n+(1+h\lambda)\delta_n \tag{2.148}$$

有

$$\delta_{n+1}=(1+h\lambda)\delta_n \tag{2.149}$$

为使误差不扩大,仅需

$$|1+h\lambda|\leqslant 1 \tag{2.150}$$

因此,欧拉法的绝对稳定区域为 $|1+h\lambda|\leqslant 1$,绝对稳定区间为 $-2\leqslant h\lambda\leqslant 0$,如图 2.12

所示,这是 $h\lambda$ 平面上以 -1 为中心的单位圆。若 $h\lambda$ 在此圆内,则欧拉法是稳定的;若 $h\lambda$ 在此圆外,则欧拉法是不稳定的。

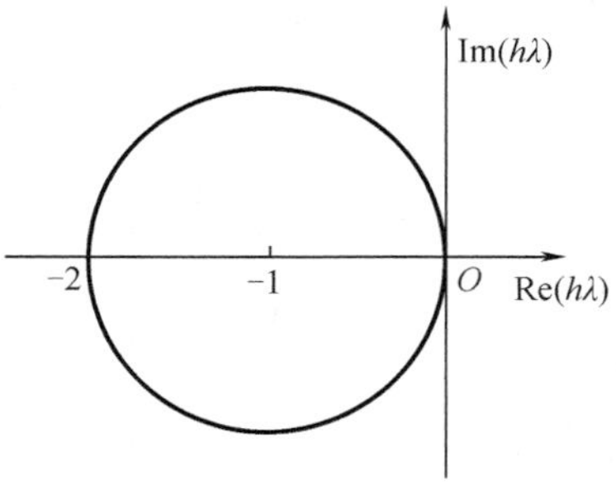

图 2.12　欧拉法稳定区域

(2)梯形公式的稳定性

对于式(2.147),梯形公式的具体表达式为

$$y_{n+1}=y_n+\frac{h}{2}(\lambda y_n+\lambda y_{n+1}) \tag{2.151}$$

即

$$y_{n+1}=\frac{1+\frac{h\lambda}{2}}{1-\frac{h\lambda}{2}}y_n \tag{2.152}$$

进行类似欧拉法的讨论可得,梯形公式的绝对稳定区域为

$$\left|\frac{1+\frac{h\lambda}{2}}{1-\frac{h\lambda}{2}}\right|\leqslant 1 \tag{2.153}$$

即

$$\left|1+\frac{h\lambda}{2}\right|\leqslant\left|1-\frac{h\lambda}{2}\right| \tag{2.154}$$

化简为

$$\mathrm{Re}(h\lambda)\leqslant 0 \tag{2.155}$$

因此,梯形公式的绝对稳定区域为 $h\lambda$ 平面的左半平面,如图 2.13 所示。特别地,当 λ 为负实数时,对任意的 $h>0$,梯形公式都是稳定的。

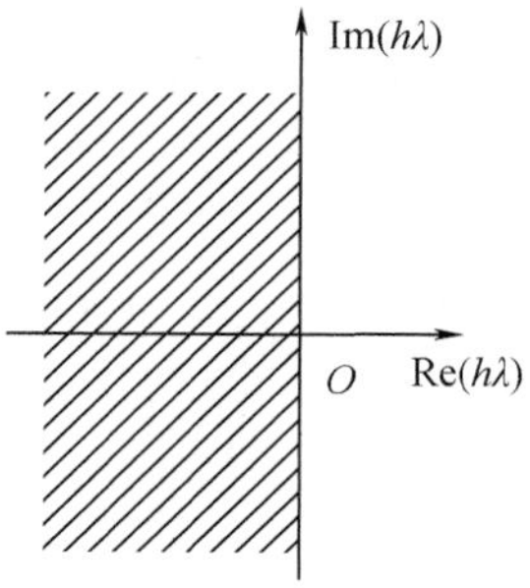

图 2.13　梯形法稳定区域

(3)龙格－库塔法的稳定性

与前文的讨论相似,龙格－库塔法用于式(2.147),可得二、三、四阶龙格－库塔法的绝对稳定区域分别为

$$\left|1+h\lambda+\frac{1}{2}(h\lambda)^2\right|\leqslant 1$$

$$\left|1+h\lambda+\frac{1}{2}(h\lambda)^2+\frac{1}{6}(h\lambda)^3\right|\leqslant 1$$

$$\left|1+h\lambda+\frac{1}{2}(h\lambda)^2+\frac{1}{6}(h\lambda)^3+\frac{1}{24}(h\lambda)^4\right|\leqslant 1 \tag{2.156}$$

如图 2.14 所示,当 λ 为实数时,四阶龙格－库塔法的绝对稳定区间为[－2.78,0]。

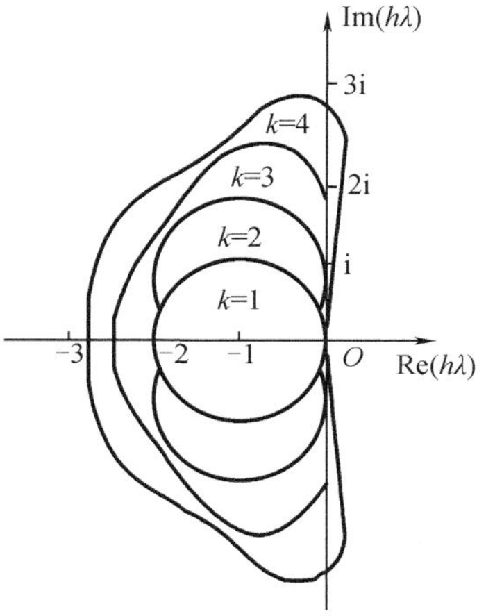

图 2.14　龙格－库塔法稳定区域

2.5　偏微分方程仿真建模算法

前文介绍的连续系统状态方程的形式一般为微分方程组,对于分布参数系统(如热传导、振动等系统模型),除了时间变量之外,还有一个或多个位置变量作为自变量,因此其状态方程将是偏微分方程组。这样建立的偏微分方程组很少能用解析法求解,数值方法可用来克服这一困难。虽然解常微分方程存在许多好方法,但适于解偏微分方程的只限于有限差分法或有限元法。差分方法是从时间与空间两个方向将变量离散化,从而得到一组代数方程。若利用已经给出的初始条件及边界条件逐排求解,则可将系统中的任意时刻、任一空间位置上的值全部计算出来。

2.5.1 差分原理

用差分方法求解偏微分方程问题时必须把连续问题离散化,即先对求解区域进行网格剖分,由于求解的问题各不相同,因此求解区域也不尽相同。下面通过具体实例说明差分原理。

(1)网格剖分

对于双曲型方程和抛物型方程的初值问题,其求解区域为

$$D_1 = \{(x,t) \mid -\infty < x < +\infty, t \geqslant 0\} \tag{2.157}$$

如图 2.15 所示,在 $x-t$ 的上平面画出两族平行于坐标轴的直线(称为网格线),把上半平面分成矩形网格,交点称为网格点或节点。平行于 t 轴的直线间距 Δx 称为空间步长,记作 h;平行于 x 轴的直线间距 Δt 称为时间步长,记作 τ。这两族网格线分别可以写为

$$x = x_i = j\Delta x = jh, \quad j = 0, \pm 1, \pm 2, \cdots$$
$$t = t_n = n\Delta t = n\tau, \quad n = 0, 1, 2, \cdots \tag{2.158}$$

网格节点(x_j, t_n)简写为(j,n)。

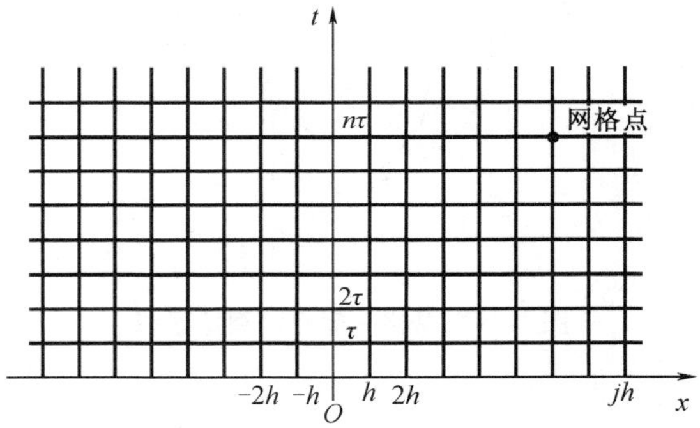

图 2.15 D_1 的网格剖分

(2)泰勒级数展开法建立差分格式

泰勒级数展开法建立差分格式是差分法求解偏微分方程最常用的方法,我们通过对流方程的初值问题来说明如何建立差分格式。

对流方程的初值问题为

$$\frac{\partial u}{\partial t} + a\frac{\partial u}{\partial x} = 0, \quad x \in \mathbf{R}, t > 0$$
$$u(x,0) = g(x), \quad x \in \mathbf{R} \tag{2.159}$$

假设偏微分方程初值问题的解 $u(x,t)$ 是充分光滑的,由泰勒级数展开有

$$\begin{cases} \dfrac{u(x_j,t_{n+1})-u(x_j,t_n)}{\tau}=\left[\dfrac{\partial u}{\partial t}\right]_j^n+O(\tau) \\ \dfrac{u(x_j,t_{n+1})-u(x_j,t_{n-1})}{2\tau}=\left[\dfrac{\partial u}{\partial t}\right]_j^n+O(\tau^2) \\ \dfrac{u(x_{j+1},t_n)-u(x_j,t_n)}{h}=\left[\dfrac{\partial u}{\partial x}\right]_j^n+O(h) \\ \dfrac{u(x_j,t_n)-u(x_{j-1},t_n)}{h}=\left[\dfrac{\partial u}{\partial x}\right]_j^n+O(h) \\ \dfrac{u(x_{j+1},t_n)-u(x_{j-1},t_n)}{2h}=\left[\dfrac{\partial u}{\partial x}\right]_j^n+O(h^2) \\ \dfrac{u(x_{j+1},t_n)-2u(x_j,t_n)+u(x_{j-1},t_n)}{h^2}=\left[\dfrac{\partial^2 u}{\partial x^2}\right]_j^n+O(h^2) \end{cases} \tag{2.160}$$

由式(2.160)可得

$$\frac{u(x_j,t_{n+1})-u(x_j,t_n)}{\tau}+a\frac{u(x_{j+1},t_n)-u(x_j,t_n)}{h}=\left[\frac{\partial u}{\partial t}+a\frac{\partial u}{\partial x}\right]_j^n+O(\tau+h) \tag{2.161}$$

如果 $u(x,t)$ 是满足式(2.157)的光滑解，有

$$\left[\frac{\partial u}{\partial t}+a\frac{\partial u}{\partial x}\right]_j^n=0 \tag{2.162}$$

则式(2.157)在(x_j,t_n)处可以近似地用下列方程来代替，即

$$\frac{u_j^{n+1}-u_j^n}{\tau}+a\frac{u_{j+1}^n-u_j^n}{h}=0 \tag{2.163}$$

式中 u_j^n 为 $u(x_j,t_n)$ 的近似值($j=0,\pm1,\pm2,\cdots;n=0,1,2,\cdots$)。式(2.163)称为逼近微分方程(式(2.159))的差分方程。其用到的节点如图 2.16 所示，则可将式(2.161)改写为

$$u_j^{n+1}=u_j^n-a\lambda(u_{j+1}^n-u_j^n) \tag{2.164}$$

式中，$\lambda=\dfrac{\tau}{h}$。式(2.162)称为偏心差分格式。

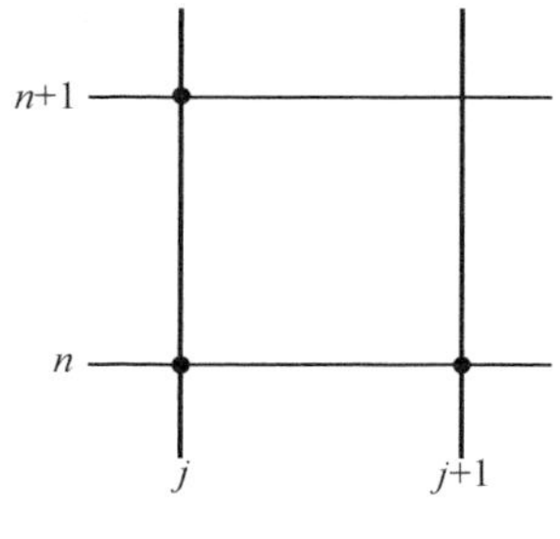

图 2.16　泰勒级数展开法建立差分格式节点

差分方程式(2.161)的离散形式为

$$u_j^0=\varphi_j,\quad j=0,\pm1,\pm2,\cdots \tag{2.165}$$

可以按时间逐层推进,计算出各层的值,即由第 n 个时间层推进到第 $n+1$ 个时间层。式(2.162)提供了逐点直接计算 u_j^{n+1} 的表达式,因此称式(2.162)为显式格式。在式(2.162)中,计算第 $n+1$ 层只用到第 n 层的数据,前后只联系到两个时间层,故称为两层格式。

通过式(2.160)中的第一、四式,得到微分方程(式(2.157))的另一差分方程为

$$\frac{u_j^{n+1}-u_j^n}{\tau}+a\frac{u_j^n-u_{j-1}^n}{h}=0 \tag{2.166}$$

式(2.166)称为偏心差分格式。

通过式(2.160)中的第一、五式,得到微分方程(式(2.159))的另一差分方程为

$$\frac{u_j^{n+1}-u_j^n}{\tau}+a\frac{u_{j+1}^n-u_{j-1}^n}{h}=0$$

$$u_j^{n+1}=u_j^n-\frac{a}{2}\lambda(u_{j+1}^n-u_{j-1}^n) \tag{2.167}$$

式(2.167)称为中心差分格式。此格式用到的节点如图 2.17 所示。

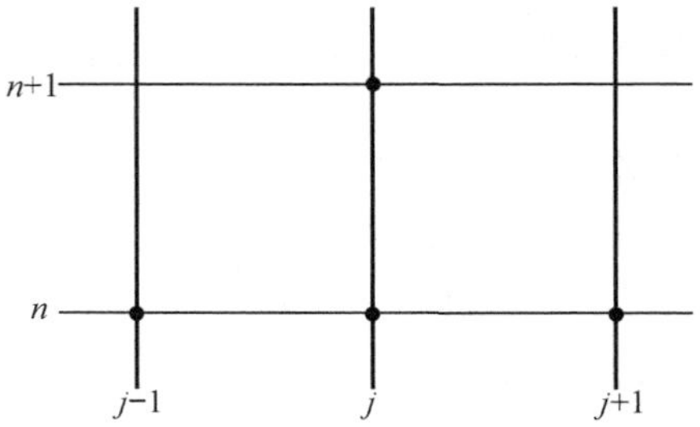

图 2.17　中心差分格式节点

(3)积分法

扩散方程的初值问题为

$$\frac{\partial u}{\partial t}=a\frac{\partial^2 u}{\partial x^2},\quad x\in\mathbf{R},t>0$$

$$u(x,0)=g(x),\quad x\in\mathbf{R} \tag{2.168}$$

对式(2.168)进行积分,此格式用到的节点如图 2.18 所示,设在 $x-t$ 平面上积分区域为

$$D=\left\{(x,t)\,\middle|\,x_j-\frac{h}{2}\leqslant x\leqslant x_j+\frac{h}{2},t_n\leqslant t\leqslant t_{n+1}\right\} \tag{2.169}$$

积分有

$$\iint_D\frac{\partial u}{\partial t}\mathrm{d}x\mathrm{d}t=\iint_D a\frac{\partial^2 u}{\partial x^2}\mathrm{d}x\mathrm{d}t \tag{2.170}$$

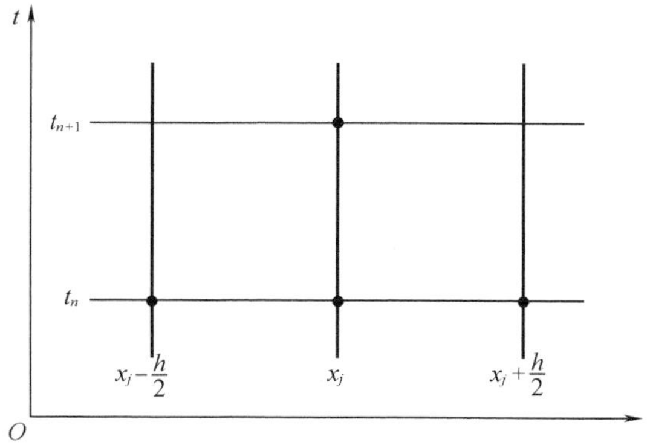

图 2.18　积分法格式节点

直接求积可得

$$\int_{x_j-\frac{h}{2}}^{x_j+\frac{h}{2}}(u(t_n+\tau,x)-u(t_n,x))\mathrm{d}x=\int_{t_n}^{t_{n+1}}\left(\frac{\partial u}{\partial x}\left(t,x_j+\frac{h}{2}\right)-\frac{\partial u}{\partial x}\left(t,x_j-\frac{h}{2}\right)\right)\mathrm{d}t \tag{2.171}$$

应用数值积分可得

$$(u(t_n+\tau,x)-u(t_n,x))h\approx a\left(\frac{\partial u}{\partial x}\left(t_n,x_j+\frac{h}{2}\right)-\frac{\partial u}{\partial x}\left(t_n,x_j-\frac{h}{2}\right)\right)\tau \tag{2.172}$$

注意到

$$\int_{x_j}^{x_{j+1}}\frac{\partial u}{\partial x}(t_n,x)\mathrm{d}x=u(t_n,x_{j+1})-u(t_n,x_j) \tag{2.173}$$

而

$$\int_{x_j}^{x_{j+1}}\frac{\partial u}{\partial x}(t_n,x)\mathrm{d}x\approx\frac{\partial u}{\partial x}\left(t_n,x_j+\frac{h}{2}\right) \tag{2.174}$$

由此可以得到

$$\frac{\partial u}{\partial x}\left(t_n,x_j+\frac{h}{2}\right)\approx u(t_n,x_{j+1})-u(t_n,x_j) \tag{2.175}$$

同理有

$$\frac{\partial u}{\partial x}\left(t_n,x_j-\frac{h}{2}\right)\approx u(t_n,x_j)-u(t_n,x_{j-1}) \tag{2.176}$$

将式(2.175)和式(2.176)带入式(2.172)可得

$$(u(t_n+\tau,x_j)-u(t_n,x_j))h\approx a(u(t_n,x_{j+1})-2u(t_n,x_j)+u(t_n,x_{j-1}))\tau \tag{2.177}$$

由此得出

$$\frac{u_j^{n+1}-u_j^n}{\tau}=a\frac{u_{j+1}^n-2u_j^n+u_{j-1}^n}{h^2} \tag{2.178}$$

积分法也称有限体积法。

(4)隐式差分格式

以上构造的差分格式都是显式的,即在时间层 t_{n+1} 上的每个 u_j^{n+1} 可以独立地根据时间

层 t_n 上的值 u_j^n 得出，但如果采用

$$\frac{u(x_j,t_n)-u(x_j,t_{n-1})}{\tau}=\left[\frac{\partial u}{\partial t}\right]_j^n+O(\tau) \tag{2.179}$$

及式(2.160)第六式，则可以得到扩散方程(式(2.168))的另一差分格式为

$$\frac{u_j^n-u_j^{n-1}}{\tau}-a\frac{u_{j+1}^n-2u_j^n+u_{j-1}^n}{h^2}=0 \tag{2.180}$$

该差分格式的节点图如图 2.19 所示。

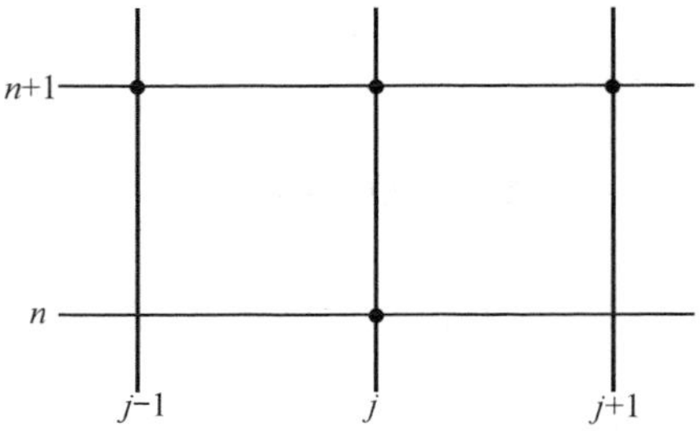

图 2.19 隐式差分格式节点

可以把式(2.180)写为

$$-a\lambda u_{j+1}^n+(1+2a\lambda)u_j^n-a\lambda u_{j-1}^n=u_j^{n-1} \tag{2.181}$$

由式(2.180)、式(2.181)可以看出，在新时间层 n 上包含 3 个未知量 $u_{j-1}^n,u_j^n,u_{j+1}^n$，因此不能由 u_j^{n-1} 直接计算出 u_j^n，式(2.180)这种差分格式称为隐式格式。

2.5.2 差分格式的相容性、稳定性及收敛性

(1)差分格式的相容性

通过微分方程建立差分方程，要求 $\tau\to0,h\to0$ 时差分方程能与微分方程充分接近，这就是差分方程的相容性问题。用差分格式求解偏微分方程，必须满足相容性条件。

初值问题可以叙述为

$$Lu=0$$
$$u(x,0)=g(x) \tag{2.182}$$

式中，L 为微分算子。

前文建立的差分格式可以写为

$$u_j^{n+1}=L_hu_j^n \tag{2.183}$$

式中，L_h 为差分算子，是依赖于 τ 和 h 的线性算子；对于变系数或非线性偏微分方程，L_h 还依赖于 $x_j,t^n,u_j^n,\cdots$。L_h 把定义在第 n 层的函数 u_j^n 变换到定义在第 $n+1$ 层的函数 u_j^{n+1}。将式(2.163)写成 $u_j^{n+1}=L_hu_j^n$ 形式时，$L_hu_j^n=u_j^n-a\lambda(u_{j+1}^n-u_j^n)$，有

$$u_j^{n+1}=L_hu_j^n=\sum_{k=-l}^{l}a_kT^ku_j^n \tag{2.184}$$

式中，a_k 为依赖于 τ 和 h 的系数；l 为正整数；T^k 为平移算子，定义为

$$Tu_j=u_{j+1} \tag{2.185}$$

有

$$T^{-1}u_j = u_{j-1} \tag{2.186}$$

可得

$$\begin{aligned} T^k u_j &= u_{j+k} \\ T^{-k} u_j &= u_{j-k} \end{aligned} \tag{2.187}$$

当式(2.182)的差分格式为式(2.183)时,其相应的截断误差为

$$T(x_j,t_n) = \frac{1}{\tau}(L_h u(x_j,t_n) - u(x_j,t_n)) \tag{2.188}$$

设 $u(x,t)$ 是式(2.182)的充分光滑解,式(2.183)为求解式(2.182)的差分格式,如果 $h \to 0, \tau \to 0$ 时有

$$T(x_j,t_n) \to 0 \tag{2.189}$$

则称差分格式(式(2.183))与定值问题(式(2.182))是相容的。

(2)差分格式的稳定性

利用差分格式进行计算是按时间层逐层推进的。对于二层差分格式,在计算第 $n+1$ 层上的值 u_j^{n+1} 时,要用到第 n 层上计算出来的值 $u_{j-l}^n, u_{j-l+1}^n, \cdots, u_{j+l}^n$,而计算 $u_{j-l}^n, u_{j-l+1}^n, \cdots, u_{j+l}^n$ 的舍入误差必然会影响到 u_j^{n+1} 的值,因此要分析误差传播情况,使误差影响不至于越来越大,避免发生数值计算发散的现象,这就是差分格式的稳定性问题。

下面以初值问题的差分格式来说明其稳定性问题。对于式(2.183)的差分格式,仅考虑只依赖于 x_j 而不依赖于 t_n 的情况,有

$$u_j^n = L_h^n u_j^0 \tag{2.190}$$

为了度量误差,引入范数

$$\|u^n\|_h = \left(\sum_{j=-\infty}^{\infty} (u_j^n)^2 h\right)^{\frac{1}{2}} \tag{2.191}$$

差分格式(式(2.183))的稳定性描述:设 u_j^0 有误差 δ_j^0,则 u_j^n 就有误差 δ_j^n,如果存在一个正的常数 K,使得当 $\tau \leqslant \tau_0, n\tau \leqslant T$ 时,一致有

$$\|\delta^n\| \leqslant K \|\delta^0\| \tag{2.192}$$

则称差分格式(式(2.183))是稳定的。

对于线性差分格式(式(2.183))可以推出

$$\delta_j^{n+1} = L_h \delta_j^n \tag{2.193}$$

从而有

$$\delta_j^n = L_h \delta_j^0 \tag{2.194}$$

由此,也可以把线性问题的差分格式(式(2.190))的稳定性描述如下:如果对于一切 $\tau \leqslant \tau_0, n\tau \leqslant T$ 一致有

$$\|L_h^n\| \leqslant K \tag{2.195}$$

则称差分格式(式(2.190))是稳定的,其中

$$\|L_h^n\| = \sup_{\|u\|_h = 1} \|L_h^n u\|_h \tag{2.196}$$

利用式(2.196)及式(2.190)可知,稳定性条件式(2.195)也等价于对一切 $\tau\leqslant\tau_0, n\tau\leqslant T$ 一致有

$$\|u^n\|_h\leqslant K\|u^0\|_h \tag{2.197}$$

在线性问题中,稳定性条件式(2.197)和式(2.192)是等价的;但在非线性问题中,只能用式(2.192)来定义稳定性。

按稳定性的定义来直接验证某差分格式的稳定性往往比较复杂。对于线性常系数偏微分方程初值问题,研究差分格式稳定性的方法很多,本书就不一一介绍了,这里仅就傅里叶(Fourier)方法进行简单讨论。

对于对流方程的初值问题式(2.159),利用式(2.160)的第一式和第四式,差分格式可以写为

$$\frac{u_j^{n+1}-u_j^n}{\tau}-a\frac{u_j^n-u_{j-1}^n}{h}=0 \tag{2.198}$$

改写为

$$\begin{aligned}u_j^{n+1}&=u_j^n-a\lambda(u_j^n-u_{j-1}^n)\\ u_j^0&=g_j=g(x_j)\end{aligned} \tag{2.199}$$

式中的解 u_j^n 及初值 $g(x_j)$ 只在网格点上有意义。

扩充函数的定义域,使得其在整个实轴 **R** 上都有意义。令

$$\begin{aligned}U(x,t_n)&=u_j^n,\quad x_j-\frac{h}{2}\leqslant x<x_j+\frac{h}{2}\\ \Phi(x)&=g(x_j),\quad x_j-\frac{h}{2}\leqslant x<x_j+\frac{h}{2}\end{aligned} \tag{2.200}$$

则式(2.199)可以写为

$$U(x,t_{n+1})=U(x,t_n)-a\lambda(U(x,t_n)-U(x-h,t_n)) \tag{2.201}$$

对式(2.201)两边用 Fourier 积分来表示,可以得到

$$\begin{aligned}\frac{1}{\sqrt{2\pi}}\int_{-\infty}^{\infty}\hat{U}(k,t_{n+1})\mathrm{e}^{\mathrm{i}kx}\mathrm{d}k&=\frac{1}{\sqrt{2\pi}}\int_{-\infty}^{\infty}\hat{U}(k,t_n)\mathrm{e}^{\mathrm{i}kx}\mathrm{d}k-\\ &\quad a\lambda\left(\frac{1}{\sqrt{2\pi}}\int_{-\infty}^{\infty}\hat{U}(k,t_n)\mathrm{e}^{\mathrm{i}kx}\mathrm{d}k-\frac{1}{\sqrt{2\pi}}\int_{-\infty}^{\infty}\hat{U}(k,t_n)\mathrm{e}^{\mathrm{i}k(x-h)}\mathrm{d}k\right)\\ &=\frac{1}{\sqrt{2\pi}}\int_{-\infty}^{\infty}\hat{U}(k,t_n)[1-a\lambda(1-\mathrm{e}^{-\mathrm{i}kx})]\mathrm{e}^{\mathrm{i}kx}\mathrm{d}k\end{aligned} \tag{2.202}$$

由此得出

$$\hat{U}(k,t_{n+1})=[1-a\lambda(1-\mathrm{e}^{-\mathrm{i}kx})]\hat{U}(k,t_n) \tag{2.203}$$

把上述推导方法推广到一般形式(式(2.190),常系数形式),可以得到

$$\hat{U}(k,t_{n+1})=G(\tau,k)\hat{U}(k,t_n) \tag{2.204}$$

式中,$G(\tau,k)$ 为增长因子。

差分格式(式(2.198))的增长因子为

$$G(\tau,K)=1-a\lambda(1-\mathrm{e}^{-\mathrm{i}kx}) \tag{2.205}$$

由于增长因子不依赖于时间层 n,因此由式(2.205)可以得出

$$\hat{U}(k,t_n)=G(\tau,k)\hat{U}(k,t_0) \tag{2.206}$$

如果增长因子 $G(\tau,k)$ 的任意次幂是一致有界的,并设其界为 K,则应用帕塞瓦尔(Parseval)等式有

$$\begin{aligned}\|U(t_n)\|^2 &= \int_{-\infty}^{\infty}|u(x,t_n)|^2\mathrm{d}x=\int_{-\infty}^{\infty}|\hat{U}(k,t_n)|^2\mathrm{d}x\leqslant K^2\int_{-\infty}^{\infty}|\hat{U}(k,t_0)|^2\mathrm{d}x\\ &=K^2\|\hat{U}(t_0)\|^2\end{aligned} \tag{2.207}$$

再次应用 Parseval 等式有

$$\|U(t_n)\|^2\leqslant K^2\|\hat{U}(t_0)\|^2 \tag{2.208}$$

由 $U(x,t_n)$ 的定义可知有

$$\|u^n\|_h\leqslant K\|u^0\|_h \tag{2.209}$$

由此得到,常系数的差分格式(式(2.190))是稳定的。同样,应用 Parseval 等式可以证明,如果差分格式(式(2.190))是常系数的,那么差分格式的稳定性可以推出其增长因子 $G(\tau,k)$ 的任意次幂是一致有界的,这样就可以得出以下结论:

常系数差分格式(式(2.190))稳定的充分必要条件是存在常数 $\tau_0>0,K>0$,使得当 $\tau\leqslant\tau_0,n\tau\leqslant T,k\in\mathbf{R}$ 时有

$$|G(\tau,k)^n|\leqslant K \tag{2.210}$$

(3)差分格式的收敛性

差分格式的收敛性是指当时间步长 $\tau\to0$ 和空间步长 $h\to0$ 时,差分格式的解是否逼近偏微分方程问题的解,即

$$\delta_j^n=u(x_j,t_n)-u_j^n\to0 \tag{2.211}$$

式中,$u(x_j,t_n)$ 是偏微分方程的解,u_j^n 是逼近这个偏微分方程差分格式的解,则

$$\begin{aligned}&\frac{\partial u}{\partial t}+a\frac{\partial^2u}{\partial x^2}=0,\quad x\in\mathbf{R},t>0\\ &u(x,0)=g(x),\quad x\in\mathbf{R}\end{aligned} \tag{2.212}$$

现在以扩散方程的初值问题(式(2.212))为例说明差分格式的收敛性问题。

利用式(2.160)的第一式和第六式构造式(2.190)的差分格式可得

$$\frac{u(x_j,t_{n+1})-u(x_j,t_n)}{\tau}-a\frac{u(x_{j+1},t_n)-2u(x_j,t_n)+u(x_{j-1},t_n)}{h^2}=\left[\frac{\partial u}{\partial t}-a\frac{\partial^2u}{\partial t^2}\right]_j^n+O(\tau+h^2) \tag{2.213}$$

如果 u 是式(2.212)的光滑解,即 u 满足

$$\frac{\partial u}{\partial t}-a\frac{\partial^2u}{\partial t^2}=0 \tag{2.214}$$

则扩散方程(式(2.212))的差分方程为

$$\frac{u_j^{n+1}-u_j^n}{\tau}-a\frac{u_{j+1}^n-2u_j^n+u_{j-1}^n}{h^2}=0 \tag{2.215}$$

式中,$j=0,\pm1,\pm2,\cdots$; $n=0,1,2,\cdots$。

令 $T(x_j,t_n)$ 为差分格式(式(2.213))在点 (x_j,t_n) 的截断误差,则有

$$T(x_j,t_n)=\frac{u(x_j,t_{n+1})-u(x_j,t_n)}{\tau}-a\frac{u(x_{j+1},t_n)-2u(x_j,t_n)+u(x_{j-1},t_n)}{h^2} \tag{2.216}$$

将其改写为

$$u(x_j,t_{n+1})=(1-2a\lambda)u(x_j,t_n)+a\lambda(u(x_{j+1},t_n)+u(x_{j-1},t_n))+\tau T(x_j,t_n) \tag{2.217}$$

式中,$\lambda=\frac{\tau}{h^2}$。

差分格式(式(2.213))可写为

$$u_j^{n+1}=(1-2a\lambda)u_j^n+a\lambda(u_{j+1}^n+u_{j-1}^n) \tag{2.218}$$

式(2.218)减去式(2.198),并令

$$e_j^n=u_j^n-u(x_j,t_n) \tag{2.219}$$

得

$$e_j^{n+1}=(1-a\lambda)e_j^n+a\lambda(e_{j+1}^n+e_{j-1}^n)-\tau T(x_j,t_n) \tag{2.220}$$

令 $2a\lambda\leqslant 1$,则式(2.220)右边 e^n 的三项系数均为负数,可得

$$|e_j^{n+1}|\leqslant(1-a\lambda)|e_j^n|+a\lambda(|e_{j+1}^n|+|e_{j-1}^n|)-\tau|T(x_j,t_n)| \tag{2.221}$$

假设 $u(x,t)$ 为初值问题(式(2.192))的充分光滑的解,则由截断误差计算可知

$$|T(x_j,t_n)|\leqslant M(\tau+h^2) \tag{2.222}$$

记 $E_n=\sup\limits_j|e_j^n|$,由式(2.221)得

$$E_{n+1}\leqslant E_n+M\tau(\tau+h^2) \tag{2.223}$$

由式(2.223)递推可得

$$E_n\leqslant E_0+Mn\tau(\tau+h^2) \tag{2.224}$$

在初始时间层 t_0 上有

$$u_j^0=u(x_j,0)=g(x_j)=g_j \tag{2.225}$$

因此有 $e_j^0=0$,可得

$$E_0=\sup_j|e_j^0|=0 \tag{2.226}$$

由式(2.226)可得

$$E_n\leqslant Mn\tau(\tau+h^2) \tag{2.227}$$

假定初值问题中 $t\leqslant T$,则 $n\tau\leqslant T$,有

$$E_n\leqslant MT(\tau+h^2) \tag{2.228}$$

当 $\tau\to0,h\to0$ 时,有 $E_n\to0$,即 $u_j^n\to u(x_j,t_n)$。在 $2a\lambda\leqslant0$ 的条件下,差分格式是收敛的。

拉克斯(Lax)等价性定理:对于适定的线性偏微分方程组初值问题,一个与之相容的线性差分格式收敛的充分必要条件是该格式是稳定的。

2.5.3 扩散方程的菱形法及跳点法

(1)向前、向后差分格式

考虑式(2.168)给出的常系数扩散方程,其向前差分格式为

$$\frac{u_j^{n+1}-u_j^n}{\tau}-a\frac{u_{j+1}^n-2u_j^n+u_{j-1}^n}{h^2}=0 \tag{2.229}$$

其截断误差为 $O(\tau+h^2)$，由式(2.229)可以得出式(2.229)的增长因子为

$$G(\tau,k)=1-4a\lambda\sin^2\frac{kh}{2} \tag{2.230}$$

式中，$\lambda=\frac{\tau}{h^2}$。如果 $a\lambda\leqslant\frac{1}{2}$，则 $G(\tau,k)\leqslant 1$，满足稳定性条件，对于式(2.168)给出的单个方程，其向前差分格式稳定性条件是 $a\lambda\leqslant\frac{1}{2}$。其向后差分格式为

$$\frac{u_j^n-u_j^{n-1}}{\tau}-a\frac{u_{j+1}^n-2u_j^n+u_{j-1}^n}{h^2}=0 \tag{2.231}$$

其截断误差为 $O(\tau+h^2)$。

(2)加权隐式格式

将式(2.229)改写为

$$\frac{u_j^n-u_j^{n-1}}{\tau}-a\frac{u_{j+1}^{n-1}-2u_j^{n-1}+u_{j-1}^{n-1}}{h^2}=0 \tag{2.232}$$

式(2.231)乘 θ 加上 $(1-\theta)$ 乘式(2.232)得

$$\frac{u_j^n-u_j^{n-1}}{\tau}-a\left[\theta\frac{u_{j+1}^n-2u_j^n+u_{j-1}^n}{h^2}+(1-\theta)\frac{u_{j+1}^{n-1}-2u_j^{n-1}+u_{j-1}^{n-1}}{h^2}\right]=0,0\leqslant\theta\leqslant 1 \tag{2.233}$$

差分格式(式(2.233))称为加权隐式格式，其节点如图 2.20 所示。

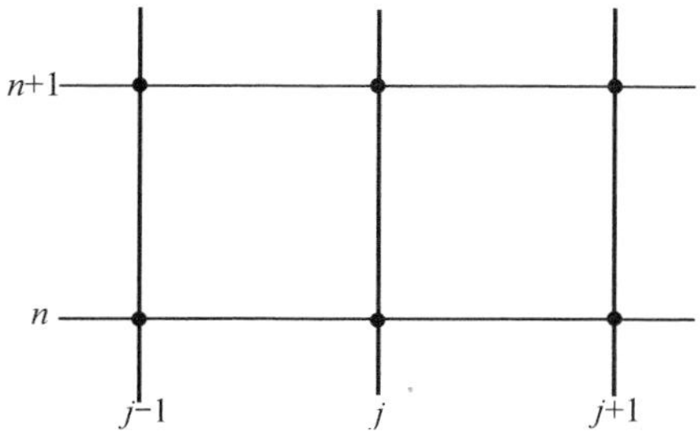

图 2.20　加权隐式格式节点

将式(2.232)在 (x_j,t_n) 处泰勒展开得

$$E=a\left(\frac{1}{2}-\theta\right)\tau\left[\frac{\partial^3 u}{\partial^2 u\partial t}\right]_j^n+O(\tau^2+h^2) \tag{2.234}$$

$O\neq\frac{1}{2}$ 时，截断误差为 $O(\tau+h^2)$；$O=\frac{1}{2}$ 时，截断误差为 $O(\tau^2+h^2)$。

易求得式(2.232)的增长因子为

$$G(\tau,k)=\frac{1-4(1-\theta)a\lambda\sin^2\frac{kh}{2}}{1+4\theta a\lambda\sin^2\frac{kh}{2}} \tag{2.235}$$

当 $|G(\tau,k)|\leqslant 1$ 时，差分格式(式(2.232))是稳定的，即

$$-1\leqslant\frac{1-4(1-\theta)a\lambda\sin^2\dfrac{kh}{2}}{1+4\theta a\lambda\sin^2\dfrac{kh}{2}}\leqslant 1 \tag{2.236}$$

由式(2.236)可得,加权隐式差分格式稳定的条件为

$$\begin{cases}2a\lambda\leqslant\dfrac{1}{1-2\theta}, & 0\leqslant\theta<\dfrac{1}{2}\\ \text{无限制}, & \dfrac{1}{2}\leqslant\theta\leqslant 1\end{cases} \tag{2.237}$$

(3)三层显式、隐式差分格式

对于扩散方程(式(2.168))可以建立三层差分格式,即

$$\frac{u_j^{n+1}-u_j^{n-1}}{2\tau}-a\frac{u_{j+1}^n-2u_j^n+u_{j-1}^n}{h^2}=0 \tag{2.238}$$

其节点如图 2.21 所示。

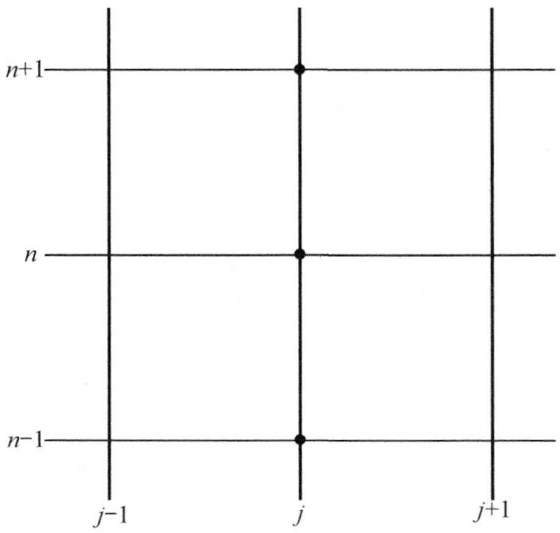

图 2.21 三层差分格式节点

将式(2.238)改写为

$$u_j^{n+1}=u_j^{n-1}+2a\lambda(u_{j+1}^n-2u_j^n+u_{j-1}^n) \tag{2.239}$$

由式(2.239)可以看出,计算第 $n+1$ 层的 u_j^{n+1} 值时,要用到第 n 层的 $u_{j-1}^n,u_j^n,u_{j+1}^n$ 以及第 $n-1$ 层的 u_j^{n-1},前后联系三个时间层,称为三层差分格式。一般把多于两层的差分格式称为多层差分格式。

三层差分格式(式(2.238))是不稳定的,对其进行修改,得三层显式差分格式为

$$\frac{u_j^{n+1}-u_j^{n-1}}{2\tau}-a\frac{u_{j+1}^n-(u_j^{n+1}+u_j^{n-1})+u_{j-1}^n}{h^2}=0 \tag{2.240}$$

其截断误差为 $O(\tau^2+h^2)+O\left(\dfrac{\tau^4}{h^2}\right)$。其增长矩阵 $\boldsymbol{G}(\tau,k)$ 的特征方程为

$$\mu^2-\left(\frac{2\alpha}{1+\alpha}\cos kh\right)\mu-\frac{1-\alpha}{1+\alpha}=0 \tag{2.241}$$

式中，$\alpha=2a\lambda$。则

$$\mu^2-\left(\frac{2\alpha}{1+\alpha}\cos kh\right)\mu-\frac{1-\alpha}{1+\alpha}=0 \tag{2.242}$$

其特征根为

$$\mu_{1,2}=\frac{\alpha\cos kh\pm\sqrt{1-\alpha^2\sin^2 kh}}{1+\alpha} \tag{2.243}$$

显然$|\mu_{1,2}|\leqslant 1$，三层显式差分格式（式(2.240)）是稳定的。

对于三层隐式差分格式，即

$$\frac{u_j^{n+1}-u_j^{n-1}}{2\tau}-a\frac{1}{3h^2}(\delta_x^2 u_j^{n+1}+\delta_x^2 u_j^n+\delta_x^2 u_j^{n-1})=0 \tag{2.244}$$

式中，$\delta_x^2 u_j=u_{j+1}-u_j+u_{j-1}$。其增长矩阵$\boldsymbol{G}(\tau,k)$的特征方程为

$$\mu^2+\frac{\alpha}{1+\alpha}\mu-\frac{1-\alpha}{1+\alpha}=0 \tag{2.245}$$

其特征根为

$$\mu_{1,2}=\frac{-\alpha\pm\sqrt{4-3\alpha^2}}{2(1+\alpha)} \tag{2.246}$$

显然$|\mu_{1,2}|\leqslant 1$，三层隐式差分格式（式(2.244)）是稳定的。

（4）跳点法

跳点法是指把网格点(x_j,t_n)按$n+j$等于偶数或奇数分成两组，分别称作偶数网格点和奇数网格点。跳点法是在奇、偶网格点分组的基础上进行的。当从时刻t_n推进到时刻t_{n+1}时，先在偶数网格点上用向前差分格式，即

$$\frac{u_j^{n+1}-u_j^n}{2\tau}-a\frac{u_{j+1}^n-2u_j^n+u_{j-1}^n}{h^2}=0,n+1+j=\text{偶数} \tag{2.247}$$

求得t_{n+1}时刻的值，然后在奇数网格点上用隐式格式，即

$$\frac{u_j^{n+1}-u_j^n}{2\tau}-a\frac{u_{j+1}^{n+1}-2u_j^{n+1}+u_{j-1}^{n+1}}{h^2}=0,n+1+j=\text{奇数} \tag{2.248}$$

在隐式格式（式(2.248)）中，u_{j+1}^{n+1}和u_{j-1}^{n+1}都处在偶数节点上，而偶数节点已由式(2.247)求出了t_{n+1}时刻的值。式(2.248)形式上是隐式的，而实质上是显式的。

当用式(2.248)算出奇数网格点上的u_j^{n+1}时，由于a必为偶数，则用式(2.247)减去式(2.248)得

$$u_j^{n+2}=2u_j^{n+1}-u_j^n,n+2+j=\text{偶数} \tag{2.249}$$

从式(2.249)和式(2.248)中消去u_j^{n+1}，得到

$$\frac{u_j^{n+2}-u_j^n}{2\tau}-a\frac{u_{j+1}^{n+1}-(u_j^{n+2}+u_j^n)+u_{j-1}^{n+1}}{h^2}=0,n+j=\text{偶数} \tag{2.250}$$

由式(2.250)可以看出，当$n+j=$偶数时，其是三层显式差分格式（式(2.240)）。如图2.22所示，跳点法网格图中的奇数、偶数网格点是相互独立的网格，因此跳点法等同于三层显式差分格式（式(2.240)），其精度和稳定性也同三层显式差分格式（式(2.240)）相同。

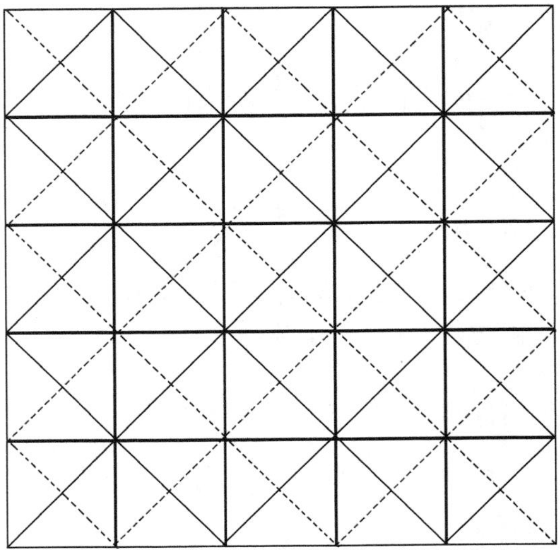

图 2.22　跳点法网格图

2.5.4　椭圆方程的差分法

各种物理性质的定长过程都可以用椭圆方程来描述，其最典型、最简单的形式是泊松(Poisson)方程，即

$$\Delta u=\frac{\partial^2 u}{\partial x^2}+\frac{\partial^2 u}{\partial y^2}=f(x,y) \tag{2.251}$$

我们以泊松方程的第一边界值问题(式(2.144))简单说明椭圆方程的差分法建立。

$$\begin{aligned}&\frac{\partial^2 u}{\partial x^2}+\frac{\partial^2 u}{\partial y^2}=f(x,y),(x,y)\in D\\&u(x,y)=\varphi(x,y),(x,y)\in\partial\Omega=\Gamma\end{aligned} \tag{2.252}$$

椭圆方程的求解区域是 $x-y$ 平面上的有界区域 D，其边界 $\Gamma(\partial\Omega)$ 为分段光滑曲线，取 h,τ 分别为 x,y 方向的步长，取两族平行线 $x=x_j=ih(i=0,\pm1,\pm2,\cdots)$，$y=y_j=j\tau(j=0,\pm1,\pm2,\cdots)$，两族直线的交点称为网格点或节点，并记为$(x_i,y_j)$或简记为$(i,j)$。两个节点沿 x 轴方向或沿 y 轴方向只相差一个步长时，称为两个相邻节点。求解区域内部的节点称为内点。边界与网格线的交点称为边界点。如果一个节点的 4 个相邻节点都属于 $D\cup\Gamma$，那么称此节点为正则内点；如果一个节点的 4 个相邻节点中至少有一个不属于 $D\cup\Gamma$，那么称此节点为非正则内点。如图 2.23 所示，E,F,G 为正则内点；J,K 为非正则内点。

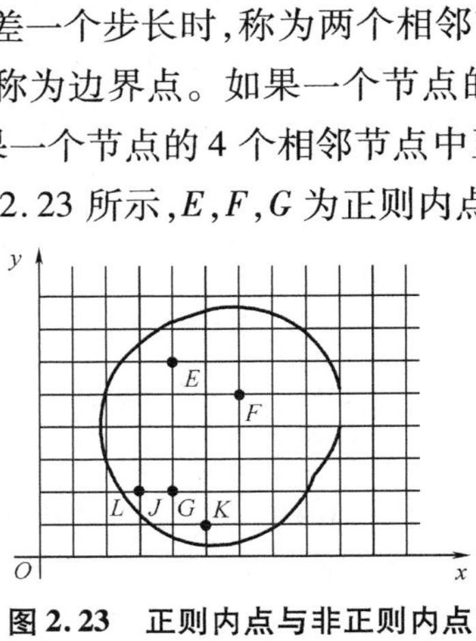

图 2.23　正则内点与非正则内点

对式(2.252)左侧两项分别进行泰勒级数展开(简称泰勒展开)有

$$\frac{1}{h^2}(u(x_i+h,y_j)-2u(x_i,y_j)+u(x_i-h,y_j))$$
$$=\left(\frac{\partial^2 u}{\partial x^2}\right)_{ij}+\frac{h^2}{24}\left(\frac{\partial^4}{\partial x^4}u(\xi_1,y_j)+\frac{\partial^4}{\partial x^4}u(\xi_2,y_j)\right),\quad x_{i-1}\leqslant\xi_1,\xi_2\leqslant x_{i+1} \tag{2.253}$$

同样有

$$\frac{1}{\tau^2}(u(x_i,y_j+\tau)-2u(x_i,y_j)+u(x_i,y_j-\tau))$$
$$=\left(\frac{\partial^2 u}{\partial y^2}\right)_{ij}+\frac{\tau^2}{24}\left(\frac{\partial^4}{\partial x^4}u(x_i,\eta_1)+\frac{\partial^4}{\partial x^4}u(x_i,\eta_2)\right),\quad y_{i-1}\leqslant\eta_1,\eta_2\leqslant y_{i+1} \tag{2.254}$$

利用式(2.253)和式(2.254),泊松方程(2.251)在点(i,j)处可表示为

$$\Delta_h u_{ij}=\frac{u_{i+1,j}-2u_{i,j}+u_{i-1,j}}{h^2}+\frac{u_{i,j+1}-2u_{i,j}+u_{i,j-1}}{\tau^2}=f(x_i,y_j) \tag{2.255}$$

式(2.255)称为五点差分格式,其节点如图 2.24 所示,其截断误差为 $O(h^2+\tau^2)$。

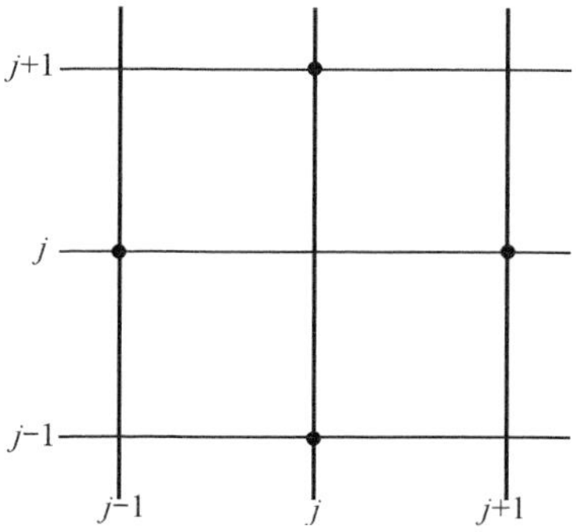

图 2.24　椭圆方程五点差分格式节点

为了提高差分格式的精度,我们利用九点差分格式,令 $h=\tau$,其节点及标号如图 2.25 所示。

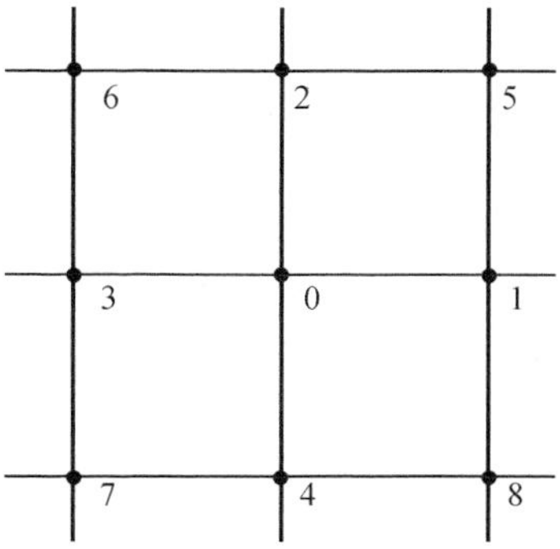

图 2.25　九点差分格式的节点及标号

令

$$\xi=h\frac{\partial}{\partial x}$$

$$\eta = h\frac{\partial}{\partial y}$$

$$D^2 = h\frac{\partial^2}{\partial x\partial y} \tag{2.256}$$

有

$$\xi^2+\eta^2 = h^2\Delta$$

$$\xi\eta = h^2D^2$$

$$\xi^4+\eta^4 = (\xi^2+\eta^2)^2-2\xi^2\eta^2 = h^4(\Delta^2-2D^4) \tag{2.257}$$

$u(x+h)$的泰勒展开为

$$u(x+h) = \left(1+h\frac{\mathrm{d}}{\mathrm{d}x}+\cdots+\frac{h^n}{n!}\frac{\mathrm{d}^n}{\mathrm{d}x^n}+\cdots\right)u(x) = (\mathrm{e}^{h\frac{\mathrm{d}}{\mathrm{d}x}})u(x) \tag{2.258}$$

可得

$$u_1 = \mathrm{e}^{\xi}u_0,u_2 = \mathrm{e}^{\eta}u_0,u_3 = \mathrm{e}^{-\xi}u_0,u_4 = \mathrm{e}^{-\eta}u_0,u_5 = \mathrm{e}^{\xi+\eta}u_0,\cdots \tag{2.259}$$

泊松方程对其导数是对称的,我们定义下面的对称和,即

$$S_1 = u_1+u_2+u_3+u_4+u_5$$

$$S_2 = u_5+u_6+u_7+u_8+u_9 \tag{2.260}$$

将式(2.259)代入式(2.260)可得

$$S_1 = 4u_0+h^2\Delta u_0+\frac{1}{12}h^4(\Delta^2-2D^4)u_0+O(h^6)$$

$$S_2 = 4u_0+h^2\Delta u_0+\frac{1}{6}h^4(\Delta^2+2D^4)u_0+O(h^6) \tag{2.261}$$

在 S_1 和 S_2 之间消去 D^4u_0 得

$$\Delta u_0 = \frac{4S_1+S_2-20u_0}{6h^2}-\frac{1}{12}h^2\Delta^2u_0+O(h^4) \tag{2.262}$$

注意到

$$\Delta u_0 = f,\Delta^2u_0 = \Delta f \tag{2.263}$$

则可得九点差分格式为

$$4S_1+S_2-20u_0 = 6h^2f+\frac{1}{2}h^4\Delta f \tag{2.264}$$

式(2.255)中方程的个数等于正则内点的个数,而未知数 $u_{i,j}$除了包含正则内点处解 u 的近似值外,还包含一些非正则内点处 u 的近似值,因而方程个数少于未知数的个数。在非正则内点处,泊松方程的差分不能按式(2.255)给出,需要利用边界条件得到。

处理边界条件的方法有很多种,下面简单介绍两种。

(1)直接转移

用最接近非正则内点的边界点上的 u 值作为该点上 u 值的近似,这就是边界条件的直接转移。如图 2.24 所示,点 $J(i,j)$为非正则内点,其最接近的边界点为 L,则有

$$u_{i,j} = u(L) = \varphi(L) \tag{2.265}$$

将式(2.265)代入式(2.255),方程个数即与未知数个数相等。式(2.265)可以看作用零次差值得到的非正则内点处 u 的近似值,容易求出其截断误差为 $O(h+\tau)$。

(2)线性插值

这种方法通过用同一网格线上与 J 相邻的边界点和内点作线性插值得到非正则内点 $J(i,j)$ 处 u 值的近似。如图2.24所示,由点 L,G 的线性插值确定点 $u(J)$ 的近似值 $u_{i,j}$ 得

$$u_{i,j}=\frac{h}{d+h}\varphi(L)+\frac{h}{d+h}\varphi(G) \tag{2.266}$$

式中,$d=|LG|$;其截断误差为 $O(h^2)$。将式(2.255)和式(2.266)联立,得到方程个数与未知数个数相等的方程组,求解此方程组可以得到泊松方程第一边界值问题(式(2.252))的数值解。

2.5.5　线上求解法

适于偏微分方程的另一种数值解法是线上求解法,又称连续时间－离散空间法。它将偏微分方程组的空间变量 x 进行离散化,时间量仍保持连续,因此可将偏微分方程转化为一组常微分方程,所以线上求解法广泛应用于分布式系统的仿真。

以扩散方程为例,若将 x 轴以 h 步长分成 M 份,即 $h=l/M$,则有

$$\left.\frac{\mathrm{d}u}{\mathrm{d}t}\right|_m=a\left.\frac{\mathrm{d}^2u}{\mathrm{d}x^2}\right|_m,\quad m=0,1,2,\cdots,M \tag{2.267}$$

式(2.267)为 $M+1$ 个常微分方程。其中 $\frac{\mathrm{d}^2u}{\mathrm{d}x^2}$ 可以用差分近似,有

$$a\left.\frac{\mathrm{d}^2u}{\mathrm{d}x^2}\right|_m=f_m(u,t)\approx\frac{u_{m+1}(t)-2u_m(t)+u_{m-1}(t)}{h^2} \tag{2.268}$$

式中

$$u_{m+1}(t)=u((m+1)h,t)$$
$$u_m(t)=u(mh,t)$$
$$u_{m-1}(t)=u((m-1)h,t)$$

将式(2.268)代入式(2.267)可得 $M+1$ 个常微分方程,即

$$\frac{\mathrm{d}u_m}{\mathrm{d}t}=f_m(u,t),\quad m=0,1,2,\cdots,M \tag{2.269}$$

只要求出 $f_m(u,t)$,就可以求解 $M+1$ 个微分方程,如利用欧拉法有

$$\begin{aligned}u_{m,1}&=u_{m,0}+hf_m(u_{m,0},t_0)\\u_{m,2}&=u_{m,1}+hf_m(u_{m,1},t_1)\end{aligned} \tag{2.270}$$

式中,$u_{m,0}$ 可由初始条件求出;$f_m(u_{m,0},t_0)$ 可由初始条件和边界条件求出。

实际上,只要有如式(2.267)的微分方程,便可调用任何一种微分方程数值求解程序。由于其先求出 $t_1=t_0+\Delta t$ 这一时刻空间各点($m=0,1,2,\cdots,M$)的值,再求出 $t_2=t_1+\Delta t$ 这一时刻空间各点的值,因此被称为线上求解法。

线上求解法的基本步骤如下:

①将空间变量从起始点到终点分成 M 份。

②用差分法来近似对空间变量的求导。

③从起始时间开始,利用给定的初始条件用数值积分法求出下一时刻空间各点的函

数值。

④用差分法来近似对空间变量的求导。

⑤计算下一时刻空间各点的函数值。

⑥重复④⑤两步，直到计算至规定的时刻为止。

因此，只需增加一些差分计算子程序，就可利用原有数值积分法及仿真程序进行计算。

线上求解法的原理比较简单，充分利用了常微分方程仿真算法的优点，仅在一个自变量方向上采用差分法计算，既直观又易于实现。仿真过程中，数值积分法与差分法交替进行。在使用这种方法时，正确选择差分法以实现对空间变量的求导，是保证仿真模型稳定性及计算精度的前提。

2.6 并行仿真技术

2.6.1 并行处理及并行仿真算法

1.并行处理概述

(1)并行性概念

自第一台计算机诞生至今，计算机的性能得到了惊人的提升，价格大幅度下降，每一代计算机的性能都呈数量级倍的提升，计算机的体积、质量、价格、稳定性、可靠性、可维护性及功能的多样性均有显著的提升。人们通常以电子管、晶体管、中小规模集成电路、大规模和超大规模集成电路等器件的变革作为计算机换代的标志。

第一代——电子计算机时代(从 1946 年第一台计算机研制成功到 20 世纪 50 年代后期)。这一时期计算机的主要特点是采用电子管作为基本元件，程序设计使用机器语言或汇编语言；主要用于科学和工程计算；运算速度为每秒几千次至几万次。

第二代——晶体管计算机时代(从 20 世纪 50 年代中期到 20 世纪 60 年代后期)。这一时期的计算机主要采用晶体管作为基本元件，体积缩小，功耗降低，提高了速度(每秒运算可达几十万次)和可靠性；用磁芯作主存储器，外存储器采用磁盘、磁带等；程序设计采用高级语言，如 FORTRAN、COBOL、ALGOL 等；在软件方面还出现了操作系统；应用范围进一步扩大，除进行传统的科学和工程计算外，还应用于数据处理等更广泛的领域。

第三代——集成电路计算机时代(从 20 世纪 60 年代中期到 20 世纪 70 年代前期)。这一时期的计算机采用集成电路作为基本元件，体积减小，功耗、价格等进一步降低，而速度(每秒可达几十万次到几百万次)及可靠性则有更大的提高；用半导体存储器代替磁芯存储器；在软件方面，操作系统日臻完善；设计思想已逐步走向标准化、模块化和系列化，应用范围更加广泛。

第四代——大规模集成电路计算机时代(从 20 世纪 70 年代初至今)。这一时期计算机的主要功能器件采用大规模集成电路(LSI)；用集成度更高的半导体芯片作主存储器；运算速度可达每秒百万次至亿次;在系统结构方面,对处理机系统、分布式系统、计算机网络的研究进展迅速;系统软件的发展不仅实现了计算机运行的自动化,而且正在向智能化方向迈进;各种应用软件层出不穷,极大地方便了用户。

1982 年以来,日本及一些西方国家提出了研制第五代计算机的任务,其特点是更大程度地实现计算机的智能化,希望能突破原有的计算机体系结构,以大规模和超大规模集成电路或其他新器件为逻辑部件,以实现网络计算和智能计算为目标。现在,随着计算机技术的发展,出现了新划代方法,即将计算机按其功能和计算方式分为主机(mainframe)代,中、小型机(minicomputer)代,微型机(microcomputer)代,客户机/服务器(client/server)代,以及国际互联网/内联网(internet/intranet)代。新的划分反映了新的技术内容。

计算机发展史表明,为了达到高性能计算的目的,除了必须提高计算机系统的中央处理器(CPU)等元器件的速度外,其体系结构也必须不断改进,特别是当元器件的速度达到极限时,需要设计新的计算机系统结构,发明新的计算方法,设计快速的算法,从而开发出先进、高效的系统软件和应用软件。并行计算机及并行处理技术正是实现这些目标的基础。

无论是数值计算、数据处理、信息处理还是人工智能问题求解,都可能包含能同时进行运算或操作的成分。我们把问题中具有可以同时进行运算或操作的特性称为并行性。所谓并行处理技术是指在同一时间间隔内增加操作数量的技术;所谓并行计算机是指为并行处理所设计的计算机系统。相应地,在并行计算机上求解问题称为并行计算;在并行计算机上求解问题的算法称为并行算法。将并行处理系统用于仿真,即可形成并行仿真系统。并行仿真系统指的是两个以上的独立处理机同时或并发地执行两个以上的程序,以达到高速完成同一仿真任务的计算机系统。采用并行仿真系统进行仿真的技术称为并行仿真技术。

(2)并行等级分类

并行可以划分为不同的等级,而且从不同的角度出发,等级的划分也不一样。

①从计算机系统内部执行程序来讲,并行可分为四个等级,从低到高分别为:

a. 指令内部:一条指令内部各种微操作之间并行。

b. 指令之间:多条指令在某一时刻或同一时间间隔内并行执行。

c. 任务或进程之间:多个任务或程序段之间的并行执行。

d. 作业或程序之间:多个作业或多道程序之间的并行执行。

②从计算机系统中处理数据的并行性角度来看,由低到高的四个并行等级为:

a. 位串字串:同时只对一个字的一位进行处理,通常指传统的串行单处理机,没有并行性。

b. 位并字串:同时对一个字的全部位进行并行处理,通常指传统的并行单处理机,开始出现并行性。

c. 位片串字并行:同时对许多字的同一位(称位片)进行处理,通常指传统的并行单处理机,开始进入并行处理领域。

d. 全并行:同时对许多字的全部或部分位组进行处理。

③从计算机信息加工的各个步骤和阶段来看，并行等级分为：

a. 存储器操作并行：可采用单体多字、多体单字或多体多字方式在一个存储周期内访问多字，进而采用按内容访问的方式在一个存储周期内用位片串字并行或全并行方式实现对存储器中大量字的高速并行比较、检索、更新、变换等操作，典型的例子就是流水线处理机。

b. 处理器操作并行：处理器操作可以指一条指令的取指、分析、执行等操作步骤，也可以指如浮点加法的求阶差、对阶、尾加、舍入、规格化等具体操作的执行步骤，典型的例子就是并行处理机。

c. 指令、任务、作业并行：指令级以上的并行是多个处理机同时对多条指令及有关的多数据组进行处理，而操作数并行是对同一条指令及其有关的多数据组进行处理。因此，前者构成的是多指令流多数据流（MIMD）计算机，后者构成的是单指令流多数据流（SIMD）计算机，典型的例子就是多处理机。

并行处理是让多个处理元素同时工作，从而达到高速处理的目的。根据并行仿真系统的结构，以及处理方式、各处理元素的控制方式等特征，我们可以对其进行分类。

①按并行处理机系统的构造分类，即按构造元素中某个处理元素的结合方式分类，并行处理系统的结构可分为：

a. 层次结构：在这种结构中，各处理元素的动作是统一控制的。各处理元素按其功能分层有机地结合起来，由上层处理元素管理整个处理的进展，下层处理元素要按上层处理元素的指示进行工作，同时把处理结果返送到上层处理元素中。例如，在计算机网中，大型计算机中心与地方小型计算机的星形结合方式就是层次结构。

b. 非层次结构：总线结合型并行处理系统是典型的非层次结构。在这种结构中，连接在一根总线上的所有处理元素的地位都是平等的，没有上下级关系。除了总线结合型的多处理机系统外，还有局域网，用环形总线连接的局域网（LAN），以及流水线处理等都是非层次结构的并行处理系统。

c. 重复结构：在超并行处理系统中，有数千、数万个以上的处理元素相连接，所以希望连接尽量简单，因此在超并行处理中，各处理元素按同一基本规则重复排列。

d. 共享存储器结构：多处理机系统共享存储器，所有处理元素都能访问共享存储器。

e. 分布存储器结构：多处理机系统没有共享存储器，各处理元素之间通过信息交换网来连接。

f. 可变结构：因为并行处理系统的结构影响处理效率，所以结构也应随所处理的问题不同而可变。动态处理方式是指各处理元素间用开关回路来连接，通过开关的切换来改变结构。

②并行处理系统的处理方式可分为：

a. SIMD 型处理方式：各处理元素同时对不同的数据进行相同的运算。采用这种方式的并行处理系统叫作处理机阵列或阵列处理机。

b. 流水线型处理方式：各处理元素顺序连接，每个处理元素称为一个流水线的段，前一段的输出数据作为后一段的输入数据。

c. MIMD 型处理方式:各处理元素按自己固有的程序进行不同的数据处理。采用这种方式的并行处理系统叫作多处理机系统。

③并行处理系统由多个处理元素构成,这些处理元素的结合方式可分为:

a. 直接结合:各处理元素直接连接,没有直接连接的处理元素如果要进行通信,必须经过中间处理元素进行中继。采用直接结合方式的并行处理系统硬件互联开销少,数据传输速度快,可使用公共总线、多端口存储器及通道等。

b. 间接结合:各处理元素间可通过开关和任意的处理元素进行通信。

④各处理元素间的通信方式可分为:

a. 共享数据通信方式:在共享存储器结构的多处理机系统中,当某台处理机的元素要向其他处理机发送数据时,就把该数据写入共享存储器的某个指定的区域,然后向对方处理机发出中断信号,通知此事。每个发送处理机和接收地址都是预先对应好的,被发送方中断的接收方处理机只要从分配的邮箱中取数就可以了。实际上,在传送大量数据时,并不需要把数据传来传去,只要把共享存储器中存放数据的地址告诉接收方就可以了。

b. 消息传递方式:在计算机网及分布存储器结构的多处理机系统中,计算机元素和处理机元素间的通信采用信息包交换方式。因为数据以信息包为单位,所以要预先规定好通信协议。

⑤并行度可分为海量并行(数万台)、超并行(数千台)、高度并行(数百台)、低并行度(数十台)及弱并行度(若干台)。

⑥各处理元素的控制方式可分为同步控制方式和非同步控制方式。在同步控制方式中,同时处理的内容可相同或不相同。在阵列机中,同时处理的内容相同;而在流水线处理机中,同时处理的内容不同。非同步控制方式有令牌驱动、数据驱动及需求驱动等。

a. 同步控制方式:在同步控制方式的并行处理系统中,整个并行处理系统的各处理元素都是同步工作的。

b. 令牌驱动:如果收到令牌的处理元素有要处理的工作,就可以进行处理;如果收到令牌的处理元素没有要处理的工作,则放弃令牌,使令牌往下传 。

c. 数据驱动:各处理元素按处理顺序连接,一个处理元素的输入端连着提供数据的处理元素的输出段,所有处理元素都是等输入端的数据到齐后马上进行运算,运算结果数据又送到下一步的处理元素中。

d. 需求驱动:其数据驱动方式是所需的数据一到齐就马上进行处理。而归约机的并行处理系统是需要某个数据时才开始启动计算产生这个数据的处理元素,再进一步启动产生这个处理元素所需数据的下一个处理元素。

2. 并行仿真实现的技术途径

实现并行仿真的技术途径是多种多样的,主要有时间重叠、资源重复和资源共享等方法。

时间重叠方法在并行性概念中引入时间因素,使多个处理过程在时间上错开,轮流重叠地使用同一套硬件设备的不同部件,以加快硬件周转而赢得速度。最典型的时间重叠方法就是流水线工作方式,如图 2.26 所示。

图 2.26　流水线工作方式

如图 2.26 所示，流水线工作方式将一条指令的执行过程分解成取指、分析、执行三大部分，每一部分由相应的部件完成。假定每一部件的通过时间为 Δt，那么在 $2\Delta t$ 到 $3\Delta t$ 的时间间隔里，第 $k+2$ 条指令正在取指，第 $k+1$ 条指令正在分析，而第 k 条指令已经在具体执行了。由图 2.26 可以看出，完成三条指令只需 $5\Delta t$，显然比指令串行执行的速度要快许多。时间重叠方法原则上不需要重复增加硬件设备就可提高系统的性能。

资源重复方法在并行性概念中引入空间因素，通过重复设置硬件资源（如处理器或外围设备等），来达到大幅度提高可靠性和处理速度的目的。图 2.27 描述了指令在流水线各部件中流过的时间关系，是资源重复方法的一个例子。设置 N 个完全相同的处理器（PE），让它们受同一个控制器（CU）控制，控制器每执行一条指令就可以同时让各个处理器对各自分配到的数据完成同一种运算。并行仿真发展的早期，硬件价格较高，因此资源重复方法主要用来提高仿真的可靠性。现在，硬件价格不断下降，资源重复方法被大量用于提高系统的处理速度。

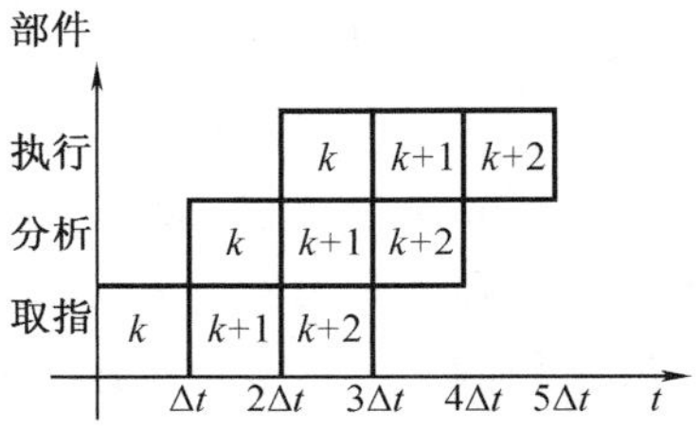

图 2.27　指令在流水线各部件中流过的时间关系

资源共享方法就是让多个用户按一定的时间间隔顺序轮流地使用同一套资源，以提高系统的整体性能。例如，多道程序分时系统利用共享 CPU、主存资源以降低系统价格，提高设备利用率，它是资源重复方法的典型例子，如图 2.28 所示。当然，共享资源不仅限于硬件资源的共享，也应包括软件、信息资源的共享。

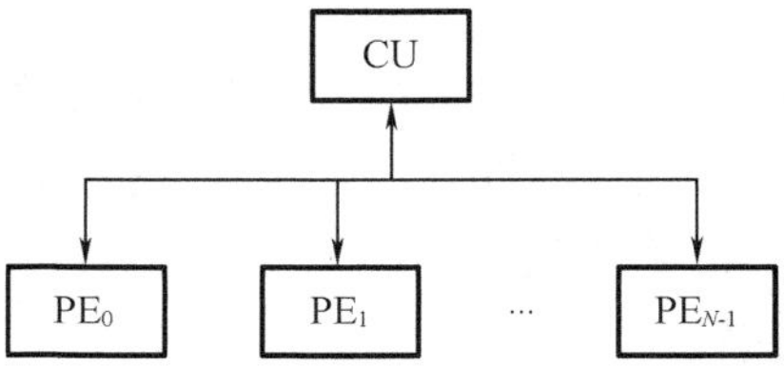

图 2.28　多道程序分时系统

3. 并行仿真算法

所谓算法就是对解题方法的精确描述，它包括一组有穷的规则，这些规则规定了解决某一特殊类型问题的一系列运算。

并行仿真算法是适合于各种并行计算机求解仿真问题和处理仿真数据的算法，其形式定义：并行仿真算法是一些可同时执行的诸进程之集合，这些进程相互作用并协调工作，实现对给定仿真问题的求解。

根据不同的方面，可对并行仿真算法进行分类。

①按研究内容的所属范畴，可将并行仿真算法分为数值并行算法和非数值并行算法。

②按使用的计算机模型，可将并行仿真算法分为 SIMD 算法和 MIMD 算法。

③按进程间的同步方式，可将并行仿真算法分为同步算法和异步算法。同步算法是指该算法中某些进程必须等待别的进程的一类并行仿真算法。因为一个进程的执行依赖于输入数据和系统中断，所以全部进程都必须同步在一个给定的时钟上，以等待最慢的进程。通常，运行在 SIMD 并行机模型上的并行仿真算法称为同步算法。异步算法是指该算法中诸进程一般不必互相等待的一类并行仿真算法。该算法中，进程间的通信一般是通过动态地读取共享存储器中的全局变量的内容来完成的。通常把运行在 MIMD－SM 计算机模型上的并行仿真算法称为异步算法。在 MIMD 并行机中，如果不采用存取共享存储器的全局变量而采用通信链路连接多个场点或多个节点，那么这种计算机模型称为 MIMD－CL 模型。通过多个场点或多个节点协同完成某项计算任务的算法称为分布式并行仿真算法。它通常运行在 MIMD－CL 并行机模型上。

（1）MIMD 算法的分类

MIMD 计算机上的并行仿真算法（简称 MIMD 算法）可分为三类：流水线法、划分算法和松弛算法。

①流水线算法

一个流水线算法就是一组有序的程序段集合。在该集合中，每一段的输出是其后一段的输入。整个算法的输入就是第一段的输入，最后一段的输出就是整个算法的输出。如通常的流水线一样，该算法中各段以同一速率产生结果，否则最慢的段将成为瓶颈。

②划分算法

划分算法与流水线算法不同，它将一个问题的求解分解为若干子问题，每个问题由独立的处理机求解，然后将这些子问题的解组合起来形成整个问题的解。这种组合意味着处理机之间的同步，人们也称之为同步算法。同步算法有以下基本特征：

a. 有 $k>1$ 个能并行执行的进程。

b. 进程间需要交换信息，且通信时需取得同步，即某些进程的若干操作要等待另一些进程中某些操作执行后才能执行。

c. 包含有限个操作步，每个操作步包含 $1 \sim k$ 个两两相异的操作或两两相同的操作。

d. 能在具有 k 台处理机的 MIMD 系统中实现，k 个指令流分别控制着 k 个进程。

③松弛算法

松弛算法的基本特点是处理机在任何时候都不等待其他处理机为其提供数据，每台处理机均有能力使用最新数据进行工作。正是这种松弛使该算法具有不确定性，从而使该算法的性能测试变得困难得多。人们也称该算法为异步算法。松弛算法具有以下特征：

a. 有 k 个能并行执行的进程。

b. 每个进程有进程间的信息交换,进程间通信不需要同步,它是通过供所有进程使用的公共变量或公共数据来实现的。

c. 包含有限个操作步,每个操作步包含 $1 \sim k$ 个两两相异的操作。

d. 能在一个具有 k 台处理机的 MIMD 系统中实现,k 个指令流分别控制着 k 个进程。

(2)并行仿真算法的评价

对于并行仿真算法,我们通常用运行时间、处理机台数,以及算法的并行度、加速比、效率、成本和时间复杂性等参数来评价。

①运行时间

运行时间即并行仿真算法的执行时间 $T(n)$,是指并行仿真算法在并行计算机上求解一个规模为 n 的问题所需的时间。也就是说,$T(n)$ 表示算法从开始执行到执行结束的这一段时间。如果多个处理机不能同时开始或同时结束,则算法的运行时间定义为:从最早开始执行的处理机开始执行算起直到最晚结束的处理机执行结束所经过的时间。运行时间可用算法执行中所需的计算步和路径选择步的步数来表征。所谓一个计算步是指在处理机上完成一个算数运算或逻辑运算的基本操作。路径选择步是指在并行机上通过共享存储器或通信网络数据从一台处理机传输到另外一台处理机的过程。一般情况下,计算步和路径选择步的时间单位并不相等,路径选择步花费的时间较长。运行时间由步数表示的表达式作为问题输入规模的函数。对于一个规模为 n 的问题,运行时间可用 $T(n)$ 表示。

②处理机台数

对于一个规模为 n 的问题,并行仿真算法所需的处理机数一般也是 n 的函数,用 $P(n)$ 表示,但也有不依赖于 n 的情况。如果用 $P(n)$ 表示并行处理系统总处理机的台数,则各处理机可表示为 $P_1, P_2, \cdots, P_{P(n)}$。

③并行度

并行仿真算法的并行度是指该算法中可并行执行的操作次数。

④加速比

并行仿真算法(以下简称算法)的加速比定义为

$$S_p = \frac{\text{算法在单处理机上的实际执行时间}}{\text{使用 } p \text{ 台处理机时算法的实际执行时间}} \tag{2.271}$$

加速比是一种度量并行仿真算法的量值,它用于比较一个算法在单处理机上的执行时间与在 p 台处理机上的执行时间。并行仿真算法在单处理机上并非一种好的算法,因此加速比可修改为

$$S'_p = \frac{\text{最快串行算法在单处理机上的执行时间}}{\text{并行算法在 } p \text{ 台处理机上的实际执行时间}} \tag{2.272}$$

⑤效率

并行算法的效率定义为

$$E_p = \frac{S_p}{p} \tag{2.273}$$

类似地,对应最快串行算法的并行算法的效率定义为

$$E_p = \frac{S_p'}{p} \tag{2.274}$$

⑥成本

并行仿真算法的成本定义为

$$\cos t = \text{算法的运行时间} \times \text{算法所使用的处理机台数}$$

如果系统中所有处理机执行的步数相等,那么成本就等于求解问题的所有处理机的总执行步数。对于一个规模为 n 的问题,并行仿真算法的运行时间为 $T(n)$,使用处理机数为 $P(n)$,则并行仿真算法的成本也是 n 的函数,记为 $C(n)$,且有

$$C(n) = T(n) \times P(n) \tag{2.275}$$

⑦时间复杂性

设一仿真问题的规模为 n,求解该问题的某一算法所需的运行时间为 $T(n)$,则称 $T(n)$ 为该算法的时间复杂性。当输入量 n 趋于无穷大时,时间复杂性的极限称为算法的渐近时间复杂性。

4. 并行计算模型

任何并行仿真算法的设计都基于并行计算机体系结构假设,这就是并行计算模型。并行仿真算法的并行计算模型有二叉树模型、网络模型、超立方体、网络网格、金字塔网络、星形图等,我们这里简单介绍一下二叉树模型。

对于二叉树模型,整个问题的处理以二叉树的形式表示。其中,每个非叶节点都有两个子节点;每个非叶节点代表一个操作;在同一层的所有操作可以并行执行。以4个处理器的8数求和为例,我们必须画一个以这8个数为叶子的最小高度的二叉树,二叉树的内部节点代表两个子节点值的相加操作,如图2.29所示。然后,调度这些处理器来完成内部节点所代表的操作,调度函数(表2.3)一般是 SCH,它给每个内部节点指定一个有序对 (p,t),其中 p 代表处理器数目,t 代表操作发生的时间,图2.29的内部节点用1~7的有序数字表示。

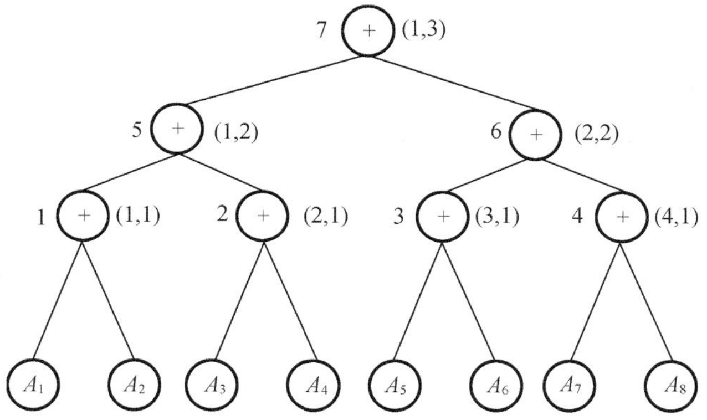

图2.29　用4个处理器求和的二叉树模型

表 2.3　调度函数

调度	含义
$SCH(1)=(1,1)$	在时间 1 处理器 1 执行
$SCH(2)=(2,1)$	在时间 1 处理器 2 执行
$SCH(3)=(3,1)$	在时间 1 处理器 3 执行
$SCH(4)=(4,1)$	在时间 1 处理器 4 执行
$SCH(5)=(1,2)$	在时间 2 处理器 1 执行
$SCH(6)=(2,2)$	在时间 2 处理器 2 执行
$SCH(7)=(1,3)$	在时间 3 处理器 1 执行

这样,4 个处理器在 3 个单位时间内完成 8 个数的计算。有 n 个节点的完全二叉树的高度是 $\lg n$,因此用$\frac{n}{2}$个处理器相加 n 个数的任务可以在 $\lg n$ 单位时间内完成。

在 $t=0$ 到 $t=1$ 的时间间隔内,下列任务可以同时执行:

①处理器 1 执行 A_1+A_2。

②处理器 2 执行 A_3+A_4。

③处理器 3 执行 A_5+A_6。

④处理器 4 执行 A_7+A_8。

⑤得到 $A_1+A_2, A_3+A_4, A_5+A_6, A_7+A_8$ 的值。

在 $t=1$ 到 $t=2$ 的时间间隔内,下列任务可以同时执行:

①处理器 1 执行$(A_1+A_2)+(A_3+A_4)$。

②处理器 2 执行$(A_5+A_6)+(A_7+A_8)$。

③得到$(A_1+A_2+A_3+A_4)$和$(A_5+A_6+A_7+A_8)$的值。

在 $t=2$ 到 $t=3$ 的时间间隔内,处理器 1 完成$(A_1+A_2+A_3+A_4)$和$(A_5+A_6+A_7+A_8)$相加的任务,整个任务按下式表述过程执行:

$$\{(A_1+A_2)+(A_3+A_4)\}+\{(A_5+A_6)+(A_7+A_8)\}$$

当只有 3 个处理器时,对 8 个数相加的二叉树模型如图 2.30 所示,这时需要 4 个单位时间。

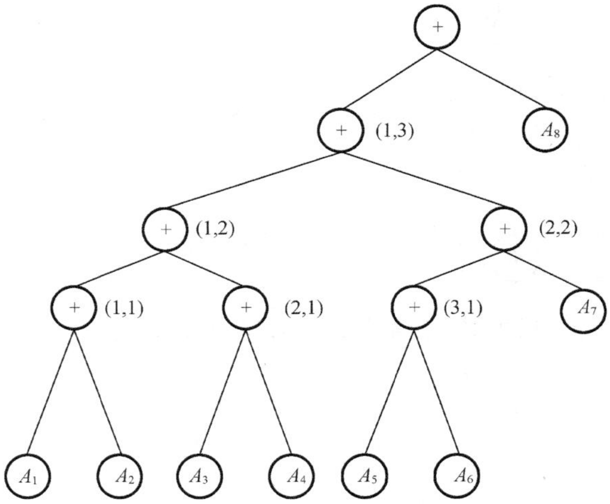

图 2.30　用 3 个处理器求和的二叉树模型

5. 并行仿真算法

下面通过一些简单的问题，演示一下怎样用并行仿真算法解决这些问题。

(1) 向量内积

设 $\boldsymbol{a} = (a_1, a_2, \cdots, a_n)$ 和 $\boldsymbol{b} = (b_1, b_2, \cdots, b_n)$ 是两个向量，那么这两个向量的内积为 $\boldsymbol{a} \cdot \boldsymbol{b} = a_1 b_1 + a_2 b_2 + \cdots + a_n b_n$，我们要设计一个能求出两个向量内积的并行仿真算法，两个数组 $a[1:n]$ 和 $b[1:n]$ 都存在共享内存。$\boldsymbol{a} \cdot \boldsymbol{b}$ 最后的结果存在于另外一个变量 $\boldsymbol{c}_1$ 中。

其算法如下：

BEGIN

For $i = 1$ to n do in parallel

$c_i = a_i * b_i$

End parallel

$p = n/2$

While $p > 0$ do

For $i = 1$ to p do in parallel

$c_i = c_i + c_{i+p}$

End parallel

$p = [p/2]$

End while

END wvdq

在此算法中，第 1 ~ 3 步需 $O(h)$ 个处理器，并在 $O(1)$ 时间内完成；第 4 ~ 10 步就是数组的求和过程。该算法用 $O(n)$ 个处理器在 $O(\lg n)$ 时间内完成，结果存在于变量 $\boldsymbol{c}_1$ 中。

(2) 矩阵乘法

$\boldsymbol{A}$ 是 $m \times n$ 阶矩阵，$\boldsymbol{B}$ 是 $n \times p$ 阶矩阵，它们的乘积 $\boldsymbol{C} = \boldsymbol{AB}$，其阶为 $m \times p$。矩阵 $\boldsymbol{C}$ 的第 i 行和第 j 列的元素为 $C(i,j)$，它通过矩阵 $\boldsymbol{A}$ 的第 i 行和矩阵 $\boldsymbol{B}$ 的第 j 列的内积得到，即

$$C(i,j) = (a_{i1} a_{i2} \cdots, a_{in}) \begin{pmatrix} b_{1j} \\ a_{2j} \\ \vdots \\ a_{nj} \end{pmatrix}$$

$$C(i,j) = \sum_{k=1}^{n} a_{ik} b_{kj} \tag{2.276}$$

其算法如下：

BEGIN

For $i = 1$ to m do in parallel

For $j = 1$ to p in parallel

Evaluate $C(i,j)$

End parallel

End parallel

END

这里必须对第 3 步进行进一步的解释，下列 11 行语句段称为第 3.1 ~ 3.11 步。$C(i,j)$ 是两个向量的内积，它由下列语句段完成，每个处理器都用一个本地临时变量 $T(1:n)$ 保存 $A(i,k) * B(k,j)$ 的值。

For $k=1$ to n do in parallel

$T(k) = A(i,k) * B(k,j)$

End parallel

$p = n/2$

While $p > 0$ do

For $k = 1$ to p do in parallel

$T(k) = T(2k-1) + T(2k)$

End parallel

$p = [p/2]$

End while

$C(i,j) = T(1)$

该语句段包含两个部分。第一部分先对 $A(i,k) * B(k,j)$ 进行计算，然后第二部分把这些值相加得到 $C(i,j)$ 的值。本地临时变量 $T(1:n)$ 被用来保存相乘和相加的结果。在上述部分，第 3.1 ~ 3.3 步需用 $O(n)$ 个处理器，需要 $O(1)$ 的时间；第 3.4 ~ 3.11 步需要 $O(n)$ 个处理器，需要 $O(\lg n)$ 的时间。第 3 步被放在两层嵌套的并行循环里面，因此用 $O(mnp)$ 个处理器，该算法的时间复杂性为 $O(\lg n)$。特别是当 $\boldsymbol{A}$ 和 $\boldsymbol{B}$ 为方阵时，用 $O(n^3)$ 个处理器的算法的时间复杂性为 $O(\lg n)$。在计算 $C(i,1), C(i,2), \cdots, C(i,n)$ 时需要 $A(i,j)$。

2.6.2 分布交互仿真

分布式交互仿真（distributed interactive simulation，DIS，亦称分布交互仿真）起源于美国国防高级研究计划局（DARPA）和美国陆军在 1983 年共同制订的仿真器联网（SIMNET）计划。它是采用协调一致的结构、标准、协议和数据库，通过局域网、广域网将分布在各地的仿真设备互联并交互使用，同时可由人参与交互作用的一种综合环境，是对具有时空一致性、互操作性、可伸缩性的综合环境的表达。从系统的物理构成来看，分布交互仿真系统是由仿真节点和计算机网络组成的。仿真节点负责实现本节点的仿真功能，包括模型求解、自动兵力生成、环境模拟、运动模拟、视景生成及音效合成、人机交互等。计算机网络将分布在不同地域的仿真节点连接起来，实现平台与环境、平台与平台、环境与环境之间的交互作用。在 DIS 的体系结构、数据通信方面，电气和电子工程师协会（IEEE）在 1990 年至 1993 年制定了 IEEE 1278 DIS 标准系列。该标准的核心是通过使用协议数据单元（PDU），支持异地分布的真实、虚拟和构造的平台级仿真之间的互操作。

1. 分布交互仿真技术的发展历程

第一阶段为 SIMNET 的研制和使用阶段。DIS 环境应用具有分布交互仿真功能和实时并发功能,它主要被用在军事训练上,尤其是大规模、多兵种协同作战训练上。SIMNET 由广域网将分布在美国及欧洲各地的由 120 台计算机控制的 M1A1 坦克和布雷德利步兵战车等的仿真器连接在一起,构成一个分布式交互仿真系统,每个仿真器都能单独模拟 M1A1 坦克的全部特性,包括导航、武器、传感和显示功能。1990 年 SIMNET 计划结束时,已形成了包含约 260 个地面装甲车辆仿真器、指挥所和数据处理设备等的互联网络。SIMNET 第一次实现了作战单元之间的直接对抗,并能在其所提供的虚拟作战环境中让营以下部队进行联合军种协同作战训练和相关战术研究。

第二阶段为分布交互仿真系统的研制和使用阶段。1989 年,美国陆军、建模与仿真办公室 DMSO 和 DARPA 共同正式提出了分布交互仿真的概念,并制定了一套面向分布交互仿真的标准文件,以使这一技术向规范化、标准化、开放化的方向发展。美国陆军的 CATT 计划、WARSIM 2000 计划、NPSNET 计划、STOW 计划等都采用了 DIS 标准。基于 DIS 标准的分布交互仿真系统的基本思想是通过建立一致的标准通信接口来规范异构的仿真系统间的信息交换,通过计算机网络将位于不同地理位置上的仿真系统连接起来,构成一个异构的综合作战仿真环境,满足武器性能评估、战术原则的开发及演练和人员训练等的需要。异构的仿真系统间的互操作是建立在标准的协议数据单元基础上的。

第三阶段为 20 世纪 80 年代末期,美国国防部开始研究使用聚合级仿真为联合演习提供支持。所谓聚合级仿真是指挥团、营、连等部队单元级的构造仿真,而不是单个作战人员和实体的仿真。MITRE 公司对照 SIMNET 对实验进行了技术分析,开展了聚合级分布交互仿真的研究,提出了聚合级仿真协议(aggregate level simulation protocol, ALSP)。聚合级仿真指的是基于部队单位而非具体武器装备平台的仿真,用于支持作战而非技能的演练,主要用于较高层次的训练。与基于平台的 DIS 相比,ALSP 将平台实体聚合成更大的单位,参与仿真试验,其实体粒度更大。1991 年,美军进行了 ALSP 原型系统的试验,1990 年形成了第一个聚合级仿真协议联邦(ALSP Confederation)。目前世界上规模最大的分布并行仿真应用系统联合训练联邦(Joint Training Confederation, JTC)就是采用 ALSP 标准构建的。聚合级仿真协议用于分布的以离散事件为主的聚合级作战仿真系统,它实质上是"构造仿真"。构造仿真的时间管理不同于 DIS 系统,它不一定与实际时钟直接联系,而是采用时间步长、事件驱动等方法,它只需保证聚合级仿真系统中时间对所有仿真应用是一致的,而且保证事件的因果关系正确。

第四阶段在 DIS 和 ALSP 的基础上,为消除 DIS 在体系结构、标准及协议等方面的局限和不足,又发展了新的分布交互仿真体系结构——高层体系结构(high level architecture, HLA)。它能提供更大规模的将构造仿真、虚拟仿真、实况仿真集成在一起的综合环境,实现各类仿真系统间的互操作、动态管理、一点对多点的通信、系统和部件的重用,以及建立不同层次和不同粒度的对象模型。1995 年,美国国防部发布了针对建模与仿真领域的通用技术框架,该框架由任务空间概念模型(conceptual model of mission space,CMMS)、HLA 和一系列的数据标准三部分组成,其中高层体系结构是通用框架的核心内容。美国国防部已宣布不再支持非 HLA 标准的仿真系统,HLA 已经成为目前分布交互仿真系统普遍采用的标准。

2. 分布交互仿真的特点及关键技术

(1)分布交互仿真的特点

①分布性

分布交互仿真的分布性表现为地域分布性、任务分布性和系统的分布性。地域分布性是指组成仿真系统的各个节点处于不同的地域。任务分布性是指同一个仿真任务可以由几台计算机协同完成。系统的分布性是指同一个仿真系统可以分布在不同的计算机上。DIS 系统中没有中央计算机,各仿真节点的地位是平等的。DIS 的各仿真节点能够自治。仿真节点既可以联网交互运行,也可以独立运行各自的仿真功能。

②交互性

DIS 系统中不仅包括各节点内部的人机交互、进程交互,还包括各仿真节点之间通过信息交换而进行的交互作用。

③异构性

DIS 系统中可以包括具有不同硬件平台和操作系统的节点,且各节点可以实现互联和通信。

④伸缩性

DIS 系统中,实体可以随时加入或离开 DIS 演练。

⑤一致性

DIS 系统中各节点的空间一致性和时间一致性使仿真协调一致,这就要求时钟、进程和线程同步,从而保证仿真系统在任何节点的时序是真实、一致的。

⑥实时性

当仿真实体互联与交互时,必须保证实时性才能达到物理世界功能的再现,为此必须减小在网络中传输数据的延时,以保证仿真系统实时性的需要。

⑦逼真性

仿真实体必须具有较高的逼真性,否则分布式系统就失去了其存在的价值。

(2)分布交互仿真的关键技术

①合理的分布式结构

合理、平衡的计算和网络传输功能是一切分布式计算系统设计需要解决的矛盾之一。从本质上讲,这意味着在给定可用资源(CPU 计算速度、磁盘存储容量、I/O 吞吐率、链路带宽、路由器转发缓存容量、应用程序、敏感信息等)及其代价的情况下,如何在网络上合理分配以保证系统性能及设计约束(如某些信息只能置于某处或必须置于某组织监控之下等),解决方案直接体现系统的体系结构。

②信息交换标准

为了生成时空一致的仿真环境,并支持仿真实体间的交互作用,必须制定相应的信息交换标准。目前,DIS 中普遍采用的是 IEEE 1278 标准,主要包括信息交换的内容、格式的约定以及通信结构和通信协议的选取等。该标准对协议数据单元中的数据信息的格式和含义都进行了详细的规定,这些 PDU 在仿真应用之间以及仿真应用与管理程序之间进行交换。在 DIS 系统中,PDU 有着非常关键的作用。作为 DIS 系统的数据交换单位,目前它定义了 27 类 PDU,包含信息实体、实体交互信息和环境信息等。

③DR 技术

航位推算(dead reckoning,DR)是 DIS 中普遍采用的一项技术,亦称 DR 算法。从层次关系上来看,DR 算法运行于 PDU 协议之上,目前 DIS 系统所采用的 DR 模型共有九种类型。在保证一定的仿真精度的条件下,DR 技术可以大大降低仿真实体状态更新信息对 DIS 系统通信网络带宽的要求。有关资料表明,采用 DR 技术可以将仿真实体状态更新信息发送的次数减少$\frac{1}{50}\sim\frac{1}{10}$。采用 DR 技术还可以克服网络数据传输延迟的影响,保证 DIS 对仿真进程的实时性要求。由于 DIS 系统中的仿真节点是靠计算机网络交换彼此的信息的,又由于存在网络数据传输延迟,因此仿真节点有时很难实时地获得其所需的其他仿真节点中的仿真实体的状态信息。通过采用 DR 技术,仿真节点可以依靠 DR 模型的递推计算来获得其所需的其他仿真节点中的仿真实体的状态信息,保证仿真进程的真实性。DR 算法的基本思想可概括为以下三点:

a. 仿真实体除有一个精确的运动模型外,还在本节点维护一个简单的运动模型(DR 模型)。

b. 在每个仿真节点中放入可能与之发生交互作用的其他节点的 DR 模型,并以这些模型为依据推算这些节点的状态,供本节点的有关功能模块使用。

c. 当自身的精确模型输出与 DR 模型输出之差大于某一个给定阈值时,向其他节点发送自身状态的更新信息,同时更新自身 DR 模型的状态。

DR 算法的效果主要由节点间通信次数和推算偏差来衡量,影响 DR 算法效果的主要因素包括 DR 算法的阶数、阈值的大小和节点之间的传输延时。

④时钟同步技术

时钟同步是指 DIS 各仿真节点或各软件对象的行为所模拟的时空关系按严格规定的时序进行,以给用户带来逼真的和符合实际的时空感受。分布交互仿真系统作为一个分布式系统,导致 DIS 时钟不同步的因素包括:

a. 各节点的本地时钟不同步(未校准于某同一时钟,即时间一致性问题)。

b. 网络阻塞导致仿真节点间的信息传递延迟。

c. 消息接收顺序与发送顺序不一致。

保证时钟同步的方法有:

a. 时间戳机制:在 DIS 系统中选定一个时钟作为标准时钟,在 PDU 的协议中设有时间戳项,以标准时钟为基准发出时间戳来修正每个节点时钟误差,保证运行时有统一的时间坐标。

b. 时间修正机制:各节点定时接收一外部标准时钟值来修正现有时钟值,如接收 GPS 发送的标准时间源。

c. 时钟跟随同步:采用网络中某台计算机的时钟作为同步节点时钟,保证在一个迭代周期内其他节点时钟跟随推进。

时钟同步的主要意义在于:

a. 只有在统一的时间坐标下,才可以保证事件因果关系的合理性。

b. 时间一致性是确定网络传输延时的基础,在无外界绝对参考系的情况下,网络延迟只能通过时间戳的方法来确定,而时间戳必须在统一的时间基准下才真正有意义。

c. 时间一致性是保证 DIS 活动具有一定置信度的基础。

⑤接口处理技术

由于分布交互仿真是对已有系统的集成,因此这些系统可以由不同的制造厂商生成,系统的硬件和软件结构配置各不相同,实体表示方法与描述精度各异,且在地域上也是分散的。通常,这些仿真节点具有自己的仿真约定,而这些约定不一定遵从分布交互仿真协议。因此,要将这些节点纳入分布交互仿真环境中,就必须对其进行适当的修改和扩充。这些修改和扩充如果完全通过仿真节点来实现,则会给仿真节点造成很大的负担。此外,一旦节点脱离分布交互仿真环境独立运行,还需将上述改动复原,这就破坏了仿真节点各自的独立性。所以,这种方法通用性差,效率较低。引入接口处理器(interface processor,IP)的目的正是解决由于联网而附加给仿真节点的负担,从而减少对仿真节点所做的修改,最大限度地维护节点的独立性。换句话说,节点间的交互作用首先通过接口处理器进行预处理,从而将各个节点的差异封装起来。因此,接口处理器是不同仿真节点联网运行的必要装置,接口处理也是分布交互仿真中的一项关键技术。目前,接口处理器与仿真节点的连接一般有两种方式:一种是将接口处理器驻留在网桥中,通过局域网与仿真节点连接并进行数据交换;另一种是采用反射内存系统来连接仿真节点与接口处理器。反射内存是美国 Encore 公司的专利技术,它可以在分布式系统中实现数据交换和共享。接口处理器主要完成网络平均传输延迟的测定、时钟同步的实现、协议数据单元的发送及接收、时戳机制的实现、网络传输延迟的补偿、DR 机制的实现,以及坐标与数据格式变换等功能。

⑥坐标变换

由于各仿真节点采用不同的空间位置和姿态描述方法,因此必须依靠相应的坐标变换方法对这些不同的空间描述进行转换,从而实现对其一致的理解。在图2.31 中,箭头的方向表示信息的流向;符号 $L_i(i=1,2)$ 表示节点 i 的局部描述;符号 C 表示 DIS 标准中规定的统一描述;符号$\frac{L_i}{C}$表示由节点 i 的局部描述到公共描述的变换;符号$\frac{C}{L_i}$表示由公共描述到节点 i 的局部描述的变换。由此可以看出,DIS 中的任一仿真节点 i 均涉及两种变换:$\frac{L_i}{C}$变换和$\frac{C}{L_i}$变换。这两种变换互为逆变换。$\frac{L_i}{C}$变换和$\frac{C}{L_i}$变换又可以分为空间位置描述与姿态描述的变换。

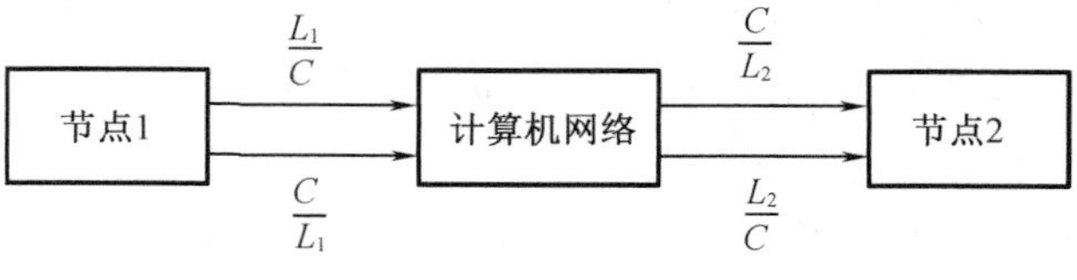

图 2.31　DIS 中涉及的坐标变换示意图

3. DIS 系统的体系结构和标准

在 DIS 系统中,仿真实体、仿真节点、仿真应用、仿真管理计算机、仿真演练和仿真主机是经常遇到的基本概念,其关系如图 2.32 所示。

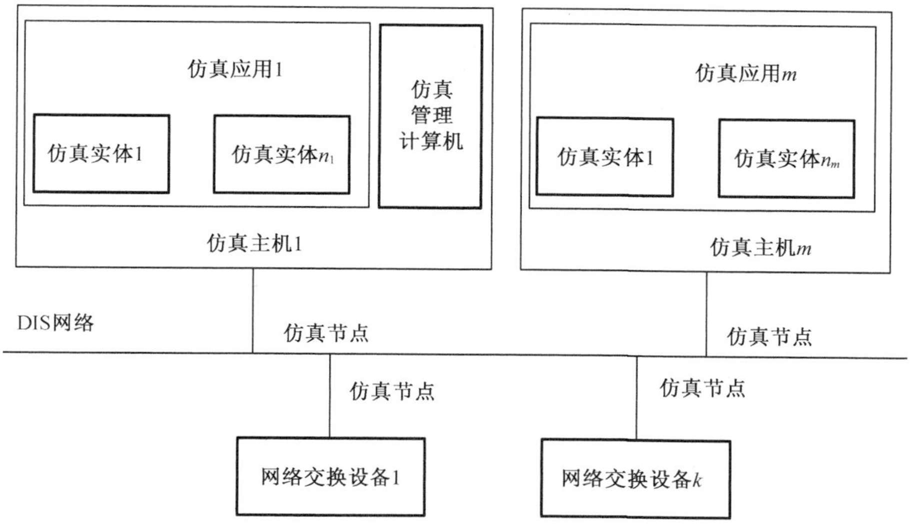

图 2.32　DIS 系统中几个基本概念的关系

在一般情况下，仿真实体和仿真节点并不被严格区分，均指参与仿真的计算机。在一个 DIS 网络中，包含多个仿真节点。仿真应用包括软件和真实设备之间的计算机硬件接口，每台仿真主机中都驻留一个仿真应用。一个或多个互相交互的仿真应用构成一个仿真演练。参与同一仿真演练的仿真应用共享一个演练标识符。仿真实体是仿真环境中的一个单位，每个仿真应用负责维护一个或多个仿真实体的状态。仿真管理计算机中驻留有仿真管理软件，负责完成局部或全局的仿真管理功能。

DIS 系统在逻辑上采用的是一种网状结构，如图 2.33 所示。其中，每个仿真节点都将本节点的实体数据发往网络中其他所有的仿真应用，同时又接收其他仿真应用的信息。按 DIS 的原则，由接收方来决定所收到的信息是否对本节点有用，如果是无用信息，就将其放弃。

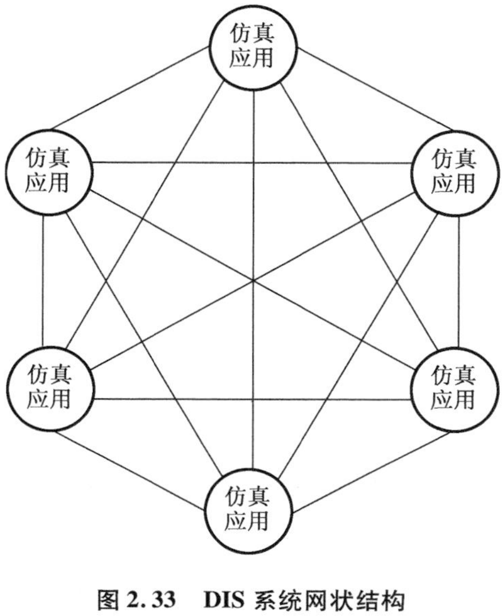

图 2.33　DIS 系统网状结构

DIS 系统的体系结构特点可概况为：

①自治的仿真应用负责维护一个或多个仿真实体的状态。

②用标准 PDU 来传送数据。

③仿真应用负责发送仿真实体的状态及其交互信息。

④由接收仿真应用来感知事件或其他实体的存在。

⑤用 DR 算法来减少网络中的通信负荷。

随着 DIS 需求的发展，人们在研究过程中发现，DIS 技术面临着诸多问题，DIS 结构存在以下局限性：

①体系结构方面存在缺陷。DIS 把数据定义于结构之中，使得 DIS 协议不够灵活和高效。例如，某实体要通知其他网络实体其状态发生了变化，这一状态改变只需要 PDU 数据的某一位发生变化，但它必须发送整个实体状态 PDU（至少 1 152 位）来表示这一改变。

②对于聚合级仿真不太适合。DIS 是定位于实时、平台级的分布式仿真，对于聚合级仿真等要求不同时间推进机制的仿真应用则不太适合。

③加重了网络负荷及处理负担。DIS 使用广播方式来发送数据，这不仅加重了网络负荷，也加重了各节点的处理负担。

④缺少对静态实体的有效处理。DIS 协议采用心跳（heartbeat）机制发送静态实体 PDU 以标识其存在，即仿真节点之间需要重复传递相同的信息，而不能做到仅当信息变化时才传递，造成网络带宽的浪费。

⑤实体状态 PDU 中存在大量的冗余数据。在 DIS 协议中，设备的状态信息与配备该设备的实体的状态信息一起传送。另外，一些在 DIS 演练过程中很少发生变化或根本不变化的信息也包含在实体状态 PDU 中，即仿真节点之间只能传递完整信息，不能只传递部分信息，造成网络带宽的浪费。

⑥仿真的重用性较差。DIS 协议中的标准 PDU 是针对某些领域制定的，若应用领域发生变化或扩展，则原来定义的 PDU 就不再适用。

⑦仿真不易同步。DIS 协议缺乏各个仿真应用之间的时间同步功能，容易导致仿真时空的不一致。

因此，DIS 仿真协议在分布交互仿真的互操作性、可重用性和可扩展性等方面总体上显得不足，还不能将更广泛的仿真系统集成到一个综合环境中。所以，建立一个新的仿真体系结构，建立一系列的相应标准，便于实现各种类型的仿真系统间的互操作和仿真系统及其部件的重用，真正实现将构造仿真、虚拟仿真和实时仿真集成到一个综合环境中，以满足各类仿真的需要。

4. 高层体系结构（HLA）

20 世纪 90 年代中后期，面向对象、网络通信等与仿真紧密相关的基础技术逐渐成熟，人们在发现分布交互仿真系统原有的 DIS 体系结构存在较为明显的缺点的同时，意识到了在仿真系统之间实现互操作性和重用性的重大意义。1992 年，美国国防部提出了“国防建模与仿真倡议”，要求在全新的结构、方法和先进的技术基础上，建立一个广泛、高性能、一体化和分布的国防建模与仿真综合环境，并提出了应用性、综合性、可用性、灵活性、真实性和开放性的要求。经过四个原型系统的开发和实验后，美国国防部于1996年8月正式公布了高层体系结构。其目标是能够尽量涵盖建模与仿真领域涉及的各种不同类型的仿真系统，并利用它们之间的互操作性和重用性来满足复杂大系统仿真的需要。在设计实现上，HLA采用面向对象的方法进行接口定义和功能实现，以利于新功能和新算法的加入与重载。美国国防部规定，把HLA作为美国国防部所有仿真的标准技术结构，并规定从1999年开始不再投资非HLA相容的项目，从2001年开始淘汰所有非HLA相容的项目。

(1) HLA的基本思想和概念

HLA的核心思想是互操作和重用。采用HLA的技术体制，可以将单个仿真应用连接起来，组成一个大型的虚拟世界。在这个虚拟世界中，可以进行大规模的多对多、部队对部队的战术、战略原则研究和演练仿真，可提供多武器系统的体系攻防对抗仿真和武器性能评估仿真，还可进行不同粒度、不同聚合度的对抗仿真和人员训练仿真。同DIS相比，HLA在解决异构、分布、协同的仿真模型和仿真系统的互操作与重用方面取得了重大进展，还解决了仿真系统的灵活性和可扩充性问题，减少了网络冗余数据，并且可以将多种时间管理机制的真实仿真、虚拟仿真和构造仿真集成到一个综合的仿真环境中，以满足复杂大系统的仿真需要。HLA是一个通用的仿真技术框架，它定义了构成仿真系统各部分的功能及相互间的关系。HLA力求在系统层次上解决互操作问题，使分布环境下的仿真系统能够彼此提供和接受对方的服务，并且通过彼此交换服务有效地在一起运行。HLA采用对称的体系结构，在整个系统中，所有应用程序都是通过一个标准的接口形式进行交互作用、共享服务和资源并实现互操作的。HLA正式将分布仿真的开发与执行同相应的支撑环境分离开，使仿真设计人员将重点放在仿真模型及交互模型的设计上，在模型中描述对象间所要完成的交互动作和所需交换的数据，而不必关心交互动作和数据交换是如何完成的。

HLA是分布交互仿真的高层体系结构，是一个通用的仿真技术框架，定义了构成仿真系统的各部分的功能及关系。HLA涉及以下几个基本概念：

①联邦：为了实现某种特定的仿真目的而组织到一起，并能够彼此进行交互作用的仿真系统、支撑软件和其他相关的部件构成一个联邦，其执行过程称为联邦执行。

②联邦成员：组成联邦的各仿真应用系统称为联邦成员。联邦由多个联邦成员构成，即由多个仿真应用系统构成，它们出于共同的仿真目的而进行互操作。

③对象：某一应用领域内要进行仿真的实体建立的模型。

④运行支撑环境(RTI)：从物理上看，RTI是分布在HLA各仿真主机中的一个软件，相当于一个分布式操作系统。各仿真应用通过与本地RTI通信，通知RTI要发出或需要哪些数据，RTI再负责与其他仿真应用进行通信，从而实现各仿真实体间的信息交换。

图2.34展示了HLA仿真系统的层次结构。

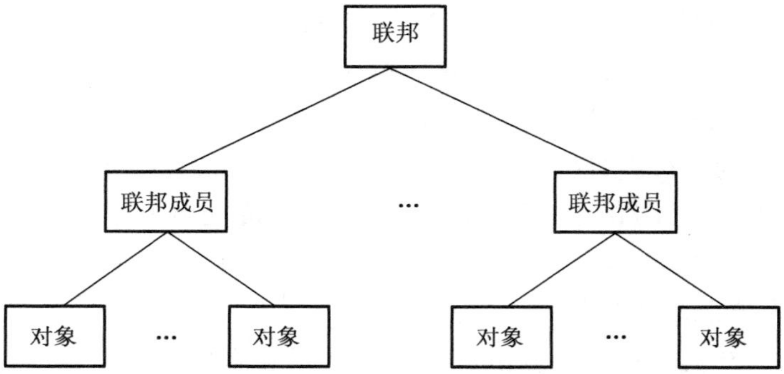

图 2.34　HLA 仿真系统的层次结构

联邦是一个层次概念,它可以是更复杂系统的一个联邦成员,因此 HLA 定义的联邦系统是一个开放式的分布交互仿真系统,具有开放性和扩展性。HLA 的逻辑拓扑如图 2.35 所示。

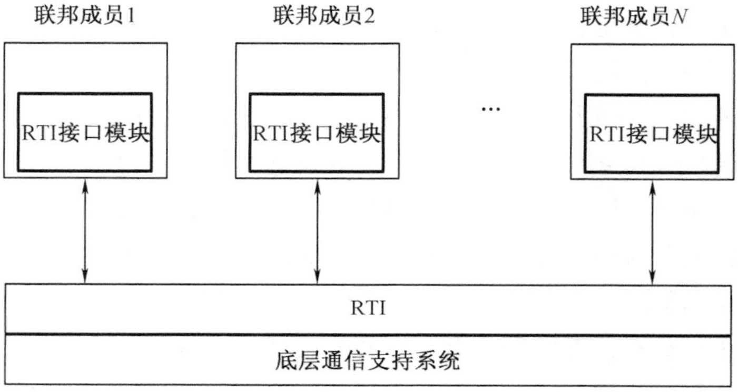

图 2.35　HLA 的逻辑拓扑

(2)HLA 的组成

根据已正式公布的 HLA 的定义、组成和接口规范说明来看,HLA 主要由三部分组成:规则、对象模型模板(OMT)、接口规范说明。

①规则

规则规定了所有联邦成员必须满足的要求,表述了 HLA 中各个部件的功能划分和逻辑关系,体现了 HLA 的基本构思和原则。HLA 规则共有 10 条,前 5 条规定了一个联邦必须满足的要求,后 5 条规定了一个联邦成员必须满足的要求。

a. 联邦应该有一个联邦对象模型(FOM),该 FOM 的格式应与 HLA 的对象模型模板(OMT)相容。

b. 在一个联邦中,所有与仿真相关的对象实例都应该在联邦成员中进行描述,而不应在运行支撑环境(RTI)中进行描述。

c. 在一个联邦运行过程中,联邦成员间 FOM 数据的所有交互均通过 RTI 实现。

d. 在一个联邦运行过程中,联邦成员依据 HLA 接口规范与 RTI 进行交互,即访问 RTI 必须遵循接口规范。

e. 在一个联邦运行过程中，一个实体对象的属性在任意时刻最多只能为一个成员所拥有。

f. 联邦成员必须有一个 OMT 格式的仿真对象模型（SOM），SOM 必须符合 HLA 的对象模型模板。

g. 联邦成员应能更新或映射 SOM 中所定义对象的任何属性，并能发送或接受对象间的交互。

h. 联邦成员应能按 SOM 的规定，在联邦执行中动态地转移和接收 SOM 中定义的对象属性所有权。

i. 联邦成员应能改变更新 SOM 所定义对象属性的条件。

j. 联邦成员必须能按一定方式管理局部时间，从而保证它能协调地与联邦中的其他成员交换数据。

②对象模型模板（OMT）

对象模型模板是在 HLA 中规定的一种统一的表格描述方法。OMT 是一种标准化的描述框架，是 HLA 实现互操作和重用的重要机制之一，它是以表格形式描述的。OMT 作为对联邦成员和联邦的一种规范化的描述方法，规定记录这些对象模型内容的标准格式和语法，是描述 HLA 对象模型的关键部件。HLA 中的对象模型主要用来描述两类系统：一类是描述联邦中的各个成员，即创建各 HLA 仿真对象模型（SOM），提供每个成员仿真能够提供给联邦的自身功能的详细说明；另一类是描述一个联邦中相互之间存在信息交换特性的那些成员，即创建 HLA 的联邦对象模型（FOM），提供一个联邦内各成员间用于交换的所有数据的详细说明，如公共的对象类及其属性、交互类及其关联的参数等信息。描述 SOM 及 FOM 的主要目的是便于仿真系统的互操作和仿真部件的重用。HLA 规定 FOM 和 SOM 必须按照对象模型模板 OMT 来描述，OMT 的作用就是提供一种标准的文档化的格式来描述联邦及其成员的对象信息模型。OMT 以表的形式来描述 HLA 对象模型，各种类型的对象及其属性和交互的详细信息都反映在逻辑表中。1998 年 4 月 20 日，美国国防部公布了 HLA OMT 的 1.3 版本，它由以下九个表格组成。

a. 对象模型鉴别表：用来记录鉴别 HLA 对象模型的重要信息。

b. 对象类结构表：用来记录联邦或联邦成员中的对象类及其父类 - 子类关系。

c. 交互类结构表：用来记录联邦或联邦成员中的交互类及其父类 - 子类关系。

d. 属性表：用来说明联邦或联邦成员中对象属性的特性。

e. 参数表：用来说明联邦或联邦成员中交互参数的特性。

f. 枚举数据类型表：用来对出现在属性表/参数表中的枚举数据类型进行说明。

g. 复杂数据类型表：用来对出现在属性表/参数表中的复杂数据类型进行说明。

h. 路径空间表：用来指定联邦中对象类属性和交互类属性的路由空间。

i. FOM/SOM 词典：用来记录上述各表中使用的所有术语的定义。

OMT 规范说明要求联邦和单个的联邦成员都应使用这些表格，所有的 HLA 对象模型必须至少包含一个对象类或交互类，但根据不同的情况，允许某些表格为空。例如，一个联邦中某些成员的对象之间存在属性信息的交换，但它们之间没有“交互”，则该联邦的 FOM 的交互类结构表将为空，其相应的参数表也为空。一般情况下，若成员中的对象具有其他成员都感兴趣的属性，那么对这些对象及其属性都需要描述。但是，如果某个成员甚至整个联邦只通过“交互”来交换信息，那么它的对象类结构表及属性表都将为空。对于 SOM 来说，其路径空间表总为空，因为它的信息交换局限于其内部；而对于 FOM 而言，如果整个联邦都不使用数据分发管理（DDM）服务，其路径空间表也将为空。

③接口规范说明

接口规范说明描述了联邦成员与 HLA 运行支撑环境（RTI）之间的功能接口。联邦成员在开发过程中遵守相应的规则以及与 RTI 的接口规范，在运行过程中也只与本机中的 RTI 驻留程序进行直接交互，其余的交互任务全部由 RTI 来完成。可见，HLA 系统的通信任务实际上是在分布的各 RTI 部件之间完成的。

RTI 为多种类型的仿真间的交互提供了通用服务，这些服务主要包括以下六个方面：

a. 联邦管理对联邦执行的整个生命周期的活动进行协调。

b. 声明管理提供服务，使联邦成员声明它们希望创建和接收的对象状态与交互信息，实现基于对象类或交互类的数据过滤。

c. 对象管理提供创建、删除对象，以及传输对象数据和交互数据等服务。

d. 所有权管理提供联邦成员间转换对象属性所有权服务。

e. 时间管理控制协调不同局部时钟管理类型的联邦成员（如 DIS 仿真系统、实时仿真系统、时间步长仿真系统和事件驱动仿真系统等）在联邦时间轴上的推进，为各联邦成员对数据的不同传输要求（如可靠的传输和最佳效果传输）提供服务。

f. 数据分布管理通过对路径空间和区域的管理提供数据分发的服务。允许联邦成员规定其发送或接收的数据的分发条件，以便更有效地分发数据。

（3）HLA 的主要特点

HLA 是一个可重用的用于建立基于分布式仿真部件的软件构架，它支持由不同仿真部件组成的复杂仿真。HLA 的提出主要是为了解决计算机仿真领域里的软件重用性和互操作性问题，以使仿真软件的开发及应用进入标准化、规范化阶段，这与当今计算机软件领域强调的开放化、标准化的总体趋势是一致的。

HLA 采用面向对象的方法来分析系统，建立不同层次和粒度的对象模型，从而促进仿真系统和仿真部件的重用。HLA 不考虑如何由对象构建成员，而是在假设已有成员的情况下，考虑如何构建联邦。联邦也可以作为一个成员加入一个更大的联邦中。

在 HLA 的体系下，RTI 提供了较为通用的标准软件支撑服务，具有相对独立的功能，可以保证在联邦内部实现成员及部件的即插即用，针对不同的用户需求和不同的目的，可以实现联邦快速、灵活地组合和重配合，保证了联邦范围内的互操作和重用。此外，HLA 可以避免同其支撑环境分离，通过提供标准的接口服务隐蔽各自的实现细节，可以使这两部分相对独立地开发,而且可以最大限度地利用各自领域的最新技术来实现标准的功能和服务而不会相互干扰。这就使分布交互仿真的发展与计算机技术、网络技术和仿真技术的发展保持同步。

HLA 的体系结构特点可概括为:

①仿真应用之间不直接通信,所有网络通信功能集中由 RTI 实现。

②仿真应用向 RTI 发出某种接口服务的功能调用,RTI 根据各个仿真应用的需求调度系统中的数据分布。

③RTI 先判断服务请求所要求的通信机制,然后按照所要求的通信机制与相应的仿真应用通信。

(4)DIS 和 HLA 体系结构的互联

HLA 通过引入 RTI,明确地将仿真应用模型、仿真支撑功能和数据分布及传递服务分离开来,使仿真应用的开发者主要集中于仿真功能的开发,而不必涉及有关网络通信和仿真管理等的实现细节。所以,与 DIS 相比,采用 HLA 结构不仅可以实现在仿真主机间只传输需要的和变化的信息,减少网络通信量,而且具有更大的灵活性。同时,HLA 还是一种良好的开放性体系结构,能够随着技术和需求的发展,灵活地集成相应的技术、新的对象交互协议和数据表示格式,而不必对已有的系统进行大的改动。可以说,HLA 已成为当前和今后一个时期内仿真体系结构发展的方向。

随之而来的问题是,现有的 DIS 系统何去何从。如果不与 HLA 系统互联,则 DIS 系统仍可在原来的领域内继续发挥作用。DIS 系统与 HLA 系统互联可以有两种办法:一是将 DIS 系统彻底改造为 HLA 系统,在统一的体系结构框架内实现互联;二是最大限度地保持软件原状,只在接口上实现互联。相比之下,后者由于改动量较小,易于实现,所以更多地被采用。进一步分析,第二种办法又可分为封装法和转换法两种实现形式。

①封装法:在仿真软件的 DIS 接口层下增加软件来实现 DIS 协议同 HLA 协议间的转换,如图 2.36 所示。这种方法不需要附加硬件,只需对已有的软件进行有限的修改。但是,这种方法需要在每个仿真节点上增加封装器,改动的涉及面较广,所以工作量较大,调试比较困难。

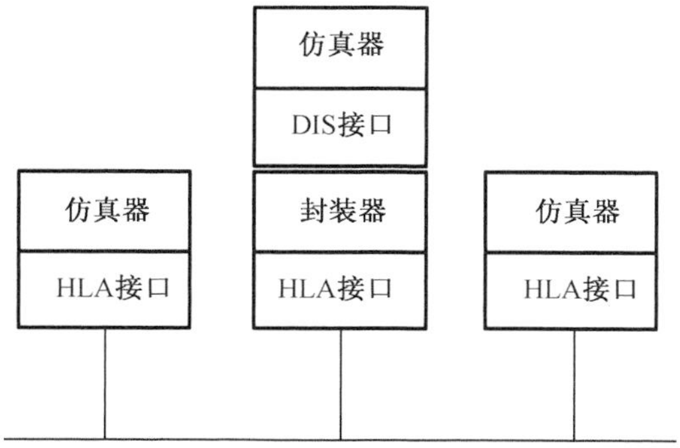

图 2.36　采用封装法实现 DIS 系统与 HLA 系统互联

②转换法:不修改现有的仿真应用软件,通过使用外部的转换器实现已有的 DIS 系统同 HLA 系统的互联,如图 2.37 所示。转换器是处于另外一个计算机上的独立的应用软件,负责不同协议间的转换和翻译工作。转换法需要额外增加硬件,而且由于不同协议间的数据通过转换器传输,因此还会产生额外的传输延时。

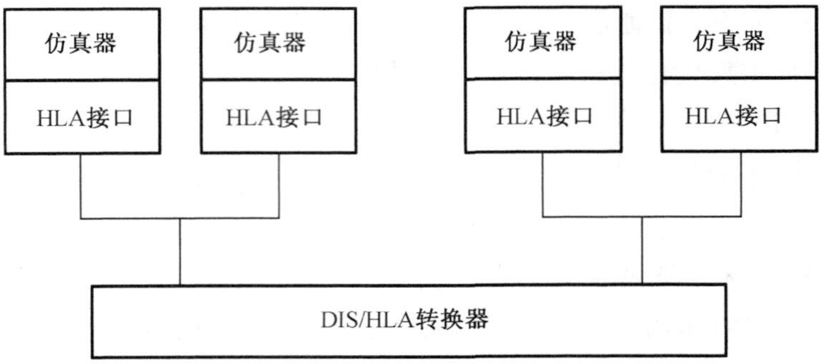

图 2.37　采用转换法实现 DIS 系统与 HLA 系统互联

第3章　虚拟样机系统仿真分析

多体系统动力学是计算机辅助设计和计算机辅助工程在虚拟样机技术中的重要组成部分。在航天器、机车与汽车、操作机械手或机器人等复杂系统中，各个部件之间存在相对运动，这些复杂系统称为机构，这些机构的运动、变形以及力的传递规律就是多体系统动力学的研究对象，因而多体系统的定义为由多个物体通过运动副连接的机械系统。

多体系统动力学起源于多刚体系统动力学。刚体考虑的物体的变形是小变形，不会对整个系统的运动产生影响。对于刚体而言，两个粒子之间的距离在任何时间和任何结构中都是保持不变的。但是随着科技的进步，实际工程中出现了一些部件的变形效应不可忽略的机械系统，人们称之为多柔体系统。由于多柔体系统涵盖了多刚体系统，因此目前将其统称为多体系统。

近年来，人们更加强调高速、轻量、精密度高的系统。在不同的载荷下，结合驱动、传感和控制装置，这些系统实现特定的操作需求。例如，机器人与操作机械手在工业和生活中得到普遍运用，人们要求其能高速与准确地操作，并能在恶劣的环境下工作，这些对系统也提出了新的要求。系统的设计与性能分析可以通过动力学仿真来实现，结合数学模型实现多种效应。一个好的设计还需要考虑许多以前忽视的因素，比如发动机、机械手、机床和空间结构在高速及高温环境下运转常常存在变形效应，忽视这些效应而建立的数学模型无法真实表达。因此，复杂机械系统的运动学、动力学与静力学的分析及设计面临新的挑战。

传统方法无法满足系统的复杂构型与各部件运动幅度大的要求，随着现代计算机辅助工程(CAE)的发展，目前多采用程式化的方法，利用计算机来解决复杂系统的运动学与动力学的自动建模和数值分析。

本章将以多刚体系统作为主要研究对象，介绍多刚体系统的运动学、动力学基础知识与基于 ADMS 的仿真分析及实例。

3.1　多刚体系统运动学与动力学基础知识

3.1.1　多刚体系统模型描述

多刚体系统模型描述通常包括数学模型和力学模型。在对复杂机械系统进行运动学和动力学分析前需要建立它的多刚体系统力学模型。数学模型指系统的运动学、动力学方程，通过数值分析得到运动学与动力学的仿真。虚拟设计的第一步是根据要求对产品的构型与参数进行分析和优化，考察所定方案是否能达到设计前所提任务的需求，建立相应的力学模型，第二步是根据力学基本原理确定数学模型。

在力学模型中，有两个重要因素需要明确，即铰和力元。

(1)铰

铰是物体间的运动约束，也就是机构的运动副，然而铰有着更为广泛的含义：机构学中的运动副可以是球铰链、万向节、转动副、移动副、圆柱副等，还包括刚性轮在粗糙面上滚动等连接，铰中还可以附加弹簧和阻尼器等力元件。总之，从约束和受力的角度而言，铰中可以含有任何性质的运动学约束和相应的约束反力，也可以不含有运动学约束，而只存在某种力所体现的耦合作用。

(2)力元

力元指的是多刚体系统中物体间的相互作用，力偶指的是多刚体系统外的物体对系统中物体的作用。这里所说的物体是多刚体系统中的构件。在实际工程对象中，零部件相连的方式一种是通过运动副，另一种是通过力的相互作用，两者的本质差异为前者限制了相连物体的相对运动的自由度，后者却没有限制。通常在实际工程对象中，力元的作用是通过器件实现的。例如，两物体间的线弹簧阻尼器(在图3.1中，点 O_5 与点 O_6 之间为一线弹簧阻尼器)或油压作动筒，如果不计它们的质量，那么它们在多刚体系统中的力学模型为力元。图3.1中的油压作动筒一个安装在物体 B_1 的点 O_1 与物体 B_2 的点 O_2 之间，另一个安装在物体 B_2 的点 O_3 与物体 B_3 的点 O_4 之间。它们的存在不影响邻接物体 B_1 与 B_2、B_2 与 B_3 的相对运动的自由度，可做力元处理。如果将油压作动筒也做物体处理，那么图3.1所示系统中的每个油压作动筒需要增加两个物体(油压作动筒的筒体与轴)与三个铰(两个转动铰和一个筒体与轴间的滑移铰)。所以，适当地引入力元对于减少多刚体动力学模型的规律是有利的。

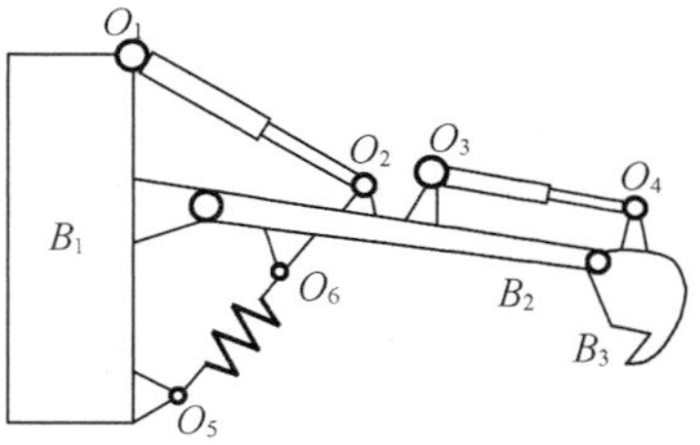

图3.1　二自由度挖土机示意图

显然，在实际工程对象中，系统零部件的相互作用也可借助于运动副(如转动铰上的卷簧、阻尼与电动机等)实现，此时将运动副定义为铰，将物体间的相互作用定义为力元。

机械系统的多刚体系统动力学模型的定义取决于研究的目的。模型定义的要点是，以能揭示系统的运动学、动力学特性的最简单模型为优。同时，运动学与动力学特性分析不仅取决于力学模型，还与物体相互连接的拓扑结构有关。

3.1.2　拓扑结构

多刚体系统中物体的连接方式称为多刚体系统的拓扑结构，也称拓扑构型。拓扑结构是由物体和铰的几何体所组成的图形。例如，在图3.2所示的多刚体系统的拓扑结构图中，存在多个物体和多个铰,符号 B_i 代表物体,$i=1,2,\cdots,N$,系统中有 N 个物体;符号 H_j 代表铰,用一条有向线段表示,$j=1,2,\cdots$。邻接物体即指铰连接的一对物体。尽管铰有质量,但从运动学的角度,为了合理简化,这些连接机构的质量分配到它所连接的物体上。铰的约束可以是完整的、不完整的,还可以是虚铰。例如,机械学中的运动副如圆柱铰链(两物体之间有一个相对转动的自由度)、万向连轴节(两个相对自由转动)、球铰(三个相对转动的自由度)是完整约束;轮胎与地面之间的联系是非完整约束(允许一个相对滑动的自由度)。两个没有运动学约束的物体可以被认为通过一个铰相连(六个自由度),这个铰称为虚铰。图3.2中的 B_0 表示系统外运动为已知的物体,也称零号物体。这个物体不一定是一个实际的物体,常常作为系统运动的参考体。例如,人在行进的火车上运动不会影响火车的运动,火车的运动就可以看成是已知的,火车就是零号物体。

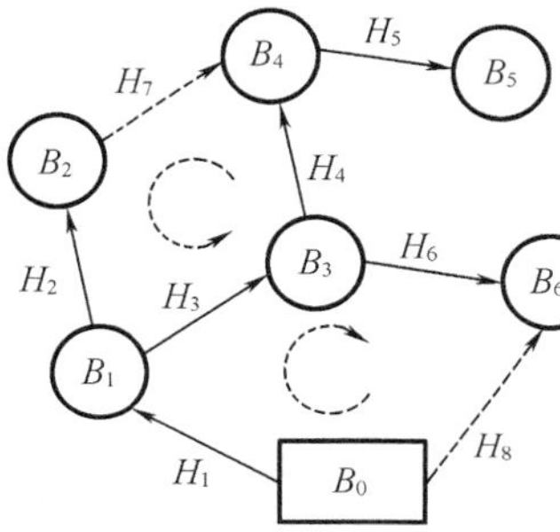

图3.2　多刚体系统的拓扑结构图

例3.1　图3.3(a)所示为曲柄滑块机构,可以看作由曲柄、连杆和滑块组成的多刚体系统。将基座作为零号物体,则对应的多刚体系统拓扑结构如图3.3(b)所示。

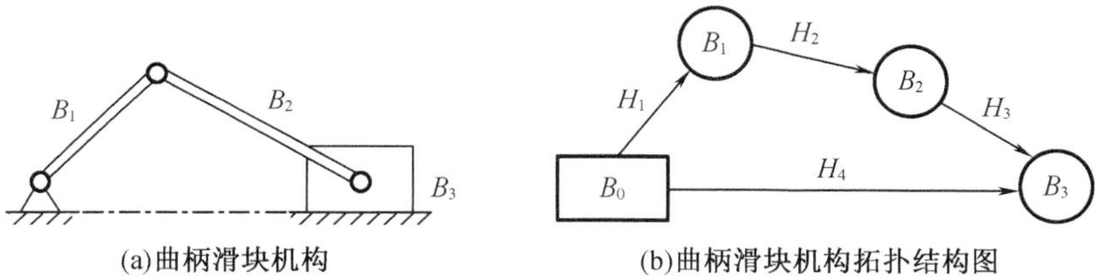

图3.3　曲柄滑块机构及其拓扑结构图

在多刚体系统中,从某一刚体 B_i 出发,经过一系列刚体(和铰)可以达到另一个刚体 B_j,途中所涉及的每个刚体(和铰)的集合为通路,记作(B_i, B_j)。从零号物体到达 B_i 的路简记为(B_i)。在图3.2所示的系统中,(B_0, B_1, B_3, B_4)和(B_0, B_1, B_2, B_4)都是从 B_0 通往 B_4 的路。

如果系统中任意两刚体之间都只有一个通路存在,则称该系统为树系统,其拓扑结构图如图3.4(a)所示。如果系统中至少有两个刚体之间存在两个(或更多)通路,则称该系统为非树系统,其拓扑结构图如图3.4(b)所示。在图3.4中,从 B_1 到 B_4 的两个通路构成一个闭合链。非树系统可以人为地切断回路中的某些约束,使原系统变为一个树系统,则此树系统称为原非树系统的派生树系统。图3.4(b)所示系统为由6个物体、8个铰构成的多刚体系统。切断两个铰 H_7 与 H_8（虚线表示），则可构成该系统的一个派生树系统。

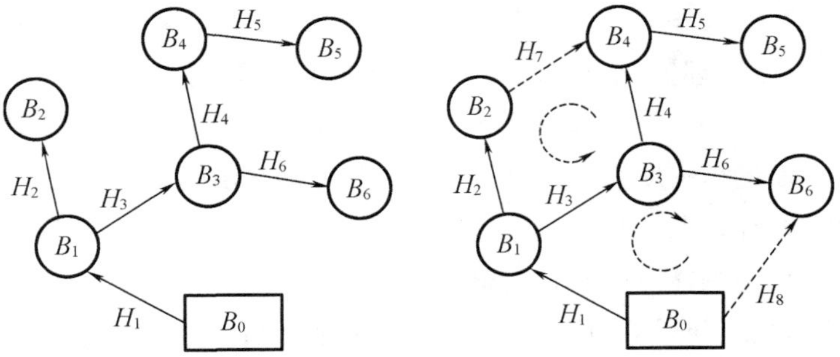

(a)树系统的拓扑结构图　　(b)非树系统的拓扑结构图

图 3.4　树系统与非树系统的拓扑结构图

机械系统中的机械手、空间飞行器以及人体步行时的摆动都可以被视为树系统。自行车、曲柄滑块机构以及人体站立时的支撑则可以被视为非树系统。

树系统是研究多刚体系统动力学的基础，因为任何非树系统均可将其闭合链打开加上某些附加约束而成为树系统，所以本章主要研究树形的多刚体系统。树系统可以分为以下两类：

①系统中某刚体（编号为 B_i）与一运动已知刚体（通常称为基座，编号为 B_0，也称为零刚体）相铰接，此类称为有根树，如工业机械手。

②系统中任何刚体都不与基座相连，此类称为无根树，如卫星、腾空的运动员等。

多刚体动力学的研究内容同样分为运动学和动力学两部分，它与经典力学的区别之处在于，多刚体系统是十分复杂的系统，其自由度大，且部件的运动一般都有大位移变化，因此不仅运动微分方程数多，而且有大量的非线性，一般很难求得解析，而必须借助计算机做数值计算。

3.1.3　多刚体系统建模理论

对于多刚体系统，从 20 世纪 60 年代到 20 世纪 80 年代，在航天和机械两个领域形成了两类不同的建模方法，分别为拉格朗日方法和笛卡儿方法。20 世纪 90 年代，在笛卡儿方法的基础上又形成了完全笛卡儿方法。这几种建模方法的主要区别在于它们对刚体位形描述的不同。

航天领域形成的拉格朗日方法是一种相对坐标方法，以罗伯逊－维登伯格方法为代表，以系统中每个铰的一对邻接刚体为单元，以一个刚体为参考物，另一个刚体相对该刚体的位置由铰的广义坐标（又称拉格朗日坐标）来描述，广义坐标通常为邻接刚体之间的相对转角或位移。这样，开环系统的位置完全可由所有铰的拉格朗日坐标阵 q 所确定。其动力学方程的形式为拉格朗日坐标阵的二阶微分方程组，即

$$\boldsymbol{A}(\boldsymbol{q},t)\ddot{\boldsymbol{q}}=\boldsymbol{B}(\boldsymbol{q},\dot{\boldsymbol{q}},t) \tag{3.1}$$

这种形式最先在解决拓扑为树的航天器问题时推出。其优点是方程个数最少，树系统的坐标数等于系统自由度，而且动力学方程易转化为常微分方程组（ordinary differential equations, ODE)。但是,该方程呈严重非线性,为使方程具有程式化与通用性,矩阵 $\boldsymbol{A}$ 与 $\boldsymbol{B}$ 中常常包含描述系统拓扑的信息,其形式相当复杂,而且在选择广义坐标时需人为干预,不利于计算机自动建模。不过,目前对于多刚体系统动力学的研究比较深入,几种应用软件采用拉格朗日方法也取得了较好的效果。

对于非树系统,拉格朗日方法要采用切割铰的方法消除闭环,这引入了额外的约束,使得产生的动力学方程为微分代数方程,不能直接采用常微分方程算法去求解,需要专门的求解技术。

机械领域形成的笛卡儿方法是一种绝对坐标方法,是由 Chace 和 Haug 提出的方法,即以系统中的每个物体为单元,建立固结在刚体上的坐标系,刚体的位置相对于一个公共参考基进行定义,其位置坐标(也称广义坐标)统一为刚体坐标系基点的笛卡儿坐标与坐标系的方位(也称姿态)坐标,方位坐标可以选用欧拉角或欧拉参数。单个物体位置坐标在二维系统中为 3 个,在三维系统中为 6 个(如果采用欧拉参数则为 7 个)。对于由 N 个刚体组成的系统,位置坐标阵 $\boldsymbol{q}$ 中的坐标个数为 $3N$(二维)或 $6N$(三维)或 $7N$(三维),由于铰约束的存在,这些位置坐标不独立。系统动力学模型的一般形式可表示为

$$\begin{cases} \boldsymbol{A}\ddot{\boldsymbol{q}} + \boldsymbol{\Phi}_q^{\mathrm{T}}\lambda = \boldsymbol{B} \\ \boldsymbol{\Phi}(\boldsymbol{q}, t) = 0 \end{cases} \tag{3.2}$$

式中,$\boldsymbol{\Phi}$ 为位置坐标阵 $\boldsymbol{q}$ 的约束方程;$\boldsymbol{\Phi}_q$ 为约束方程的雅可比矩阵;$\boldsymbol{\lambda}$ 为拉格朗日乘子。这类数学模型就是微分 - 代数方程组(differential algebraic equations, DAE),也称为欧拉 - 拉格朗日方程组(euler - lagrange equations)。其方程个数较多,但系数矩阵呈稀疏状,适宜于计算机自动建立统一的模型进行处理。笛卡儿方法对多刚体系统的处理不区分开环与闭环(即树系统与非树系统),统一处理。目前,国际上最著名的两个动力学分析商业软件 ADAMS 和 DADS 都采用这种建模方法。

3.2　多刚体系统运动学

刚体上任一点(质点)的运动姿态可以由质点在刚体上的相对位置(常量)和刚体相对于惯性空间的位置及姿态(变量)来描述,因此可以在刚体上定义一个连体坐标系,以连体坐标系相对于参考坐标系(惯性空间)的运动来描述刚体的运动。

本节将讨论刚体绕定点转动的基本性质和刚体的姿态坐标描述,介绍刚体上任一点的位置、速度和加速度在全局坐标系中的表达式,并引入刚体的方向余弦阵(坐标变换阵)、角速度和角加速度的概念。

3.2.1　矢量和张量

在研究多刚体系统运动学前,首先要明确以下几个概念。

(1)矢量基

任何一个正交坐标系都可以用它的原点和沿三个坐标轴的单位矢量来表示。一般将汇交于一点 O 的三个正交的单位矢量记为 $\boldsymbol{e}_1$、$\boldsymbol{e}_2$、$\boldsymbol{e}_3$,称为基矢量,它们构成的正交坐标系称为矢量基,简称为基(在后续的描述中对于坐标系和基将不加区别)。基的符号 $\boldsymbol{e}$ 同时也表示以基矢量 $\boldsymbol{e}_n(n=1,2,3)$ 为元素的 3×1 基矢量列阵,即

$$\boldsymbol{e}=[\boldsymbol{e}_1 \quad \boldsymbol{e}_2 \quad \boldsymbol{e}_3]^{\mathrm{T}} \tag{3.3}$$

(2)矢量

矢量用来表示具有方向性的物理量,它是抽象的数学量。一个任意矢量 $\boldsymbol{\alpha}$ 在某个矢量基 $\boldsymbol{e}$ 中的解析表达式为

$$\boldsymbol{\alpha}=\boldsymbol{\alpha}_1\boldsymbol{e}_1+\boldsymbol{\alpha}_2\boldsymbol{e}_2+\boldsymbol{\alpha}_3\boldsymbol{e}_3=\boldsymbol{e}^{\mathrm{T}}\boldsymbol{\alpha}=\boldsymbol{\alpha}^{\mathrm{T}}\boldsymbol{e} \tag{3.4}$$

式中,3×1 列阵 $\boldsymbol{\alpha}=\boldsymbol{e}\cdot\boldsymbol{\alpha}=[\boldsymbol{\alpha}_1 \quad \boldsymbol{\alpha}_2 \quad \boldsymbol{\alpha}_3]^{\mathrm{T}}$是由矢量 $\boldsymbol{\alpha}$ 在基 $\boldsymbol{e}$ 的三个坐标轴上的坐标(投影)构成的列阵,称为矢量 $\boldsymbol{\alpha}$ 在基 $\boldsymbol{e}$ 中的坐标列阵。

(3)并矢和张量

按顺序并列的两个矢量(非点积亦非叉积)称为并矢,并矢是二阶张量。二阶张量的一般形式为

$$\boldsymbol{D}=\boldsymbol{a}_1\boldsymbol{b}_1+\boldsymbol{a}_2\boldsymbol{b}_2+\cdots=\sum\boldsymbol{a}_i\boldsymbol{b}_i \tag{3.5}$$

若某一张量在基 $\boldsymbol{e}$ 中的坐标矩阵为单位阵 $\boldsymbol{E}$,则此张量仅由三项同标号基矢量并矢 $\boldsymbol{e}_i\boldsymbol{e}_i$ $(i=1,2,3)$构成,这种张量称为单位张量,则

$$\boldsymbol{E}=\boldsymbol{e}_1\boldsymbol{e}_1+\boldsymbol{e}_2\boldsymbol{e}_2+\boldsymbol{e}_3\boldsymbol{e}_3=\boldsymbol{e}^{\mathrm{T}}\boldsymbol{e} \tag{3.6}$$

3.2.2 约束、广义坐标和自由度

本小节作为刚体动力学的基础,介绍非自由质点系统的约束分类,引入广义坐标的概念,通过对坐标变分的讨论给出系统自由度的定义。

(1)约束

多个质点的集合可以组成多个质点系统。根据系统的运动是否受到预先规定的几何及运动条件的制约,质点系统可以分为自由系统和非自由系统。

对于非自由系统,那些预先规定的与初始条件及受力条件无关的限制系统的几何位置或(和)速度的运动学条件称为约束。约束有多种形式,这里只介绍其中两类。

①完整约束与非完整约束

仅限制系统的几何位置(也称位形)的约束称为完整约束,又称几何约束。不仅限制系统的位形,而且限制系统的运动速度的约束称为非完整约束。其约束方程取微分的形式。

②定常约束与非定常约束

约束方程中不显含时间基的约束称为定常约束,如由方程 $x^2+y^2+z^2=l^2$ 所确定的约束。约束方程中显含时间基的约束称为非定常约束,如由方程 $x^2+y^2+z^2=l^2(t)$ 所确定的约束。

(2)广义坐标

系统的几何位置(位形)可以用坐标参数来描述,我们已经习惯于用笛卡儿直角坐标系来做这样的描述。然而,根据问题的不同,不一定非得采用长度坐标参数来描述系统的几何位置。例如,如图 3.5 所示,可以用直角坐标(x,y)来描述做平面运动的某个动点 M 的几何位置;可以用极坐标(φ,r)来描述;可以用(A,φ)这组参数来表示,其中 A 为图中阴影部分的面积;还可以用其他参数表示。这就是说,动点 M 的几何位置可以用不同的参数组来描述,即有选择参数的余地。为此,我们引入广义坐标的概念。

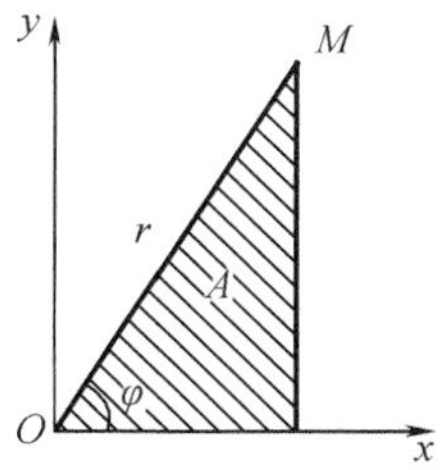

图 3.5　点 M 的广义坐标

选择一组互相独立的参数$(q_1,q_2,\cdots,q_n)$,只要它们能够确定系统的位形即可,而不管这些参数的几何意义如何,这样的一组参数就称为广义坐标。因此,上述(x,y),(φ,r),(A,φ)等都可以作为描述 M 点的位形的广义坐标。可见,广义坐标对于某一系统来讲不是唯一的,或者说,可以任意选取。

广义坐标可以用下面的通式表示,即

$$\boldsymbol{r}_i = r_i(q_1,q_2,\cdots,q_n,t) \tag{3.7}$$

式中,$\boldsymbol{r}_i$ 表示系统中第 i 个质点的位形;$q_j(j=1,2\cdots,n)$和 t 是广义坐标。

(3)坐标变分和自由度

坐标的变分(坐标变分)与坐标的微分(坐标微分)是两个不同的概念。设某系统运动的微分方程的解是 $q_1=q_1(t)$,$q_2=q_2(t)$,$\cdots$,$q_n=q_n(t)$,则坐标的微分是指该微分方程所描述的真实运动中坐标的无限小变化,即经过 $\mathrm{d}t$ 时间之后发生的坐标变化 $\mathrm{d}q_j$;而坐标的变分是指在某一时刻 t,q_j 本身在约束许可条件下任意的无限小增量,即系统的可能运动与真实运动在某时刻的差,记作 δq_j。由于它们都是坐标的无限小变化,故坐标变分也表现出坐标微分的形式,而且和坐标微分具有相同的运算规则。

我们把系统独立的坐标变分数称为系统的自由度。

对于 N 个质点组成的力学系统,如果系统是自由的,则其位形的确定需要 $3N$ 个坐标。这些坐标自然相互独立,其变分也相互独立,故自由度为 $3N$。如果系统受到 l 个完整约束,那么在 $3N$ 个坐标中,只有 $3N-l$ 个相互独立,而且它们的变分也相互独立,故其自由度为 $3N-l$。如果系统为非完整系统,则假设该系统除了受到 1 个完整约束之外,还受到 k 个非完整约束,该系统独立的坐标数为 $3N-l$ 个,但其独立的坐标变分数因 k 个微分形式约束的存在而只有 $3N-l-k$ 个,故系统的自由度为 $3N-l-k$。

3.2.3 虚位移原理

在系统从真实位形过渡到任何相邻近的可能位形的过程中，系统各质点具有的与真实运动无关的、为约束所容许的无限小位移称为虚位移。位形的这种可能的变化与前文提到的坐标变分的概念是一致的，因此虚位移可以用坐标的变分来表示。

对于某一非定常、完整系统，其中任一质点 M_j 向径（位形）可以记为 $\boldsymbol{r}_i = r_i(q_1, q_2, \cdots, q_n, t)$ $(i=1,2\cdots,N)$，对 $\boldsymbol{r}_i$ 取变分就可以得到 M_j 的虚位移，即

$$\delta \boldsymbol{r}_i = \sum_{j=1}^{n} \frac{\partial r_i}{\partial q_j} \dot{q}_j,\ i = 1,2,\cdots,N \tag{3.8}$$

式中，按虚位移的定义，$\delta t=0$，故 $\boldsymbol{r}_i$ 变分中项$\frac{\partial r_i}{\partial t}\partial t=0$。

由式(3.8)可以看出，完整系统某质点的虚位移由 n 项组成，每一项都和某一坐标的变分 δq_j 成正比，表示在该坐标变分不为零而其余坐标变分均为零时的虚位移。因此，每一组虚位移相互独立，质点的虚位移等于 n 组独立虚位移的线性组合。

在介绍虚位移原理前还需引入一个概念，即理想约束。对于工程实际中的约束，大多可以近似地认为其约束反力在系统的任何虚位移上所做元功之和等于零，则具有此类特性的约束称为理想约束，如刚性连接、滚动接触、光滑接触等。按理想约束的概念，如果系统中第 i 个质点所受约束反力用 $\boldsymbol{R}_i$ 表示，虚位移用 $\delta \boldsymbol{r}_i$ 表示，那么对于该系统有

$$\sum_{i=1}^{N} \boldsymbol{R}_i \cdot \delta \boldsymbol{r}_i = 0 \tag{3.9}$$

将其写作投影形式为

$$\sum_{i=1}^{N} (R_{ix} \cdot \delta x_i + R_{iy} \cdot \delta y_i + R_{iz} \cdot \delta z_i) = 0 \tag{3.10}$$

在一个非自由系统处于静力平衡时，系统中任一质点应满足条件

$$\boldsymbol{F}_i + \boldsymbol{R}_i = 0 \tag{3.11}$$

式中，F_i 表示作用于系统中第 i 个质点的主动力；$\boldsymbol{R}_i$ 表示第 i 个质点的约束反力。如果给 i 质点一个虚位移 $\delta \boldsymbol{r}_i$，则有

$$(\boldsymbol{F}_i + \boldsymbol{R}_i) \cdot \delta \boldsymbol{r}_i = 0 \tag{3.12}$$

对整个系统求和可得

$$\sum_{i=1}^{N} (\boldsymbol{F}_i + \boldsymbol{R}_i) \cdot \delta \boldsymbol{r}_i = 0 \tag{3.13}$$

若系统为理想约束系统，则把式(3.9)代入式(3.13)可得

$$\sum_{i=1}^{N} \boldsymbol{F}_i \cdot \delta \boldsymbol{r}_i = 0 \tag{3.14}$$

式(3.14)说明，对于理想约束的质点系，其静平衡的充分必要条件是作用于系统上的主动力在任何虚位移上所做的元功之和为零。这就是虚位移原理。将式(3.14)写作投影形式为

$$\sum_{i=1}^{N} (F_{ix} \cdot \delta x_i + F_{iy} \cdot \delta y_i + F_{iz} \cdot \delta z_i) = 0 \tag{3.15}$$

由式(3.8)可以得到质点 i 的虚位移的投影形式为

$$\delta x_i = \sum_{j=1}^{n} \frac{\partial x_i}{\partial q_j}\delta q_j$$

$$\delta y_i = \sum_{j=1}^{n} \frac{\partial y_i}{\partial q_j}\delta q_j$$

$$\delta z_i = \sum_{j=1}^{n} \frac{\partial z_i}{\partial q_j}\delta q_j \tag{3.16}$$

将式(3.16)代入式(3.15)后经交换求和顺序并整理可得

$$\sum_{j=1}^{n}\left[\sum_{i=1}^{N}\left(F_{ix}\cdot\frac{\partial x_i}{\partial q_j}+F_{iy}\cdot\frac{\partial y_i}{\partial q_j}+F_{iz}\cdot\frac{\partial z_i}{\partial q_j}\right)\right]\delta \boldsymbol{q}_j = 0 \tag{3.17}$$

令 $Q_j = \sum_{i=1}^{N}\left(F_{ix}\cdot\frac{\partial x_i}{\partial q_j}+F_{iy}\cdot\frac{\partial y_i}{\partial q_j}+F_{iz}\cdot\frac{\partial z_i}{\partial q_j}\right) = \sum_{i=1}^{N}\boldsymbol{F}_i\cdot\frac{\partial \boldsymbol{r}_i}{\partial q_j}$，于是式(3.17)可简记为

$$\sum_{j=1}^{n} Q_j\delta q_j = 0 \tag{3.18}$$

式中，Q_j 为和广义坐标 q_j 相对应的主动力的广义力，当 q_j 为长度时其量纲是力，当 q_j 是角度时其量纲是力矩。对于完整的力学系统，由于九个广义坐标的虚位移 δq_j 是相互独立的且具有任意性，所以要满足式(3.18)，只有

$$Q_j = 0,\quad j = 1,2\cdots,n \tag{3.19}$$

这就是用广义坐标表示的虚位移原理，即具有理想约束的完整的力学系统处于平衡的充分必要条件是作用于系统上和每个广义坐标相对应的主动力的广义力都等于零。

3.2.4　刚体的位置及姿态坐标描述

在刚体的运动学和动力学分析中，人们通常引入一些变量来描述刚体的姿态，这些姿态称为刚体的姿态坐标。姿态坐标的定义有多种形式，常见的有方向余弦坐标、欧拉角坐标和卡尔丹角坐标，而欧拉定理是运动学坐标描述的基础。

(1)刚体绕定点转动的欧拉定理

具有固定点的刚体由某一个方位到另一个方位等价于绕通过固定点的某轴的一个有限(转角)的转动，就是刚体绕定点转动的欧拉定理。

如图3.6所示，设 O 为刚体的固定点，刚体上某 $\triangle ABO$ 可完全确定刚体的方位。从 $\triangle ABO$ 到 $\triangle A'B'O$，由二者等分垂直平面的交线得到 OC，当 OA 绕 OC 转过一 θ 角到达 OA' 时，$\triangle ABO$ 与 $\triangle A'B'O$ 一定完全重合。因此，整个刚体的方位变化可视为绕 OC 转过 θ 角得到。这种转动通常称为刚体的一次转动或者欧拉转动，OC 即为一次转轴或欧拉转轴。如果将刚体转动过程分为若干时间间隔，则每一时刻的欧拉转轴的位置显然不同。在某一时刻 t_i，当时间间隔 $\Delta t\to 0$ 时的 OC_i 称为刚体在 t_i 时刻的瞬时转动轴，平均角速度向量的极值 $\boldsymbol{\omega}_i$ 称为瞬时角速度向量。因此，刚体绕定点转动的过程可以看成一系列以角速度 $\omega(t)$ 绕瞬时转动轴转动的合成。

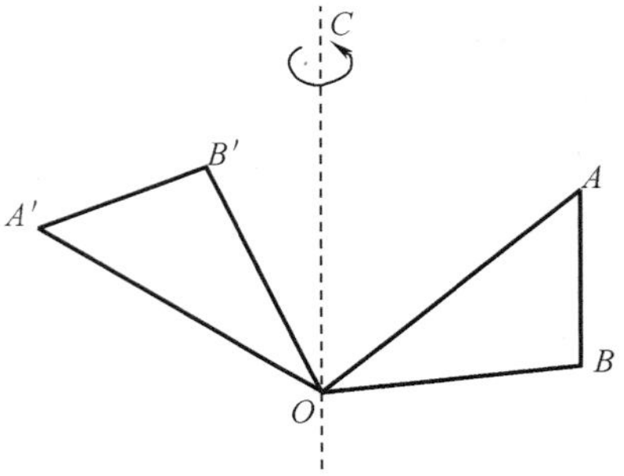

图 3.6　刚体的欧拉转动

(2)刚体上点的位置及刚体绕定点运动的方向余弦描述

刚体位姿坐标系的描述如图 3.7 所示,定义参考坐标系 $OXYZ$(该坐标系相当于整个多刚体系统全局的参考坐标系,可简称为参考基),过刚体上任一点 O'(称为基点)建立一个与该刚体相固连的连体坐标系 $O'x'y'z'$(可简称为连体基),刚体的运动可以完全由连体坐标系来描述。描述连体基的运动需要有六个坐标,其中基点 O'的三个笛卡儿坐标描述了坐标系的平动(刚体的位置),坐标系的三个方位坐标描述了坐标系相对于基点平动坐标系的转动(刚体的姿态)。

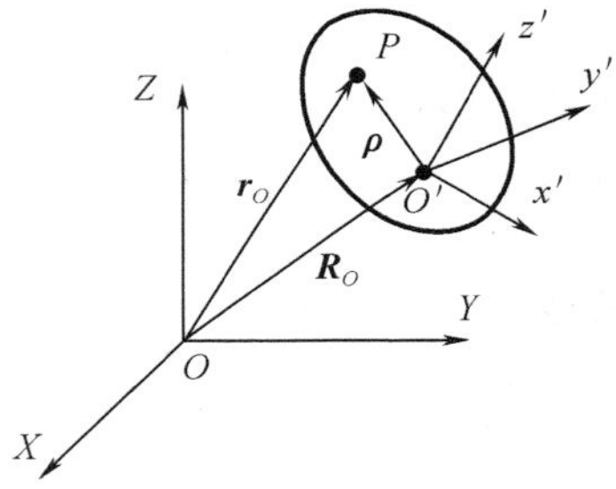

图 3.7　刚体位姿坐标系的描述

刚体上任意一点 P 相对于参考基原点 O 的矢径为

$$\boldsymbol{r}_O = \boldsymbol{R}_O + \boldsymbol{\rho} \tag{3.20}$$

式中,$\boldsymbol{R}_O$ 为连体基原点 O'相对于参考基原点 O 的矢径;$\boldsymbol{\rho}$ 为点 P 相对于连体基原点 O'的矢径。

将式(3.20)写成在参考基中的列阵形式,得

$$\boldsymbol{r} = \boldsymbol{R} + \boldsymbol{A}\boldsymbol{\rho}' \tag{3.21}$$

式中,$\boldsymbol{\rho}'$为矢量 $\boldsymbol{\rho}$ 在连体基中的坐标列阵,它在刚体的运动过程中保持不变;$\boldsymbol{A}$ 为从连体基到参考基的坐标变换列阵,它描述了刚体在参考基中的方位;$\boldsymbol{r}$ 为矢量 $\boldsymbol{r}_O$ 在参考基中的坐标列阵;$\boldsymbol{R}$ 为矢量 $\boldsymbol{R}_O$ 在参考基中的坐标列阵。

若用 $\boldsymbol{e}_1$、$\boldsymbol{e}_2$ 和 $\boldsymbol{e}_3$ 表示参考基中沿坐标轴方向的基矢量,用 $\boldsymbol{e}'_1$、$\boldsymbol{e}'_2$ 和 $\boldsymbol{e}'_3$ 表示连体基中沿坐标轴方向的基矢量,则

$$\boldsymbol{e} = [\boldsymbol{e}_1 \quad \boldsymbol{e}_2 \quad \boldsymbol{e}_3]^{\mathrm{T}} \tag{3.22}$$

$$e' = [e'_1 \quad e'_2 \quad e'_3]^{\mathrm{T}} \tag{3.23}$$

则坐标变换矩阵可以表示为

$$A = e \cdot e'^{\mathrm{T}} = \begin{bmatrix} e_1 \cdot e'_1 & e_1 \cdot e'_2 & e_1 \cdot e'_3 \\ e_2 \cdot e'_1 & e_2 \cdot e'_2 & e_2 \cdot e'_3 \\ e_3 \cdot e'_1 & e_3 \cdot e'_2 & e_3 \cdot e'_3 \end{bmatrix} \tag{3.24}$$

通过简单的运算可知坐标变换矩阵为正交阵,即

$$AA^{\mathrm{T}} = I \tag{3.25}$$

(3)刚体定点转动的欧拉角描述

如前文所述,刚体定点转动具有 3 个自由度,用方向余弦矩阵描述时需要 9 个变量。如果采用其他姿态坐标来描述刚体的运动(如欧拉角坐标来描述刚体的姿态)则只需要 3 个变量。

在图 3.8 中,设 $OXYZ$ 为定参考系(定系),$Oxyz$ 为与刚体固连的动坐标系(动系)。欧拉角的规定:初始状态两个坐标系重合,将刚体先绕 OZ 轴转动 ψ 角,再绕新的 x 轴转动 θ 角,最后绕新的 z 轴转动 φ 角。这三个角统称为欧拉角,其中 ψ 称为进动角,θ 称为章动角,φ 称为自转角。在一定条件下,刚体的任一方位均可用一组欧拉角唯一地确定。

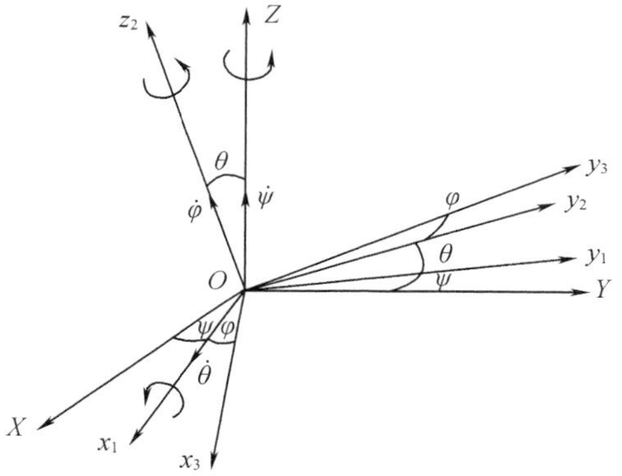

图 3.8　刚体定点转动的欧拉角描述

按照欧拉角所规定的转动顺序,若用 A_φ、A_θ、A_ψ 分别表示每次转动的动系相对该次转动前动系的方向余弦坐标阵,则三次转动后刚体相对转动前(定系)的方向余弦坐标阵 A 为

$$A = A_\varphi A_\theta A_\psi \tag{3.26}$$

式中

$$A_\varphi = \begin{bmatrix} \mathrm{C}\varphi & \mathrm{S}\varphi & 0 \\ -\mathrm{S}\varphi & \mathrm{C}\varphi & 0 \\ 0 & 0 & 1 \end{bmatrix}$$

$$A_\theta = \begin{bmatrix} 1 & 0 & 0 \\ 0 & \mathrm{C}\theta & \mathrm{S}\theta \\ 0 & -\mathrm{S}\theta & \mathrm{C}\theta \end{bmatrix}$$

$$A_{\psi}=\begin{bmatrix} C\psi & S\psi & 0 \\ -S\psi & C\psi & 0 \\ 0 & 0 & 1 \end{bmatrix} \tag{3.27}$$

由此得

$$A=\begin{bmatrix} C\psi C\varphi - S\psi C\theta S\varphi & S\psi C\varphi + C\psi C\theta S\varphi & S\theta S\varphi \\ C\psi S\varphi - S\psi C\theta C\varphi & -S\psi S\varphi + C\psi C\theta C\varphi & S\theta C\varphi \\ S\psi S\theta & -C\psi S\theta & C\theta \end{bmatrix} \tag{3.28}$$

式(3.27)、式(3.28)中角的余弦 cos 和正弦 sin 分别用 C 与 S 表示。

如果刚体定点转动的三个欧拉角已知,则由式(3.28)很容易求得总的坐标变换矩阵 $\boldsymbol{A}$。反之,由空间关系 $\boldsymbol{A}$ 也可以求得相应的三个欧拉角,只是得到的角度解不会是唯一的。

用欧拉角描述刚体定点转动时,欧拉角同样也是时间的函数,即

$$\psi=\psi(t),\quad \theta=\theta(t),\quad \varphi=\varphi(t) \tag{3.29}$$

按照欧拉定理,刚体绕相交轴转动合成时,角速度的合成服从向量加法。因此,刚体的角速度 ω 为

$$\omega=\dot{\psi}+\dot{\theta}+\dot{\varphi} \tag{3.30}$$

ω 在连体基 $Oxyz$ 上的投影表示为

$$\begin{aligned} \omega_x &= \dot{\psi}\sin\theta\sin\varphi+\dot{\theta}\cos\varphi \\ \omega_y &= \dot{\psi}\sin\theta\cos\varphi-\dot{\theta}\sin\varphi \\ \omega_z &= \dot{\psi}\cos\theta+\dot{\varphi} \end{aligned} \tag{3.31}$$

或写成矩阵形式,即

$$\begin{bmatrix} \omega_x \\ \omega_y \\ \omega_z \end{bmatrix}=\begin{bmatrix} S\theta S\varphi & C\varphi & 0 \\ S\theta C\varphi & -S\varphi & 0 \\ C\theta & 0 & 1 \end{bmatrix}\begin{bmatrix} \dot{\psi} \\ \dot{\theta} \\ \dot{\varphi} \end{bmatrix} \tag{3.32}$$

式(3.32)就是欧拉运动学方程。

若要确定图 3.8 所示的三次欧拉转动角速度,则可由式(3.31)得到

$$\begin{aligned} \dot{\psi} &= (\omega_x\sin\varphi+\omega_y\cos\varphi)\div\sin\theta \\ \dot{\theta} &= \omega_x\cos\varphi-\omega_y\sin\varphi \\ \dot{\varphi} &= \omega_z-(\omega_x\sin\varphi+\omega_y\cos\varphi)\tan\theta \end{aligned} \tag{3.33}$$

式(3.33)是一组关于欧拉角的十分复杂的非线性方程组,只能借助计算机求数值解。而且,当 $\theta=0$ 时,ψ 和 φ 是不存在的,于是出现了所谓的“奇点”,这从式(3.32)也可以看出,当 $\theta=0$ 时,该等式右边的第一个矩阵不可逆,所以 ψ 和 φ 是无法确定的。

如果刚体角速度 ω 在参考基 $OXYZ$ 上投影,可得

$$\omega_X=\dot{\varphi}\sin\theta\sin\psi+\dot{\theta}\cos\psi$$

$$\omega_Y=-\dot{\varphi}\sin\theta\cos\psi-\dot{\theta}\sin\psi$$

$$\omega_Z = \dot{\varphi} \cos\theta + \dot{\psi} \tag{3.34}$$

或写成矩阵形式，即

$$\begin{bmatrix} \omega_X \\ \omega_Y \\ \omega_Z \end{bmatrix} = \begin{bmatrix} S\theta S\psi & C\psi & 0 \\ -S\theta C\psi & S\psi & 0 \\ C\theta & 0 & 1 \end{bmatrix} \begin{bmatrix} \dot{\varphi} \\ \dot{\theta} \\ \dot{\psi} \end{bmatrix} \tag{3.35}$$

(4)刚体定点转动的广义欧拉角描述

在欧拉角描述中，三个欧拉角的定义取自天体力学，其转动顺序为[3　-1　-3]型，即其转轴为[Z　$-X$　$-Z$]；也可以是[3　-2　-3]型，即其转轴为[Z　$-Y$　$-Z$]。不管采用哪种顺序，三个转角都互相独立。基于这一要求，描述刚体定点转动也可以采用广义欧拉角的方法。

广义欧拉角描述仍然用三个独立的角变量表示刚体的方位，只是绕不同的坐标轴且转动顺序不同而已。常见的广义欧拉角有卡尔丹角（布莱恩特角）与姿态角。

卡尔丹角的规定：初始状态，连体基 $Oxyz$ 与参考基 $OXYZ$ 重合，如图 3.9 所示，刚体先绕 x 轴转动 α 角，然后绕当前的 y 轴转动 β 角，最后绕当前的 z 轴转动 γ 角。因此，其转动顺序为[1　-2　-3]型。用这一组角来处理刚体定点转动时 z 轴与 Z 轴十分靠近的情况很方便。这时，不但不发生“奇点”，而且 α、β 均为小量时，运动学方程式可以进行线性化处理。

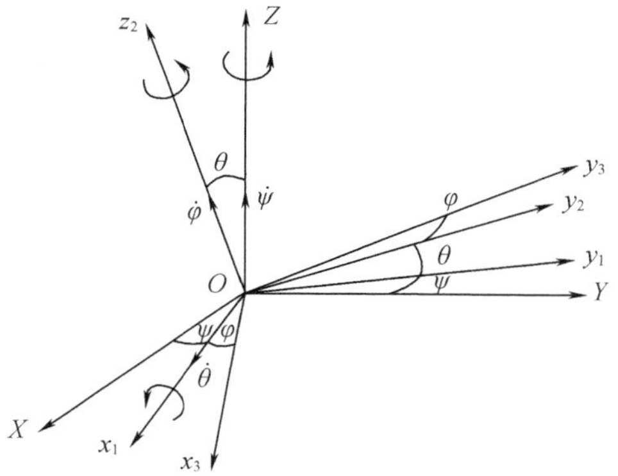

图 3.9　刚体定点转动的广义欧拉角描述

卡尔丹角在陀螺仪中有明确的定义。如图 3.10 所示，若把陀螺转子视为绕定点 O 转动的刚体，则 α 为外卡尔丹环相对基座的转角，称为外环转角；β 为内卡尔丹环相对外卡尔丹环的转角，称为内环转角；γ 为陀螺转子相对内卡尔丹环的转角，称为自转角。可见，各角的变化互不影响，各自独立。

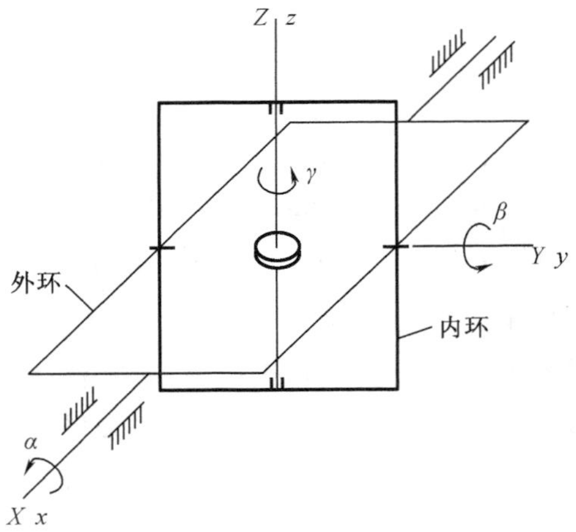

图 3.10　卡尔丹角

同样，我们设 $\boldsymbol{A}_\alpha$、$\boldsymbol{A}_\beta$、$\boldsymbol{A}_\gamma$ 依次为三次顺序转动时动系相对每次转动前动系的方向余弦矩阵，那么刚体最终与最初的空间关系为

$$\begin{aligned}\boldsymbol{A} &= \boldsymbol{A}_\alpha\boldsymbol{A}_\beta\boldsymbol{A}_\gamma \\ &= \begin{bmatrix} C\gamma & S\gamma & 0 \\ -S\gamma & C\gamma & 0 \\ 0 & 0 & 1 \end{bmatrix}\begin{bmatrix} C\beta & 0 & -S\beta \\ 0 & 1 & 0 \\ S\beta & 0 & C\beta \end{bmatrix}\begin{bmatrix} 1 & 0 & 0 \\ 0 & C\alpha & S\alpha \\ 0 & -S\alpha & C\alpha \end{bmatrix} \\ &= \begin{bmatrix} C\beta C\gamma & C\alpha S\gamma + S\alpha S\beta C\gamma & S\alpha S\gamma - C\alpha S\beta C\gamma \\ -C\beta S\gamma & C\alpha C\gamma - S\alpha S\beta S\gamma & S\beta C\gamma + C\alpha S\beta S\gamma \\ S\beta & -S\alpha C\beta & C\alpha C\beta \end{bmatrix}\end{aligned} \tag{3.36}$$

用卡尔丹角描述刚体定点转动时，角速度的合成也同样服从矢量加法，即

$$\omega = \dot{\alpha} + \dot{\beta} + \dot{\gamma} \tag{3.37}$$

于是可以得到刚体的运动学方程为

$$\begin{aligned}\omega_x &= \dot{\alpha}\cos\beta\cos\gamma + \dot{\beta}\sin\gamma \\ \omega_y &= -\dot{\alpha}\cos\beta\sin\gamma - \dot{\beta}\cos\gamma \\ \omega_z &= \dot{\alpha}\sin\beta + \dot{\gamma}\end{aligned} \tag{3.38}$$

或写成矩阵形式，即

$$\begin{bmatrix} \omega_x \\ \omega_y \\ \omega_z \end{bmatrix} = \begin{bmatrix} C\beta C\gamma & S\gamma & 0 \\ -C\beta C\gamma & C\gamma & 0 \\ S\beta & 0 & 1 \end{bmatrix}\begin{bmatrix} \dot{\alpha} \\ \dot{\beta} \\ \dot{\gamma} \end{bmatrix} \tag{3.39}$$

由式(3.38)同样可以得到

$$\omega = \dot{\alpha} + \dot{\beta} + \dot{\gamma}$$

$$\dot{\alpha} = (\omega_x\cos\gamma - \omega_y\sin\gamma) \div \cos\beta$$

$$\dot{\beta} = \omega_x\sin\gamma + \omega_y\cos\gamma$$

$$\dot{\gamma}=\omega_z-\tan\beta(\omega_x\cos\gamma-\omega_y\sin\gamma) \tag{3.40}$$

姿态角多用于表示船舶、飞机、火箭等载体的方位。其采用的三次顺序转动也是[1　-2　-2]型的，即先后转动绕铅垂轴的航向角 ψ、绕横轴的俯仰角 θ 和绕纵轴的倾斜角 φ，如图3.11所示。其运动学分析同卡尔丹角一样。

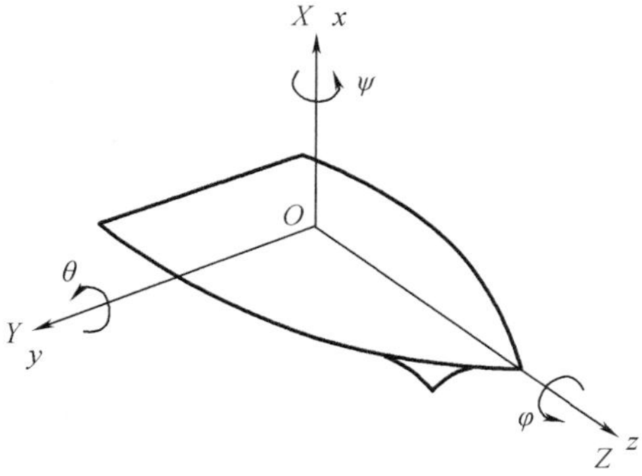

图3.11　姿态角

例3.2　如图3.12所示，一个长方体，设上、下面为边长为3的正方形，高为4。在 $\boldsymbol{C}$ 点沿棱边方向建立一直角坐标系 $Ce_1e_2e_3$，现该物块绕 CD 转动180°。试分别用方向余弦、欧拉角和广义欧拉角求物块转动后，$Ce_1e_2e_3$ 的最终状态相对其最初状态的空间关系 $\boldsymbol{A}$。

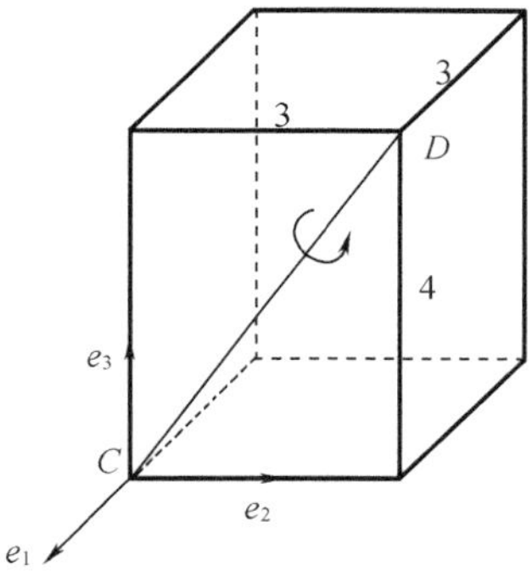

图3.12　长方体

解　①方向余弦描述

先将物块绕 e_1 转动 $-\alpha$ 角，使 e_2 与 CD 重合，由几何关系可知 $\cos\alpha=\dfrac{3}{5}$，$\sin\alpha=\dfrac{4}{5}$；再将物块绕当前的 e_2 转动180°；最后，将物块绕当前的 e_1 转动 $-\alpha$ 角。经过这三次转动得到 $Ce_1e_2e_3$ 的最终位置。设三次转动的方向余弦矩阵分别为 $\boldsymbol{A}_1$、$\boldsymbol{A}_2$、$\boldsymbol{A}_3$，则

$$\boldsymbol{A}_1=\begin{bmatrix}1&0&0\\0&\mathrm{C}\alpha&\mathrm{S}\alpha\\0&-\mathrm{S}\alpha&\mathrm{C}\alpha\end{bmatrix}=\begin{bmatrix}1&0&0\\0&3/5&4/5\\0&-4/5&3/5\end{bmatrix}$$

$$\boldsymbol{A}_2=\begin{bmatrix}\mathrm{C}180^\circ&0&-\mathrm{S}180^\circ\\0&1&0\\\mathrm{S}180^\circ&0&\mathrm{C}180^\circ\end{bmatrix}=\begin{bmatrix}-1&0&0\\0&1&0\\0&0&-1\end{bmatrix}$$

$$A_3 = \begin{bmatrix} 1 & 0 & 0 \\ 0 & C\alpha & -S\alpha \\ 0 & S\alpha & C\alpha \end{bmatrix} = \begin{bmatrix} 1 & 0 & 0 \\ 0 & 3/5 & -4/5 \\ 0 & 4/5 & 3/5 \end{bmatrix}$$

于是得

$$A = A_1A_2A_3 = \begin{bmatrix} -1 & 0 & 0 \\ 0 & -7/25 & 24/25 \\ 0 & 24/25 & 7/25 \end{bmatrix}$$

②欧拉角描述

先将物块绕 e_1 转动 $-\theta$ 角，使 e_3 与 CD 重合，再将物块绕此时的 e_3 转动 180°，最后绕当前的 e_1 转动 $-\theta$ 角，除最后一个转动外，其余转动可用欧拉角描述为

$$\psi = 0°,\quad \theta = 270° + \alpha,\quad \varphi = 180°$$

代入式(3.28)可得

$$A_1 = \begin{bmatrix} -1 & 0 & 0 \\ 0 & -4/5 & 3/5 \\ 0 & 3/5 & 4/5 \end{bmatrix}$$

绕 e_1 转 $-\theta$ 角可得

$$A_2 = \begin{bmatrix} -1 & 0 & 0 \\ 0 & 4/5 & 3/5 \\ 0 & -3/5 & 4/5 \end{bmatrix}$$

于是得

$$A = A_2A_1 = \begin{bmatrix} -1 & 0 & 0 \\ 0 & -7/25 & 24/25 \\ 0 & 24/25 & 7/25 \end{bmatrix}$$

③广义欧拉角描述

先将物块绕 e_1 转动 α 角，再将物块绕此时的 e_2 转动 180°，最后将物块绕当前的 e_1 转动 $-\alpha$ 角才得到 $Ce_1e_2e_3$ 的最终状态，于是有

$$\alpha = \alpha,\quad \beta = 180°,\quad \gamma = 0°$$

代入式(3.36)得

$$A_1 = \begin{bmatrix} -1 & 0 & 0 \\ 0 & 3/5 & 4/5 \\ 0 & -4/5 & 3/5 \end{bmatrix}$$

绕 e_1 转动 $-\alpha$ 角可得

$$A_2 = \begin{bmatrix} 1 & 0 & 0 \\ 0 & 3/5 & -4/5 \\ 0 & 4/5 & 3/5 \end{bmatrix}$$

于是得

$$\boldsymbol{A}=\boldsymbol{A}_2\boldsymbol{A}_1=\begin{bmatrix}-1 & 0 & 0\\ 0 & -7/25 & 24/25\\ 0 & 24/25 & 7/25\end{bmatrix}$$

3.2.5　刚体的运动学分析

(1)刚体上点的速度和刚体转动的角速度

刚体上任意点 P 的速度等于其矢径 $\boldsymbol{r}$ 对时间的导数,即

$$\begin{aligned}\dot{\boldsymbol{r}} &= \dot{\boldsymbol{R}}_O+\dot{\boldsymbol{A}}\boldsymbol{\rho}'\\ &= \dot{\boldsymbol{R}}_O+\dot{\boldsymbol{A}}\boldsymbol{A}^{\mathrm{T}}\boldsymbol{A}\boldsymbol{\rho}'\\ &= \dot{\boldsymbol{R}}_O+\dot{\boldsymbol{A}}\boldsymbol{A}^{\mathrm{T}}\boldsymbol{\rho}\end{aligned} \tag{3.41}$$

式中,$\boldsymbol{A\rho}'$为刚体上任意点 P 的矢径 $\boldsymbol{\rho}$ 在参考基 $OXYZ$ 中的列阵式。

分析式(3.41)中的 $\dot{\boldsymbol{A}}\boldsymbol{A}^{\mathrm{T}}$ 部分,可以导出角速度的定义。

将式(3.25)对时间求导,得

$$\dot{\boldsymbol{A}}\boldsymbol{A}^{\mathrm{T}}+\boldsymbol{A}\dot{\boldsymbol{A}}^{\mathrm{T}}=0 \tag{3.42}$$

即

$$\dot{\boldsymbol{A}}\boldsymbol{A}^{\mathrm{T}}=-\dot{\boldsymbol{A}}\ \boldsymbol{A}^{\mathrm{T}} \tag{3.43}$$

可将式(3.43)改写为

$$\dot{\boldsymbol{A}}\boldsymbol{A}^{\mathrm{T}}=-(\dot{\boldsymbol{A}}\boldsymbol{A}^{\mathrm{T}})^{\mathrm{T}} \tag{3.44}$$

式(3.44)表明,矩阵 $\dot{\boldsymbol{A}}\boldsymbol{A}^{\mathrm{T}}$ 是一个反对称矩阵,因此可以写为

$$\dot{\boldsymbol{A}}\boldsymbol{A}^{\mathrm{T}}=\tilde{\boldsymbol{\omega}} \tag{3.45}$$

反对称矩阵 $\tilde{\boldsymbol{\omega}}$ 可以写为

$$\tilde{\boldsymbol{\omega}}=\begin{bmatrix}0 & -\omega_3 & \omega_2\\ \omega_3 & 0 & -\omega_1\\ -\omega_2 & \omega_1 & 0\end{bmatrix} \tag{3.46}$$

则式(3.41)可以改写为

$$\dot{\boldsymbol{r}}=\dot{\boldsymbol{R}}+\tilde{\boldsymbol{\omega}}\boldsymbol{\rho} \tag{3.47}$$

如果将 ω_1、ω_2 和 ω_3 理解成矢量 $\boldsymbol{\omega}$ 在参考基中的坐标列阵形式(将 $\tilde{\boldsymbol{\omega}}$ 称为矢量 $\boldsymbol{\omega}$ 在参考基中的坐标方阵),即

$$\boldsymbol{\omega}=[\omega_1\quad \omega_2\quad \omega_3]^{\mathrm{T}} \tag{3.48}$$

则式(3.47)对应于如下矢量表达式:

$$\dot{\boldsymbol{r}}=\dot{\boldsymbol{R}}_O+\boldsymbol{\omega}\times\boldsymbol{\rho}' \tag{3.49}$$

式(3.49)的物理意义为刚体上任一点 P 的速度 $\dot{\boldsymbol{r}}$ 等于连体基原点的速度 $\dot{\boldsymbol{R}}_O$加上矢量 $\boldsymbol{\omega}$ 与矢量$\boldsymbol{\rho}$ (点 P 相对于随体坐标系原点的矢径)的叉乘,可以定义矢量 $\boldsymbol{\omega}$ 为刚体转动的角速度矢量。

式(3.45)和式(3.46)给出了刚体的角速度矢量在参考基中的坐标列阵和坐标方阵，利用坐标变换 $\boldsymbol{\omega}' = \boldsymbol{A}^{\mathrm{T}}\boldsymbol{\omega}$ 可以得到角速度矢量 $\boldsymbol{\omega}$ 在连体基 $O'x'y'z'$ 中的坐标列阵。

角速度矢量 $\boldsymbol{\omega}$ 在参考基中的坐标方阵 $\tilde{\boldsymbol{\omega}}$ 和连体基中的坐标方阵 $\tilde{\boldsymbol{\omega}}'$ 的关系为

$$\tilde{\boldsymbol{\omega}}' = \boldsymbol{A}^{\mathrm{T}}\tilde{\boldsymbol{\omega}}\boldsymbol{A} \tag{3.50}$$

在式(3.50)两边同时左乘以 $\boldsymbol{A}$，得

$$\dot{\boldsymbol{A}} = \boldsymbol{A}\tilde{\boldsymbol{\omega}}' \tag{3.51}$$

或

$$\tilde{\boldsymbol{\omega}}' = \boldsymbol{A}^{T}\dot{\boldsymbol{A}} \tag{3.52}$$

(2)刚体上点的加速度与刚体转动的角加速度

将式(3.41)两端对时间求导，得到刚体上任一点的加速度为

$$\ddot{\boldsymbol{r}} = \ddot{\boldsymbol{R}}_O + \ddot{\boldsymbol{A}}\boldsymbol{\rho}' \tag{3.53}$$

将式(3.45)两边同时右乘以左边变换矩阵 A，得

$$\dot{\boldsymbol{A}} = \tilde{\boldsymbol{\omega}}\boldsymbol{A} \tag{3.54}$$

进一步将式(3.54)对时间求导，得

$$\ddot{\boldsymbol{A}} = \dot{\tilde{\boldsymbol{\omega}}}\boldsymbol{A} + \tilde{\boldsymbol{\omega}}\dot{\boldsymbol{A}} = \tilde{\boldsymbol{\varepsilon}}\boldsymbol{A} + \tilde{\boldsymbol{\omega}}\tilde{\boldsymbol{\omega}}\boldsymbol{A} \tag{3.55}$$

式中，$\dot{\tilde{\boldsymbol{\omega}}}$ 为反对称矩阵，类似于角速度的定义方式，定义其分量 $\dot{\omega}_1$、$\dot{\omega}_2$ 和 $\dot{\omega}_3$ 为矢量 $\boldsymbol{\varepsilon}$(或写成 $\dot{\boldsymbol{\omega}}$)在参考基中的坐标列阵，即

$$\boldsymbol{\varepsilon} = \dot{\boldsymbol{\omega}} = [\dot{\omega}_1 \quad \dot{\omega}_2 \quad \dot{\omega}_3]^{\mathrm{T}} \tag{3.56}$$

称 $\boldsymbol{\varepsilon}$ 为刚体转动的角加速度矢量。

将式(3.55)代入式(3.53)，得

$$\begin{aligned}\ddot{\boldsymbol{r}} &= \ddot{\boldsymbol{R}}_O + \ddot{\boldsymbol{A}}\boldsymbol{\rho}' \\ &= \ddot{\boldsymbol{R}}_O + \tilde{\boldsymbol{\varepsilon}}\boldsymbol{A}\boldsymbol{\rho}' + \tilde{\boldsymbol{\omega}}\tilde{\boldsymbol{\omega}}\boldsymbol{A}\boldsymbol{\rho}' \\ &= \ddot{\boldsymbol{R}}_O + \tilde{\boldsymbol{\varepsilon}}\boldsymbol{\rho} + \tilde{\boldsymbol{\omega}}\tilde{\boldsymbol{\omega}}\boldsymbol{\rho}\end{aligned} \tag{3.57}$$

式(3.57)也可以表达为矢量形式，即

$$\ddot{\boldsymbol{r}} = \ddot{\boldsymbol{R}}_O + \boldsymbol{\varepsilon} \times \boldsymbol{\rho} + \boldsymbol{\omega} \times (\boldsymbol{\omega} \times \boldsymbol{\rho}) \tag{3.58}$$

可以看出，式(3.58)中右边第一项 $\ddot{\boldsymbol{R}}_O$ 为连体基原点的加速度，第二项 $\boldsymbol{\varepsilon} \times \boldsymbol{\rho}$ 对应于转动加速度，第三项 $\boldsymbol{\omega} \times (\boldsymbol{\omega} \times \boldsymbol{\rho})$ 对应于刚体转动引起的轴向加速度。

角加速度矢量也可以投影到连体基中，得

$$\boldsymbol{\varepsilon}' = \dot{\boldsymbol{\omega}}' = \boldsymbol{A}^{\mathrm{T}}\dot{\boldsymbol{\omega}} \tag{3.59}$$

3.2.6 多刚体系统拓扑结构的数学描述

系统结构的复杂性和多样性是研究多刚体系统的主要困难之一，罗伯逊和维登伯格应用图论方法建立了便于进行一般性研究的、面向计算机的描述多刚体系统结构的方法。

图论中的图由一个表示具体事物的点的集合和表示事物之间联系的线段的集合构成。这些点称为图的顶点，这些线段称为图的边。在一个图中，顶点和边的相互连接关系称为关联，图的最本质的内容是顶点和边的关联关系，只要一个系统有这种关联关系，就可以用图来描述它的结构。将多刚体系统的每个刚体用顶点表示，铰用边表示，于是多刚体系统的结构关系可以用一个系统图来描述。而在多刚体系统中，刚体之间的联系通常带有方向性，为了将这种方向性反映在图中，可以对图的每条边规定一个方向，以表示这条边所关联的两个顶点的次序关系，并且用箭头指向来标明。这种每条边都规定了方向的图称为有向图，有向图的边称为弧。于是，对于多刚体系统的结构，需要用有向图来描述。

为作出多刚体系统的有向图，首先需要对系统内各刚体及铰进行编号，也就是对有向图中的顶点和边进行编号并规定边的方向。对于一个不包括零刚体 B_0 在内、有 n 个刚体 $B_i(i=1,2,\cdots,n)$ 和 n 个铰 $H_a(a=1,2,\cdots,n)$ 的树形多刚体系统，在有向图内用 s_0 表示零刚体的顶点，用 $s_i(i=1,2,\cdots,n)$ 和 $u_a(a=1,2,\cdots,n)$ 分别表示其余各刚体 B_i 及铰 H_a 的顶点与边。在描述中，为了区别顶点的标号和边的标号，规定顶点标号用 $i,j,k,\cdots$ 表示，边的标号用 $a,b,c,\cdots$ 表示。可以有各种不同的编号方法，图 3.13 就针对图 3.4(a) 采用了一种规则编号方法，这种方法用到了以下几个术语：在顶点 s_0 至某一顶点 s_k 的通路上且与 s_k 邻接的顶点称为 s_k 的内接顶点，不与 s_k 邻接的顶点称为 s_k 的内侧顶点；在顶点 s_0 至某一顶点 s_k 的通路之外且与 s_k 邻接的顶点称为 s_k 的外接顶点，不与 s_k 邻接的顶点称为 s_k 的外侧顶点；关联某个顶点 s_k 和其内接顶点的边称为 s_k 的内接边，关联顶点 s_k 和它的外接顶点的边称为 s_k 的外接边。规则编号方法规定如下：

①与零刚体相应的顶点标号为 s_0，与 s_0 邻接的顶点标号为 s_1，关联 s_0 和 s_1 的弧标号为 u_1。

②根据图论中关于有向树的顶点的层数的定义，s_0 是 0 层，s_1 是 1 层，……，由此逐层对顶点标号，层数小的顶点较层数大的顶点标号小。

③顶点 s_k 的内接弧的标号与 s_k 的标号相同，即为 u_k；s_k 的内接顶点和所有内侧顶点的标号均较 s_k 的标号小；s_k 的外接顶点和所有外侧顶点的标号均较 s_k 的标号大。

④弧的箭头背离的顶点代表的刚体是两个邻接刚体相对运动的参考体，相对运动即在两个邻接刚体的相对运动中，边的箭头所指向的刚体相对边的箭头所背离的刚体运动。

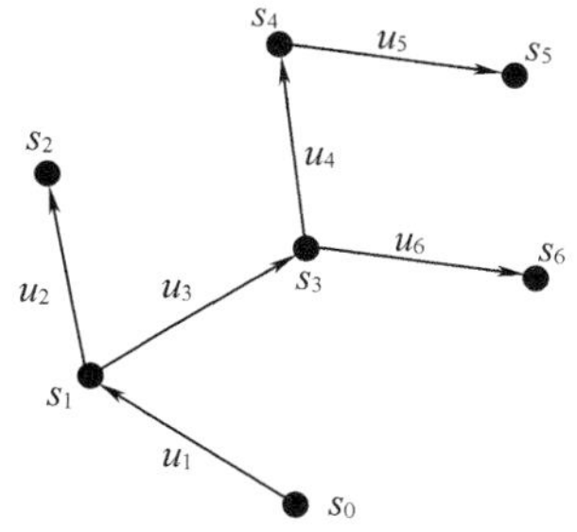

图 3.13　某树系统的有向图

有向图的结构唯一地确定了两个整数函数 $i^+(a)$ 和 $i^-(a)(a=1,2,\cdots,n)$，其中 $i^+(a)$

是弧 u_a 与之关联且箭头所背离的顶点的标号，$i^-(a)$ 是弧 u_a 与之关联且箭头所指向的顶点的标号。对于图 3.13 中的有向图，这两个函数值见表 3.1。

表 3.1 某树系统的整数函数值

a	1	2	3	4	5	6
$i^+(a)$	0	1	1	3	4	3
$i^-(a)$	1	2	3	4	5	6

将整数函数 $i^+(a)$ 和 $i^-(a)$ $(a=1,2,\cdots,n)$ 称为有向图的整数函数对，它反映有向图结构的最本质的特征，即顶点和边的关联关系。因此，整数函数对唯一地确定系统的连接结构，还提供两个邻接刚体相对运动参考体的全部信息。如果一个树形多刚体系统的有向图的整数函数对是已知的，则可以重新唯一地作出此图，因为尽管作出的图形可以有多个，但是所有图形中顶点和边的关联关系都是相同的，所以它们实际上是一个图。

为了能在多刚体系统的运动学和动力学方程中反映出系统的结构状况，需要引入图论中有向图的关联矩阵和通路矩阵来进一步描述有向图的结构。

树形多刚体系统有向图的关联矩阵描述系统内各刚体和铰的连接状态。矩阵的行的标号对应于顶点的标号，列的标号对应于边的标号。因为已经规定用字母 i 表示顶点的标号，用字母 a 表示边的标号，故矩阵第 i 行第 a 列元素用符号 S_{ia} 表示。S_{ia} 定义为

$$S_{ia}=\begin{cases}1, & \text{若边 } u_a \text{ 与顶点 } s_i \text{ 关联且背离 } s_i \\ -1, & \text{若边 } u_a \text{ 与顶点 } s_i \text{ 关联且指向 } s_i \\ 0, & \text{其他}\end{cases} \tag{3.60}$$

式中，$i=0,1,2,\cdots,n$；$a=1,2,\cdots,n$。

此定义也可以利用整数函数对表示为

$$S_{ia}=\begin{cases}1, & \text{若 } i=i^+(a) \\ -1, & \text{若 } i=i^-(a) \\ 0, & \text{其他}\end{cases} \tag{3.61}$$

式中，$i=0,1,2,\cdots,n$；$a=1,2,\cdots,n$。

因为零刚体 B_0 通常是描述系统运动的参考体，故可以将 $(n+1)\times n$ 矩阵中对应于 s_0 的第一行元素组成的行阵单分出来，于是得到两个子矩阵 $\boldsymbol{S}_0$ 和 $\boldsymbol{S}$。其中 $\boldsymbol{S}_0$ 是对应于零刚体 B_0 的行阵，即

$$\boldsymbol{S}_0=[S_{01} \quad \cdots \quad S_{0n}] \tag{3.62}$$

$\boldsymbol{S}$ 是对应于其余 n 个刚体的 $n\times n$ 方阵，即

$$\boldsymbol{S}=\begin{bmatrix} S_{11} & \cdots & S_{1n} \\ \vdots & S_{ia} & \vdots \\ S_{n1} & \cdots & S_{nn}\end{bmatrix} \tag{3.63}$$

对于图 3.13 所示的树形有向图，可以写出这两个矩阵为

$$\boldsymbol{S}_0 = [1 \quad 0 \quad 0 \quad 0 \quad 0 \quad 0]$$

$$\boldsymbol{S} = \begin{bmatrix} -1 & 1 & 1 & 0 & 0 & 0 \\ 0 & -1 & 0 & 0 & 0 & 0 \\ 0 & 0 & -1 & 1 & 0 & 1 \\ 0 & 0 & 0 & -1 & 1 & 0 \\ 0 & 0 & 0 & 0 & -1 & 0 \\ 0 & 0 & 0 & 0 & 0 & -1 \end{bmatrix}$$

为了区别起见，通常将 $n \times n$ 矩阵 $\boldsymbol{S}$ 称为关联矩阵，将 $(n+1) \times n$ 矩阵 $[\boldsymbol{S}_0^{\mathrm{T}} \quad \boldsymbol{S}^{\mathrm{T}}]^{\mathrm{T}}$ 称为完全关联矩阵。显然，行阵 $\boldsymbol{S}_0$ 中只有第一个元素 S_{01} 是非零元素，这是因为顶点 s_0 只与边 u_1 关联；$(n+1) \times n$ 完全关联矩阵的每列只含有一个 1 和 -1 的非零元素，这是因为任一条边 u_a 都与两个顶点关联，一个是边背离的顶点 $s_{i^+(a)}$，一个是边指向的顶点 $s_{i^-(a)}$。

树形多刚体系统有向图的通路矩阵描述系统内各刚体与零刚体之间通路的状态。矩阵的行的标号对应于边的标号，列的标号对应于顶点的标号。矩阵的第 a 行第 i 列元素可用 T_{ai} 表示，T_{ai} 的定义为

$$T_{ai} = \begin{cases} 1, & \text{若边 } u_a \text{ 属于 } s_0 \text{ 至 } s_i \text{ 的通路且指向 } s_0 \\ -1, & \text{若边 } u_a \text{ 属于 } s_0 \text{ 至 } s_i \text{ 的通路且背离 } s_0 \\ 0, & \text{若边 } u_a \text{ 不属于 } s_0 \text{ 至 } s_i \text{ 的通路} \end{cases} \tag{3.64}$$

式中，$a = 1, 2, \cdots, \mathrm{n}; i = 1, 2, \cdots, n$。

通路矩阵的一般表达式为

$$\boldsymbol{T} = \begin{bmatrix} T_{11} & \cdots & T_{1n} \\ \vdots & T_{ai} & \vdots \\ T_{n1} & \cdots & T_{nn} \end{bmatrix} \tag{3.65}$$

对于图 3.13 所示的树形有向图，可以写出通路矩阵为

$$\boldsymbol{T} = \begin{bmatrix} -1 & -1 & -1 & -1 & -1 & -1 \\ 0 & -1 & 0 & 0 & 0 & 0 \\ 0 & 0 & -1 & -1 & -1 & -1 \\ 0 & 0 & 0 & -1 & -1 & 0 \\ 0 & 0 & 0 & 0 & -1 & 0 \\ 0 & 0 & 0 & 0 & 0 & -1 \end{bmatrix}$$

矩阵 $\boldsymbol{T}$ 的每一列中所有非零元素的行标号的集合是有向图中 s_0 到此列所对应的顶点之间通路上所有边的标号的集合，这是矩阵 $\boldsymbol{T}$ 称为通路矩阵的由来。

由上述可见，整数函数对 $i^{\pm}(a)$ 关联矩阵 $\boldsymbol{S}$、通路矩阵 $\boldsymbol{T}$ 都与多刚体系统有向图的编号方法有关。同一个系统，如果编号方法不同，它们就完全不同。恰当地编号能简化 $i^{\pm}(a)$，避免 $\boldsymbol{S}$ 和 $\boldsymbol{T}$ 中非零元素过于分散，有利于数值计算。

这种规则编号树形多刚体系统有向图的关联矩阵 $\boldsymbol{S}$ 具有下列性质：

①$\boldsymbol{S}$ 矩阵是上三角阵，其主对角线上元素都是 -1，其余非零元素都是 1；除第一列只有

一个非零元素 -1 外，其余各列均有 1 和 -1 两个非零元素。

②$\boldsymbol{S}$ 矩阵中只有一个非零元素的行对应于有向图中的边界顶点；有两个以上非零元素的行对应于有向图中的分支顶点，此行中不在主对角线上的非零元素所在列的标号是此分支顶点各外接边的标号，正是这些边引出了此分支顶点的各分支。

这种规则编号树形多刚体系统有向图的通路矩阵 $\boldsymbol{T}$ 具有下列性质：

①$\boldsymbol{T}$ 矩阵是上三角阵，它的所有非零元素都是 -1。

②$\boldsymbol{T}$ 矩阵的某列中所有非零元素的行标号的集合，是有向图中 s_0 至此列所对应的顶点之间通路上所有边的标号的集合，同时也是在这条通路上的所有顶点的标号的集合。

关联矩阵和通路矩阵之间恒有如下两个重要的关系式，即

$$\boldsymbol{T}^{\mathrm{T}}\boldsymbol{S}^{\mathrm{T}}=\boldsymbol{L} \tag{3.66}$$

$$\boldsymbol{TS}=\boldsymbol{ST}=\boldsymbol{E} \tag{3.67}$$

式中，$\boldsymbol{L}$ 是每个元素都是 1 的 $n\times1$ 列阵；$\boldsymbol{E}$ 是 $n\times n$ 单位矩阵。式(3.66)、式(3.67)表明，关联矩阵 $\boldsymbol{S}$ 和通路矩阵 $\boldsymbol{T}$ 互为逆阵。

3.2.7 多刚体系统的运动学分析

多刚体系统运动学的主要内容是将系统内各刚体的角速度、角加速度以及刚体上某点的速度、加速度表示为广义坐标及其导数的函数，并导出用广义坐标变分表示的刚体虚位移表达式。

(1)纯转动铰多刚体系统运动分析

①系统各刚体的角速度和角加速度

设所研究的树形多刚体系统由 n 个刚体 $B_i(i=1,2,\cdots,n)$ 组成，系统连接在一个在惯性空间中的运动是时间的已知函数的零刚体 B_0 上，n 个铰 $H_a(a=1,2,\cdots,n)$ 均为转动副、万向节或球铰链。这类铰链只允许所连接的两个邻接刚体做相对转动，故通称为纯转动铰，它们的自由度分别为 $n_a=1,2,3$，系统的自由度总数为 $N=\sum\limits_{a=1}^{n}n_a$。

首先，研究邻接刚体之间的相对运动。在规则编号下，系统内某个铰 $H_a(a=1,2,\cdots,n)$ 连接的两个邻接刚体为 $B_{i^+(a)}$ 和 $B_{i^-(a)}$，前者是后者的内接刚体或称前置刚体。$e^{i^+(a)}$ 和 $e^{i^-(a)}$ 分别是它们的连体基，则刚体 $B_{i^-(a)}$ 对其前置刚体 $B_{i^+(a)}$ 的相对方位可用它们的连体基之间的变换矩阵 $\boldsymbol{G}_a$ 表示，即

$$e^{i^-(a)}=\boldsymbol{G}_a e^{i^+(a)},a=1,2,\cdots,n \tag{3.68}$$

变换矩阵 $\boldsymbol{G}_a$ 是确定此两邻接刚体相对方位的广义坐标的函数。通常选取描述刚体相对转动的独立参数作为系统的广义坐标。若用 $\boldsymbol{p}_{al}(l=1,2,\cdots,n_a)$ 表示铰 H_a 的转轴单位矢量，则两邻接刚体 $B_{i^+(a)}$ 和 $B_{i^-(a)}$ 沿此轴的相对转角 $\varphi_{al}(l=1,2,\cdots,n_a)$ 即为广义坐标。转动副 $n_a=1$，$\boldsymbol{p}_{a1}$ 同时固连在刚体 $B_{i^+(a)}$ 和 $B_{i^-(a)}$ 上。万向节 $n_a=2$，$\boldsymbol{p}_{a1}$ 和 $\boldsymbol{p}_{a2}$ 分别固连在刚体 $B_{i^+(a)}$ 与 $B_{i^-(a)}$ 上。这两种铰存在实际的相对转轴，φ_{al} 表示实际的转角。球铰链 $n_a=3$，不存在实际的转动轴，但是为了描述的一致性，可以选用欧拉角或卡尔丹角为广义坐标，这时三个单位矢量 $\boldsymbol{p}_{al}(l=1,2,3)$ 分别沿三次连续转动的实时轴。如果 $\boldsymbol{p}_{al}(l=1,2,3)$ 相互正交且

固连在 $B_{i^+(a)}$ 上，则 $\varphi_{al}(l=1,2,3)$ 是伪坐标。刚体 $B_{i^-(a)}$ 相对其前置刚体 $B_{i^+(a)}$ 的相对角速度 $\overline{\omega}_a$ 为

$$\overline{\omega}_a = \sum_{l=1}^{n_a} \boldsymbol{p}_{al}\dot{\varphi}_{al}, a = 1,2,\cdots,n \tag{3.69}$$

将式(3.69)改写成矩阵形式，即

$$\overline{\boldsymbol{\omega}} = \boldsymbol{p}^{\mathrm{T}}\dot{\varphi} \tag{3.70}$$

式中，$\overline{\boldsymbol{\omega}} = [\overline{\omega}_1 \quad \cdots \quad \overline{\omega}_a \quad \cdots \quad \overline{\omega}_n]^{\mathrm{T}}$ 是一个 $n\times 1$ 阶的列阵；

$\boldsymbol{p}^{\mathrm{T}} = \begin{bmatrix} \boldsymbol{p}_{11}\cdots\boldsymbol{p}_{1n_1} & & & \\ & \boldsymbol{p}_{21}\cdots\boldsymbol{p}_{2n_2} & & \\ & & \ddots & \\ & & & \boldsymbol{p}_{n1}\cdots\boldsymbol{p}_{nn_n} \end{bmatrix}$ 是 $n\times N$ 阶的矩阵，矩阵的每列对应于一个铰，其元素是各铰链轴的单位矢量，因此称为转轴矩阵；

$\boldsymbol{\varphi} = [\varphi_{11} \quad \cdots \quad \varphi_{1n_1},\cdots,\varphi_{a1} \quad \cdots \quad \varphi_{an_a},\cdots,\varphi_{n1} \quad \cdots \quad \varphi_{nn_n}]^{\mathrm{T}}$ 是一个 $N\times 1$ 阶的列阵。

刚体 $B_{i^-(a)}$ 对 $B_{i^+(a)}$ 的相对角加速度用 $\dot{\overline{\omega}}_a$ 表示，需要指出的是，$\overline{\omega}_a$ 在基 $e^{i^-(a)}$ 中的导数和在基 $e^{i^+(a)}$ 中的导数相等，即 $\dot{\overline{\omega}}_a^{i^+(a)} = \dot{\overline{\omega}}_a^{i^-(a)} = \dot{\overline{\omega}}_a$，由此可得

$$\dot{\overline{\omega}}_a = \sum_{l=1}^{n_a}\left(\boldsymbol{p}_{al}\ddot{\varphi}_{al} + \sum_{r=1}^{n_a}\frac{\partial \boldsymbol{p}_{al}}{\partial \varphi_{ar}}\dot{\varphi}_{al}\dot{\varphi}_{ar}\right) = \sum_{l=1}^{n_a}\boldsymbol{p}_{al}\ddot{\varphi}_{al} + \zeta_a, a = 1,2,\cdots,n \tag{3.71}$$

式中定义

$$\zeta_a = \sum_{l=1}^{n_a}\sum_{r=1}^{n_a}\frac{\partial \boldsymbol{p}_{al}}{\partial \varphi_{ar}}\dot{\varphi}_{al}\dot{\varphi}_{ar}, a = 1,2,\cdots,n \tag{3.72}$$

将式(3.71)改写成矩阵形式，即

$$\dot{\overline{\boldsymbol{\omega}}} = \boldsymbol{p}^{\mathrm{T}}\ddot{\varphi} + \boldsymbol{\zeta} \tag{3.73}$$

式中

$$\boldsymbol{\zeta} = [\zeta_1 \quad \cdots \quad \zeta_a \quad \cdots \quad \zeta_n]^{\mathrm{T}}$$

图3.14表示的是一个纯转动铰多刚体系统内由零刚体 B_0 至某个刚体 B_i 的有向通路的结构简图。

若刚体在惯性空间中运动，则刚体 B_i 的绝对角速度 ω_i 可以表示为 B_0 至 B_i 的通路上各对邻接刚体的相对角速度 $\overline{\omega}_a$ 与零刚体的角速度 ω_0 之和，即

$$\omega_i = -\sum_{a=1}^{n} T_{ai}\overline{\omega}_a + \omega_0, i = 1,2,\cdots,n \tag{3.74}$$

引入通路矩阵的元素 T_{ai} 是为了把 B_0 至 B_i 的有向通路分出来，并提供正确的正负号。将其改写成矩阵形式后代入式(3.70)导出

$$\omega = -\boldsymbol{T}\,\overline{\omega} + \omega_0\boldsymbol{L} = -(\boldsymbol{pT})^{\mathrm{T}}\dot{\varphi} + \omega_0\boldsymbol{L} = \boldsymbol{\beta}\,\dot{\varphi} + \omega_0\boldsymbol{L} \tag{3.75}$$

式中，$\boldsymbol{\beta} = -(\boldsymbol{pT})^{\mathrm{T}}$。

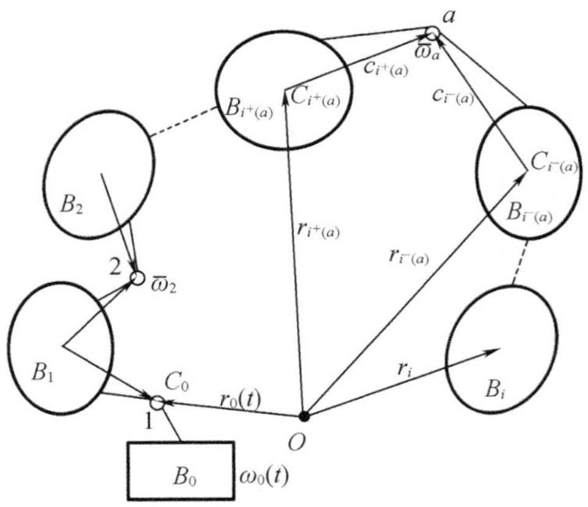

图 3.14　纯转动铰多刚体系统内由零刚体 B_0 至刚体 B_i 的有向通路

由式(3.75)可以导出变分关系

$$\delta\boldsymbol{\pi} = -(\boldsymbol{pT})^{\mathrm{T}}\delta\boldsymbol{\varphi} = \boldsymbol{\beta}\delta\boldsymbol{\varphi} \tag{3.76}$$

式中，$\delta\boldsymbol{\pi} = [\delta\pi_1 \quad \cdots \quad \delta\pi_n]^{\mathrm{T}}$ 是各刚体在惯性空间的无限小转动。

将式(3.74)对时间求导，得到刚体 B_i 的绝对角加速度 $\dot{\omega}$ 为

$$\dot{\omega}_i = -\sum_{a=1}^{n} T_{ai}\dot{\overline{\omega}}_a + \dot{\omega}_0, i = 1,2,\cdots,n \tag{3.77}$$

求式(3.77)中的绝对导数 $\dot{\overline{\omega}}_a$时，以 $e^{i^+(a)}$ 或 $e^{i^-(a)}$ 为动系都是一样的。事实上，由相对角速度的定义有

$$\overline{\omega}_a = \omega_{i^-(a)} - \omega_{i^+(a)}, a = 1,2,\cdots,n \tag{3.78}$$

用 $\overline{\omega}_a$ 右叉乘式(3.78)得 $\omega_{i^-(a)} \times \overline{\omega}_a = \omega_{i^+(a)} \times \overline{\omega}_a$，因此 $\dot{\overline{\omega}}_a = \dot{\overline{\omega}}_a + \omega_{i^+(a)} \times \overline{\omega}_a = \dot{\overline{\omega}}_a + \omega_{i^-(a)} \times \overline{\omega}_a$。$\omega_{i^-(a)}$ 可根据式(3.74)计算，于是有

$$\dot{\omega}_i = -\sum_{a=1}^{n} T_{ai}(\dot{\overline{\omega}}_a + \zeta_a^*) + \dot{\omega}_0, i = 1,2,\cdots,n \tag{3.79}$$

式中，$\zeta_a^* = \omega_{i^-(a)} \times \overline{\omega}_a, a = 1,2,\cdots,n$。

将式(3.79)改写成矩阵形式，再带入式(3.73)得

$$\begin{aligned}\dot{\omega} &= -\boldsymbol{T}^{\mathrm{T}}(\dot{\overline{\omega}} + \zeta^*) + \dot{\omega}_0\boldsymbol{L} = -\boldsymbol{T}^{\mathrm{T}}(\boldsymbol{p}^{\mathrm{T}}\ddot{\varphi} + \zeta + \zeta^*) + \dot{\omega}_0\boldsymbol{L} \\ &= -(\boldsymbol{pT})^{\mathrm{T}}\ddot{\varphi} - \boldsymbol{T}^{\mathrm{T}}(\zeta + \zeta^*) + \dot{\omega}_0\boldsymbol{L} = \boldsymbol{\beta}\,\ddot{\varphi} + \boldsymbol{\nu}\end{aligned} \tag{3.80}$$

式中，$\boldsymbol{\nu} = -T^{\mathrm{T}}(\zeta + \zeta^*) + \dot{\omega}_0\boldsymbol{L}$。

在角加速度的表达式(式(3.80))中，$\dot{\omega}_0$是已知的时间函数，矩阵 $\boldsymbol{p}$ 是广义坐标的函数，$\zeta + \zeta^*$ 是广义坐标及其对时间的一次导数的函数。

②系统各刚体质心的位置、速度和加速度

为了求出系统内各刚体质心的速度和加速度，首先要导出刚体质心位置矢径的表达式。在图 3.14 中，对于某个铰 $H_a(a = 1,2,\cdots,n)$ 连接的两个邻接刚体 $B_{i^+(a)}$ 和 $B_{i^-(a)}$，用 $\boldsymbol{r}_{i^+(a)}$ 及 $\boldsymbol{r}_{i^-(a)}$ 表示质心 $C_{i^+(a)}$ 和 $C_{i^-(a)}$ 对惯性空间中参考点 O 的位置矢径，$\boldsymbol{c}_{i^+(a)}$ 及 $\boldsymbol{c}_{i^-(a)}$ 是

刚体 $B_{i^+(a)}$ 和 $B_{i^-(a)}$ 的连体矢量，分别从质心 $C_{i^+(a)}$ 和 $C_{i^-(a)}$ 指向铰链点 a。对于球铰链，铰链点是几何中心；对于万向节，是两根转动轴线的交点；对于转动副，是转动轴上的任意点。规定零刚体 B_0 上的 C_0 点不是质心，而是连体基 $e^{(0)}$ 的原点。C_0 对 O 点的位置矢径 $\boldsymbol{r}_0$ 是时间的已知函数，由图 3.14 可见，刚体 B_i 质心的位置矢径 $\boldsymbol{r}_i$ 总可以表示为 B_0 至 B_i 通路上的各连体矢量 $\boldsymbol{c}_{ia}$ 与 $\boldsymbol{r}_0$ 之和，即

$$\boldsymbol{r}_i = -\sum_{a=1}^{n} T_{ai}(\boldsymbol{c}_{i^+(a)a} - \boldsymbol{c}_{i^-(a)a}) + \boldsymbol{r}_0, i = 1,2,\cdots,n \tag{3.81}$$

引入通路矩阵元素是为了把 B_0 至 B_i 的通路分出来，并提供正确的正负号。考察式(3.81)中的连体矢量 $\boldsymbol{c}_{ia}(i,a=1,2,\cdots,n)$，对于零刚体 B_0，因为 H_1 是转动铰，取 C_0 与铰点 1 重合比较方便，所以 $c_{01}=0$；此外，除了铰 H_1 以外，任何其他铰 $H_a(a=2,3,\cdots,n)$ 都不与零刚体连接，所以 $c_{02},\cdots,c_{0n}$ 没有意义。因此，规定 $c_{0a}=0(a=1,2,\cdots,n)$。对于其余刚体 B_i，所有的矢量 $\boldsymbol{c}_{ia}(i,a=1,2,\cdots,n)$ 仅当铰 H_a 与刚体 B_i 连接时才有实际意义，这些矢量说明了刚体 B_i 上铰的分布情况，因此称为铰位置矢量。引入关联矩阵元素后，可以定义另外的矢量，即

$$\boldsymbol{C}_{ia} = \boldsymbol{S}_{ia}\boldsymbol{c}_{ia},\quad i,a=1,2,\cdots,n \tag{3.82}$$

式(3.82)表示一个 $n\times n$ 矩阵，即

$$\boldsymbol{C} = \begin{bmatrix} C_{11} & \cdots & C_{1n} \\ \vdots & & \vdots \\ C_{n1} & \cdots & C_{nn} \end{bmatrix} \tag{3.83}$$

按照 $\boldsymbol{S}_{ia}$ 的定义，对于不与刚体 $\boldsymbol{B}_i$ 关联的那些铰，$\boldsymbol{C}_{ia}=0$。当 $B_i=B_{i^+(a)}$ 时，$\boldsymbol{C}_{i^+(a)a}=\boldsymbol{c}_{i^+(a)a}$，当 $B_i=B_{i^-(a)}$ 时，$\boldsymbol{C}_{i^-(a)a}=-\boldsymbol{c}_{i^-(a)a}$，于是有

$$\sum_{j=1}^{n}\boldsymbol{C}_{ja} = \sum_{j=1}^{n}\boldsymbol{S}_{ja}\boldsymbol{c}_{ja} = \boldsymbol{c}_{i^+(a)a} - \boldsymbol{c}_{i^-(a)a},\quad i,a=1,2,\cdots,n \tag{3.84}$$

将式(3.84)带入式(3.81)，得

$$\boldsymbol{r}_i = -\sum_{j=1}^{n}\sum_{a=1}^{n}\boldsymbol{C}_{ja}\boldsymbol{T}_{ai} + \boldsymbol{r}_0 = -\sum_{j=1}^{n}\boldsymbol{d}_{ji} + \boldsymbol{r}_0,\quad i=1,2,\cdots,n \tag{3.85}$$

式中

$$\boldsymbol{d}_{ji} = \sum_{a=1}^{n}\boldsymbol{C}_{ja}\boldsymbol{T}_{ai} = \sum_{a=1}^{n}\boldsymbol{T}_{ai}\boldsymbol{S}_{ja}\boldsymbol{c}_{ja},\quad i,j=1,2,\cdots,n$$

将式(3.85)改写成矩阵形式得

$$\boldsymbol{r} = -(\boldsymbol{CT})^{\mathrm{T}}\boldsymbol{L} + \boldsymbol{r}_0\boldsymbol{L} = -\boldsymbol{D}^{\mathrm{T}}\boldsymbol{L} + \boldsymbol{r}_0\boldsymbol{L} \tag{3.86}$$

式中，$\boldsymbol{D}=\boldsymbol{CT}$ 或 $\boldsymbol{D}^{\mathrm{T}}=(\boldsymbol{CT})^{\mathrm{T}}$。

式(3.86)就是要求的树形多刚体系统各刚体质心位置矢径的矩阵形式表达式。

将式(3.85)对时间求导，可得到系统内刚体 B_i 的质心速度表达式为

$$\dot{\boldsymbol{r}}_i = -\sum_{j=1}^{n}\boldsymbol{\omega}_j\times\boldsymbol{d}_{ji} + \dot{\boldsymbol{r}}_0,\quad i=1,2,\cdots,n \tag{3.87}$$

将式(3.87)改写成矩阵形式得

$$\dot{\boldsymbol{r}} = (\boldsymbol{CT})^{\mathrm{T}}\times\boldsymbol{\omega} + \dot{\boldsymbol{r}}_0\boldsymbol{L} = \boldsymbol{D}^{\mathrm{T}}\times\boldsymbol{\omega} + \dot{\boldsymbol{r}}_0\boldsymbol{L} \tag{3.88}$$

将式(3.75)带入式(3.88)得

$$\dot{\boldsymbol{r}} = (\boldsymbol{pT} \times \boldsymbol{CT})^{\mathrm{T}} \dot{\varphi} + (\boldsymbol{CT})^{\mathrm{T}} \times \omega_0 \boldsymbol{L} + \dot{\boldsymbol{r}} \boldsymbol{L} = \boldsymbol{\kappa} \dot{\varphi} + (\boldsymbol{CT})^{\mathrm{T}} \times \omega_0 \boldsymbol{L} + \dot{\boldsymbol{r}} \boldsymbol{L} \tag{3.89}$$

式中，$\boldsymbol{\kappa} = (\boldsymbol{pT} \times \boldsymbol{CT})^{\mathrm{T}} = (\boldsymbol{pT} \times \boldsymbol{D})^{\mathrm{T}}$

由式(3.89)可以导出变分关系，即

$$\delta \boldsymbol{r} = (\boldsymbol{pT} \times \boldsymbol{CT})^{\mathrm{T}} \delta\varphi = \boldsymbol{\kappa} \delta\varphi \tag{3.90}$$

将式(3.85)对时间求两次导数，可得到系统内刚体 B_i 的质心加速度表达式为

$$\ddot{\boldsymbol{r}}_i = -\sum_{j=1}^{n} \dot{\boldsymbol{\omega}}_j \times \boldsymbol{d}_{ji} - \sum_{j=1}^{n} \boldsymbol{\omega}_j \times (\boldsymbol{\omega}_j \times \boldsymbol{d}_{ji}) + \ddot{\boldsymbol{r}}_0, i = 1,2,\cdots,n \tag{3.91}$$

式中

$$\sum_{j=1}^{n} \boldsymbol{\omega}_j \times (\boldsymbol{\omega}_j \times \boldsymbol{d}_{ji}) = \sum_{j=1}^{n} \boldsymbol{\omega}_j \times \left(\boldsymbol{\omega}_j \times \sum_{a=1}^{n} \boldsymbol{T}_{ai} \boldsymbol{S}_{ja} \boldsymbol{c}_{ja}\right) = \sum_{a=1}^{n} \boldsymbol{T}_{ai} \boldsymbol{g}_a$$

其中 $\boldsymbol{g}_a = \boldsymbol{\omega}_{i^+(a)} \times (\boldsymbol{\omega}_{i^+(a)} \times \boldsymbol{c}_{i^+(a)a}) - \boldsymbol{\omega}_{i^-(a)} \times (\boldsymbol{\omega}_{i^-(a)} \times \boldsymbol{c}_{i^-(a)a}), i = 1,2,\cdots,n$。

将式(3.91)改写成矩阵形式得

$$\ddot{\boldsymbol{r}} = (\boldsymbol{CT})^{\mathrm{T}} \times \dot{\boldsymbol{\omega}} - \boldsymbol{T}^{\mathrm{T}} \boldsymbol{g} + \ddot{\boldsymbol{r}}_0 \boldsymbol{L} = \boldsymbol{D}^{\mathrm{T}} \times \dot{\boldsymbol{\omega}} - \boldsymbol{T}^{\mathrm{T}} \boldsymbol{g} + \ddot{\boldsymbol{r}}_0 \boldsymbol{L} \tag{3.92}$$

将角加速度的表达式(式(3.80))带入式(3.92)得

$$\begin{aligned} \ddot{\boldsymbol{r}} &= (\boldsymbol{pT} \times \boldsymbol{CT})^{\mathrm{T}} \times \ddot{\varphi} + (\boldsymbol{CT})^{\mathrm{T}} \times [-\boldsymbol{T}^{\mathrm{T}}(\zeta + \zeta^*) + \dot{\omega}_0 \boldsymbol{L}] - \boldsymbol{T}^{\mathrm{T}} \boldsymbol{g} + \ddot{\boldsymbol{r}}_0 \boldsymbol{L} \\ &= \boldsymbol{\kappa} \ddot{\varphi} + (\boldsymbol{CT})^{\mathrm{T}} \times \boldsymbol{\nu} - \boldsymbol{T}^{\mathrm{T}} \boldsymbol{g} + \ddot{\boldsymbol{r}}_0 \boldsymbol{L} = \boldsymbol{\kappa} \ddot{\varphi} + \boldsymbol{u} \end{aligned} \tag{3.93}$$

式中，$\boldsymbol{u} = (\boldsymbol{CT})^{\mathrm{T}} \times \boldsymbol{\nu} - \boldsymbol{T}^{\mathrm{T}} \boldsymbol{g} + \ddot{\boldsymbol{r}}_0 \boldsymbol{L} = \boldsymbol{D}^{\mathrm{T}} \times \boldsymbol{\nu} - \boldsymbol{T}^{\mathrm{T}} \boldsymbol{g} + \ddot{\boldsymbol{r}}_0 \boldsymbol{L}$。

(2)任意铰多刚体系统运动分析

本小节所研究的多刚体系统是铰链具有任意完整约束的一般情况，约束可以是定常的，也可以是非定常的。这类系统的铰链除了有前述三种纯转动铰外，还有允许邻接刚体做相对移动的铰链。例如，机构中常见的移动副和圆柱副，分别具有一个自由度和两个自由度；或者具有 $n_a(1 \leqslant n_a \leqslant 6)$ 个自由度的铰，这类铰连接的两个邻接刚体之间不仅有相对转动，还可以有相对移动，所以相对运动自由度数目在范围 $1 \leqslant n_a \leqslant 6$ 之内，为了描述两个邻接刚体彼此间的相对运动，需要同样数目的广义坐标 $q_{a1},\cdots,q_{an_a}$。

①邻接刚体之间的相对运动

图 3.15 给出了这类铰 $H_a(a=1,2,\cdots,n)$ 连接两个邻接刚体 $B_{i^+(a)}$ 和 $B_{i^-(a)}$ 的示意图，刚体 $B_{i^-(a)}$ 相对刚体 $B_{i^+(a)}$ 的运动，可以分解为随刚体 $B_{i^-(a)}$ 上某个基点 a 的相对移动和绕此基点的相对转动。

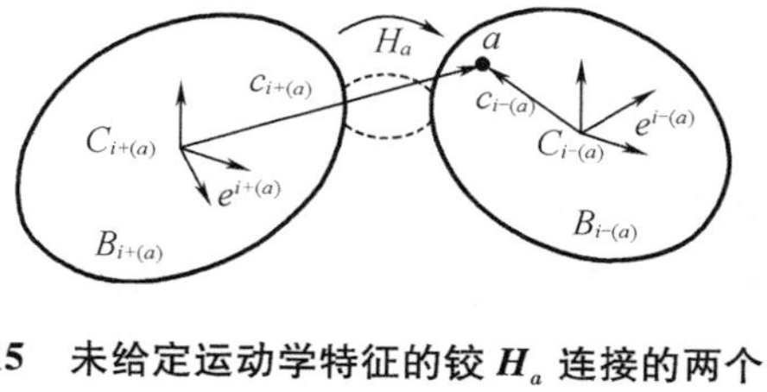

图 3.15　未给定运动学特征的铰 H_a 连接的两个刚体

在刚体 $B_{i^-(a)}$ 上选定的基点 a 表征了刚体 $B_{i^-(a)}$ 对 $B_{i^+(a)}$ 的相对位置，定义为铰点 a。铰点 a 在刚体 $B_{i^-(a)}$ 的连体基 $e^{i^-(a)}$ 中的位置由矢量 $\boldsymbol{c}_{i^-(a)a}$ 确定，它是刚体 $B_{i^-(a)}$ 的连体矢量；铰点 a 在刚体 $B_{i^+(a)}$ 的连体基 $e^{i^+(a)}$ 中的位置由矢量 $\boldsymbol{c}_{i^+(a)a}$ 确定，与纯转动铰的情况不

同,现在的矢量 $\boldsymbol{c}_{i+(a)a}$ 不是刚体 $B_{i+(a)}$ 的连体矢量,它是广义坐标 $q_{al}(l=1,2,\cdots,n_a)$ 的函数。已经知道,对于纯转动铰,可以选择铰点使得不仅 $\boldsymbol{c}_{i-(a)a}$ 是连体矢量,而且 $\boldsymbol{c}_{i+(a)a}$ 也是相应刚体的连体矢量。在选定铰点之后,矢量 $\boldsymbol{c}_{i+(a)a}$ 就确定了刚体 $B_{i-(a)}$ 对 $B_{i+(a)}$ 的相对位置,至于 $B_{i-(a)}$ 对 $B_{i+(a)}$ 的相对方位,与纯转动铰链的情况相同,仍由它们的连体基 $e^{i-(a)}$ 与 $e^{i+(a)}$ 之间的变换矩阵 $\boldsymbol{G}_a$ 描述,$\boldsymbol{G}_a$ 由如下方程决定:

$$e^{i-(a)}=\boldsymbol{G}_a e^{i+(a)} \tag{3.94}$$

于是两个邻接刚体 $B_{i-(a)}$ 对 $B_{i+(a)}$ 的相对位置和方位可由 $\boldsymbol{c}_{i+(a)a}$ 与 $\boldsymbol{G}_a$ 完全确定。假设所研究系统铰中的约束都是定常的,于是 $\boldsymbol{c}_{i+(a)a}$ 和 $\boldsymbol{G}_a$ 均为广义坐标的函数,即

$$\boldsymbol{c}_{i+(a)a}=\boldsymbol{c}_{i+(a)a}[q_{a1}\quad\cdots\quad q_{an_a}],a=1,2\cdots n \tag{3.95}$$

$$\boldsymbol{G}_a=\boldsymbol{G}_a[q_{a1}\quad\cdots\quad q_{an_a}],a=1,2,\cdots,n \tag{3.96}$$

刚体 $B_{i-(a)}$ 对 $B_{i+(a)}$ 的相对角速度 $\overline{\boldsymbol{\omega}}_a$ 可以用广义坐标表示为

$$\overline{\boldsymbol{\omega}}_a=\sum_{l=1}^{n_a}\boldsymbol{p}_{al}\dot{q}_{al},a=1,2,\cdots,n \tag{3.97}$$

将式(3.97)改写成矩阵形式得

$$\overline{\boldsymbol{\omega}}=\boldsymbol{p}^{\mathrm{T}}\dot{\boldsymbol{q}} \tag{3.98}$$

式中,$\boldsymbol{q}=[q_{11}\quad\cdots\quad q_{1n_1},q_{21}\quad\cdots\quad q_{2n_2},\cdots,q_{n1}\quad\cdots\quad q_{nn_n}]^{\mathrm{T}}$ 是一个 $N\times 1$ 阶的列阵 $\left(N=\sum_{a=1}^{n}n_a\text{ 为系统自由度数}\right)$。

式(3.98)就是纯转动铰相对角速度表达式(式(3.70))的推广。

刚体 $B_{i-(a)}$ 对 $B_{i+(a)}$ 的相对角加速度可由式(3.97)对时间求局部导数得出,即

$$\dot{\overline{\boldsymbol{\omega}}}_a=\sum_{l=1}^{n_a}\boldsymbol{p}_{al}\ddot{q}_{al}+\boldsymbol{\zeta}_a,a=1,2,\cdots,n \tag{3.99}$$

式中

$$\boldsymbol{\zeta}_a=\sum_{l=1}^{n_a}\sum_{r=1}^{n_a}\frac{\partial\boldsymbol{p}_{al}}{\partial q_{ar}}\dot{q}_{al}\dot{q}_{ar},a=1,2,\cdots,n$$

将式(3.99)改写成矩阵形式得

$$\dot{\overline{\boldsymbol{\omega}}}=\boldsymbol{p}^{\mathrm{T}}\ddot{\boldsymbol{q}}+\boldsymbol{\zeta} \tag{3.100}$$

式(3.100)就是纯转动铰相对角速度表达式(3.73)的推广。

下面研究铰点 a 相对矢量基 $e^{i+(a)}$ 的速度和加速度。为了求出铰点 a 的相对速度,可将式(3.95)中的矢量 $\boldsymbol{c}_{i+(a)a}$ 在基 $e^{i+(a)}$ 中求一次导数,即

$$\dot{\boldsymbol{c}}_{i+(a)a}=\sum_{l=1}^{n_a}\frac{\partial\boldsymbol{c}_{i+(a)a}}{\partial q_{al}}\dot{q}_{al}=\sum_{l=1}^{n_a}k_{al}\dot{q}_{al},a=1,2,\cdots,n \tag{3.101}$$

式中

$$k_{al}=\frac{\partial\boldsymbol{c}_{i+(a)a}}{\partial q_{al}},a=1,2,\cdots,n;l=1,2,\cdots,n_a$$

若 q_{al} 是线坐标,则矢量 $\boldsymbol{k}_{al}$ 是表示滑移轴方向的一个单位矢量;若 q_{al} 是转角,则相应的

k_{al}均为零。

将式(3.101)改写成矩阵形式得

$$\dot{\boldsymbol{c}}^{+}=\boldsymbol{k}^{\mathrm{T}}\dot{\boldsymbol{q}} \tag{3.102}$$

式中,$\dot{\boldsymbol{c}}^{+}=[\dot{c}_{i+(1)1}\quad \dot{c}_{i+(2)2}\quad \cdots\quad \dot{c}_{i+(n)n}]^{\mathrm{T}}$是$n\times 1$阶的列阵;

$$\boldsymbol{k}^{\mathrm{T}}=\begin{bmatrix} k_{11}\cdots k_{1n_1} & & & \\ & k_{21}\cdots k_{2n_2} & & \\ & & \ddots & \\ & & & k_{n1}\cdots k_{nn_n}\end{bmatrix} \tag{3.103}$$

式(3.103)是$n\times N$阶的矩阵,$\boldsymbol{k}$是滑移轴矩阵,与转轴矩阵$\boldsymbol{p}$类似。

为了求出铰点a的相对加速度,可将式(3.95)中的矢量$\boldsymbol{c}_{i+(a)a}$在基$e^{i+(a)}$中求两次导数,得

$$\ddot{\boldsymbol{c}}_{i+(a)a}=\sum_{l=1}^{n_a}\frac{\partial \boldsymbol{c}_{i+(a)a}}{\partial q_{al}}\ddot{q}_{al}+\sum_{l=1}^{n_a}\sum_{r=1}^{n_a}\frac{\partial^2 \boldsymbol{c}_{i+(a)a}}{\partial q_{al}\partial q_{ar}}\dot{q}_{al}\dot{q}_{ar}=\sum_{l=1}^{n_a}\bar{k}_{al}\ddot{q}_{al}+s_a,a=1,2,\cdots,n \tag{3.104}$$

式中,$s_a=\sum_{l=1}^{n_a}\sum_{r=1}^{n_a}\frac{\partial^2 \boldsymbol{c}_{i+(a)a}}{\partial q_{al}\partial q_{ar}}\dot{q}_{al}\dot{q}_{ar},a=1,2,\cdots,n$,是低阶项。

将式(3.104)改写成矩阵形式得

$$\ddot{\boldsymbol{c}}^{+}=\boldsymbol{k}^{\mathrm{T}}\ddot{\boldsymbol{q}}+\boldsymbol{s} \tag{3.105}$$

式中

$$\ddot{\boldsymbol{c}}^{+}=[\ddot{c}_{i+(1)1}\quad \ddot{c}_{i+(2)2}\quad \cdots\quad \ddot{c}_{i+(n)n}]^{\mathrm{T}}$$

$$\boldsymbol{s}=[s_1\quad s_2\quad \cdots\quad s_n]^{\mathrm{T}}$$

②刚体在惯性空间中的运动

对于具有任意完整约束铰的树形多刚体系统,每个刚体在惯性空间中的方位、绝对角速度和绝对角加速度的求法与具有纯转动铰链的系统相同,只需重复式(3.74)至式(3.80)的工作,但是应该注意这些公式中的相对角速度和相对角加速度要用式(3.97)至式(3.100)来给出。由此导出的绝对角速度为

$$\boldsymbol{\omega}=-(\boldsymbol{pT})^{\mathrm{T}}\dot{q}+\omega_0\boldsymbol{L}=\boldsymbol{\beta}\dot{q}+\omega_0\boldsymbol{L} \tag{3.106}$$

方位变分为

$$\delta\pi=-(\boldsymbol{pT})^{\mathrm{T}}\delta q=\boldsymbol{\beta}\delta q \tag{3.107}$$

绝对加速度为

$$\dot{\boldsymbol{\omega}}=-(\boldsymbol{pT})^{\mathrm{T}}\times\ddot{q}-\boldsymbol{T}^{\mathrm{T}}(\zeta+\zeta^{*})+\dot{\omega}_0\boldsymbol{L}=\boldsymbol{\beta}\ddot{q}+\boldsymbol{\nu} \tag{3.108}$$

以上三式是纯转动铰链系统的角速度、方位变分和角加速度表达式(式(3.75)、式(3.76)和式(3.80))的推广。

刚体B_i的质心位置矢径$\boldsymbol{r}_i$可以直接引用纯转动铰系统的式(3.66),即

$$\boldsymbol{r}_i=-\sum_{a=1}^{n}\boldsymbol{T}_{ai}(\boldsymbol{c}_{i^{+}(a)a}-\boldsymbol{c}_{i^{-}(a)a})+\boldsymbol{r}_0,i=1,2,\cdots,n \tag{3.109}$$

但是应该注意,现在式中的铰位置矢量$\boldsymbol{c}_{i+(a)a}$和通路矢量不再是连体矢量,而是广义坐

标 $q_{al}(l=1,2,\cdots,n_a)$ 的函数。将式(3.109)改写为矩阵形式有

$$\boldsymbol{r}=-\boldsymbol{T}^{\mathrm{T}}(\boldsymbol{c}^{+}-\boldsymbol{c}^{-})+\boldsymbol{r}_0\boldsymbol{L} \tag{3.110}$$

式中,$\boldsymbol{c}^{+}$ 和 $\boldsymbol{c}^{-}$ 是 $n\times1$ 列阵,它们的元素是按照顺序 $a=1,2,\cdots,n$ 分别排列的矢量 $\boldsymbol{c}_{i^{+}(a)a}$ 和 $\boldsymbol{c}_{i^{-}(a)a}$。将式(3.109)和式(3.110)对时间求导,得到刚体质心的绝对速度为

$$\dot{\boldsymbol{r}}_i=-\sum_{a=1}^{n}\boldsymbol{T}_{ai}(\dot{\boldsymbol{c}}_{i^{+}(a)a}-\dot{\boldsymbol{c}}_{i^{-}(a)a})+\dot{\boldsymbol{r}}_0 \tag{3.111}$$

其矩阵形式为

$$\dot{\boldsymbol{r}}=-\boldsymbol{T}^{\mathrm{T}}(\dot{\boldsymbol{c}}^{+}-\dot{\boldsymbol{c}}^{-})+\dot{\boldsymbol{r}}_0\boldsymbol{L} \tag{3.112}$$

因为矢量 $\boldsymbol{c}_{i^{+}(a)a}$ 是变矢量,$\boldsymbol{c}_{i^{-}(a)a}$ 是连体矢量,故它们的导数分别为

$$\dot{c}_{ia}=\begin{cases}\dot{c}_{ia}+\omega_i\times c_{ia}\\ \omega_i\times c_{ia}\end{cases}=\begin{cases}\sum\limits_{l=1}^{n_a}k_{al}\dot{q}_{al}-c_{ia}\times\omega_i, & i=i^{+}(a)\\ -c_{ia}\times\omega_i, & i=i^{-}(a)\end{cases} \tag{3.113}$$

将式(3.113)代入式(3.111)右端的第一项,得到含 $\dot{q}_{al}$ 项的矩阵形式为 $-\boldsymbol{T}^{\mathrm{T}}\boldsymbol{k}^{\mathrm{T}}\dot{\boldsymbol{q}}$,其中矩阵 $\boldsymbol{k}$ 由式(3.103)给出,含 ω_i 的项为

$$\sum_{a=1}^{n}\boldsymbol{T}_{ai}(\boldsymbol{c}_{i^{+}(a)a}-\boldsymbol{c}_{i^{-}(a)a})\times\omega_i=\sum_{j=1}^{n}\sum_{a=1}^{n}\boldsymbol{C}_{ja}\boldsymbol{T}_{ai}\times\omega_i,i=1,2,\cdots,n \tag{3.114}$$

其矩阵形式为$(\boldsymbol{CT})^{\mathrm{T}}\times\boldsymbol{\omega}$,其中 $\boldsymbol{C}$ 由式(3.83)给出。对于具有任意完整约束铰链的系统,零刚体 B_0 的连体基 $e^{(0)}$ 的原点 C_0 不能像在纯转动铰链系统中那样取在铰点 1,而是取在 B_0 上某一点;又因为零刚体 B_0 只与 H_1 连接,故有

$$c_{0a}=\begin{cases}c_{01}, & a=1\\ 0, & a=2,\cdots,n\end{cases} \tag{3.115}$$

则含 ω_0 项的矩阵形式为 $\boldsymbol{\omega}_0\times\boldsymbol{c}_{01}\boldsymbol{L}$,于是式(3.112)化为

$$\dot{\boldsymbol{r}}=(\boldsymbol{CT})^{\mathrm{T}}\times\boldsymbol{\omega}-(\boldsymbol{kT})^{\mathrm{T}}\dot{\boldsymbol{q}}+\dot{\boldsymbol{r}}_0\boldsymbol{L}+\boldsymbol{\omega}_0\times\boldsymbol{c}_{01}\boldsymbol{L} \tag{3.116}$$

将式(3.106)带入式(3.116),得

$$\begin{aligned}\dot{\boldsymbol{r}}&=(\boldsymbol{pT}\times\boldsymbol{CT}-\boldsymbol{kT})^{\mathrm{T}}\dot{\boldsymbol{q}}+(\boldsymbol{CT})^{\mathrm{T}}\times\boldsymbol{\omega}_0\boldsymbol{L}+\dot{\boldsymbol{r}}_0\boldsymbol{L}+\boldsymbol{\omega}_0\times\boldsymbol{c}_{01}\boldsymbol{L}\\&=\boldsymbol{\kappa}\dot{\boldsymbol{q}}+(\boldsymbol{CT})^{\mathrm{T}}\times\boldsymbol{\omega}_0\boldsymbol{L}+\dot{\boldsymbol{r}}_0\boldsymbol{L}+\boldsymbol{\omega}_0\times\boldsymbol{c}_{01}\boldsymbol{L}\end{aligned} \tag{3.117}$$

式中

$$\boldsymbol{\kappa}=(\boldsymbol{pT}\times\boldsymbol{CT}-\boldsymbol{kT})^{\mathrm{T}}$$

由式(3.117)可以导出变分关系,即

$$\delta\boldsymbol{r}=(\boldsymbol{pT}\times\boldsymbol{CT}-\boldsymbol{kT})^{\mathrm{T}}\delta q=\boldsymbol{\kappa}\delta q \tag{3.118}$$

将式(3.109)和式(3.110)对时间求两次导数,得到刚体质心的绝对加速度为

$$\ddot{\boldsymbol{r}}_i=-\sum_{a=1}^{n}\boldsymbol{T}_{ai}(\ddot{\boldsymbol{c}}_{i^{+}(a)a}-\ddot{\boldsymbol{c}}_{i^{-}(a)a})+\ddot{\boldsymbol{r}}_0 \tag{3.119}$$

其矩阵形式为

$$\ddot{\boldsymbol{r}}=-\boldsymbol{T}^{\mathrm{T}}(\ddot{\boldsymbol{c}}^{+}-\ddot{\boldsymbol{c}}^{-})+\ddot{\boldsymbol{r}}_0\boldsymbol{L} \tag{3.120}$$

矢量 $\boldsymbol{c}_{i^{+}(a)a}$ 和 $\boldsymbol{c}_{i^{-}(a)a}$ 对时间的二次导数分别为

$$\ddot{c}_{ia} = \begin{cases} \sum_{l=1}^{n_a} k_{al}\ddot{q}_{al} + s_a - c_{ia} \times \dot{\omega} \times (\omega_i \times c_{ia}) + 2\omega_i \times \dot{c}_{ia}, & i = i^+(a) \\ - c_{ia} \times \dot{\omega} \times (\omega_i \times c_{ia}), & i = i^-(a) \end{cases} \tag{3.121}$$

将式(3.121)代入式(3.119)、式(3.111)的右端第一项,类似于速度公式的推导,得

$$\ddot{\boldsymbol{r}} = (\boldsymbol{CT})^{\mathrm{T}} \times \dot{\boldsymbol{\omega}} - (\boldsymbol{kT})^{\mathrm{T}}\ddot{\boldsymbol{q}} - \boldsymbol{T}^{\mathrm{T}}(\boldsymbol{g} + \boldsymbol{h}) + \ddot{\boldsymbol{r}}_{01}\boldsymbol{L} \tag{3.122}$$

式中,$\boldsymbol{g}$ 的元素 g_a 已经在式(3.91)中给出;$\boldsymbol{h}$ 是具有元素 $h_a = s_a + 2\omega_{i+(a)} \times \dot{c}_{i+(a)a}(a=1,2,\cdots,n)$ 的列阵;$\ddot{\boldsymbol{r}}_{01}$是一个缩写,$\ddot{\boldsymbol{r}}_{01} = \ddot{\boldsymbol{r}}_0 + \dot{\boldsymbol{\omega}}_0 \times \boldsymbol{c}_{01} + \boldsymbol{\omega}_0 \times (\boldsymbol{\omega}_0 \times \boldsymbol{c}_{01}) + 2\boldsymbol{\omega}_0 \times \dot{\boldsymbol{c}}_{01}$。

将式(3.108)带入式(3.122),得到刚体质心加速度表达式的最终形式为

$$\ddot{\boldsymbol{r}} = (\boldsymbol{pT} \times \boldsymbol{CT} - \boldsymbol{kT})^{\mathrm{T}} \times \ddot{q} + (\boldsymbol{CT})^{\mathrm{T}} \times \boldsymbol{\nu} - \boldsymbol{T}^{\mathrm{T}}(\boldsymbol{g} + \boldsymbol{h}) + \ddot{r}_{01}\boldsymbol{L} = \boldsymbol{\kappa}\ddot{q} + \boldsymbol{u} \tag{3.123}$$

式中

$$\boldsymbol{u} = (\boldsymbol{CT})^{\mathrm{T}} \times \boldsymbol{\nu} - T^{\mathrm{T}}(\boldsymbol{g} + \boldsymbol{h}) + \ddot{r}_{01}\boldsymbol{L}$$

式(3.117)、式(3.118)和式(3.123)是纯转动铰链系统刚体质心的绝对速度、位置变分、加速度表达式(式(3.89)、式(3.90)和式(3.93))的推广。

3.3 多刚体系统动力学

罗伯逊和维登伯格在推导多刚体系统动力学方程时,对纯转动铰链的系统应用了矢量力学的牛顿－欧拉方法,对具有任意完整约束铰链的系统应用了分析力学的达朗伯(或茹尔当)原理。本节将采用达朗伯原理对这两类系统进行推导,并且在动力学问题中,对于有根系统和无根系统需要分别进行研究。而在研究多刚体系统的动力学特性前,必须清楚系统各刚体的受力情况,为此必须先给出力元的数学描述与运动学分析。

3.3.1 力元

在多体系统中,如果两物体间通过弹簧、阻尼器等连接,而弹簧、阻尼器的质量很小或可以合理地等效分配到它所连接(关联)的两个物体,那么就可以认为这种连接机构仅向它所连接的两个物体施加了内力的作用,称此连接机构为力元。力元对所连接的物体的作用力与力元连接点间的距离、相对速度有关。力元按其与铰之间的关系可分为两种:

①非约束力元:力元所作用的物体及其作用力方向与系统中的铰没有关系。

②约束力元:力元作用在某个铰所连接的两个物体上,而且作用力方向沿铰的滑移轴或转动轴。

(1)非约束力元

如图3.16所示,力元 k 所关联的两个物体为内联物体 B_a 和外联物体 B_b(通常假设 $b > a$);力元在内外关联物体上的连接点分别称为力元的内联点和外联点;两物体质心到力元连接点的矢量分别为 $\boldsymbol{c}_{ak}$和 $\boldsymbol{c}_{bk}$;从力元的内联点指向力元的外联点的矢量为力元矢量 $\boldsymbol{h}_k$。我们可以将力元矢量描述为

$$\boldsymbol{h}_k = \boldsymbol{r}_b + \boldsymbol{c}_{bk} - (\boldsymbol{r}_a + \boldsymbol{c}_{ak}) \tag{3.124}$$

力元的方向矢量为

$$\boldsymbol{e}_k = \boldsymbol{h}_k \div \sqrt{\boldsymbol{h}_k \cdot \boldsymbol{h}_k} \tag{3.125}$$

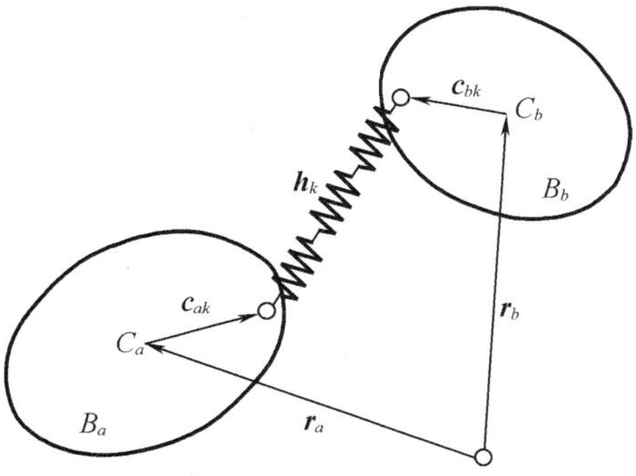

图 3.16　力元

由于非约束力元的两个连接点分别固结于所连接的两个物体上,因此力元矢量的变化率为

$$\dot{\boldsymbol{h}}_k = \dot{\boldsymbol{r}}_b + \boldsymbol{\omega}_b \times \boldsymbol{c}_{bk} - (\dot{\boldsymbol{r}}_a + \boldsymbol{\omega}_a \times \boldsymbol{c}_{ak}) \tag{3.126}$$

非约束力元对它所关联的两个物体的作用力大小相等,方向相反。另外,规定力元作用力的正方向与力元矢量同向。

非约束力元主要有下述四种类型:

①弹簧

设弹簧刚度为 k,原长为 L,则力元作用力的大小为

$$f = k(\boldsymbol{e}_k \cdot \boldsymbol{h}_k - L) \tag{3.127}$$

力元对内联物体的作用力为

$$\boldsymbol{F}_a = f\boldsymbol{e}_k \tag{3.128}$$

力元对外联物体的作用力为 $\boldsymbol{F}_b = -\boldsymbol{F}_a$。

②阻尼器

设阻尼器的阻尼系数为 ζ,则力元对内联物体的作用力为

$$\boldsymbol{F}_a = \zeta(\boldsymbol{e}_k \cdot \dot{\boldsymbol{h}}_k)\boldsymbol{e}_k \tag{3.129}$$

力元对外联物体的作用力为 $\boldsymbol{F}_b = -\boldsymbol{F}_a$。

③弹簧阻尼

设弹簧刚度为是 k,原长为 L,阻尼系数为 ζ,则力元对内联物体的作用力为

$$\boldsymbol{F}_a = k(\boldsymbol{e}_k \cdot \boldsymbol{h}_k - L)\boldsymbol{e}_k + \zeta(\boldsymbol{e}_k \cdot \dot{\boldsymbol{h}}_k)\boldsymbol{e}_k \tag{3.130}$$

力元对外联物体的作用力为 $\boldsymbol{F}_b = -\boldsymbol{F}_a$。

④主动控制

这种力元用于描述控制器对它所连接的两个物体的主动控制。作用力的大小是力元矢量及其变化率的函数。力元对内联物体的作用力为

$$\boldsymbol{F}_a = f(\boldsymbol{h}_k, \dot{\boldsymbol{h}}_k)\boldsymbol{e}_k \tag{3.131}$$

力元对外联物体的作用力为 $\boldsymbol{F}_b=-\boldsymbol{F}_a$。

需要注意的是，式(3.127)至式(3.131)中的作用力 $\boldsymbol{F}_a$ 既可以是力，也可以是力矩。

(2)约束力元

如果力元作用在相关联的两个物体上，而且作用力的方向沿铰的滑移或转动轴，那么这种力元称为约束力元。

如果 k 号约束力元加在 j 号铰的第一个转动(或滑移)自由度上，对应滑移轴为 p_{j1}，则力元矢量及其变化率为

$$\begin{cases}\boldsymbol{h}_k=(\boldsymbol{l}_{j1}-\boldsymbol{l}_0)p_{j1}\\ \dot{\boldsymbol{h}}_k=\dot{\boldsymbol{l}}_{j1}\dot{p}_{j1}\end{cases}\tag{3.132}$$

式中，l_{j1} 为当前时刻力元矢量长度；l_0 为度量力元矢量长度的参考基准。

约束力元作用力与其力元矢量的关系和非约束力元的相应关系完全相同。

3.3.2 有根树多刚体系统动力学分析

(1)达朗伯原理

将质点系的达朗伯原理应用于刚体，方程取积分形式，即

$$\int_m\delta\boldsymbol{r}\cdot(\mathrm{d}\boldsymbol{F}-\ddot{\boldsymbol{r}}\mathrm{d}\boldsymbol{m})=0\tag{3.133}$$

式中，$\mathrm{d}\boldsymbol{F}$ 是作用在质量微元 $\mathrm{d}\boldsymbol{m}$ 上的外力。参看图 3.7，对任意参考点 P，有 $\boldsymbol{r}=\boldsymbol{r}_P+\boldsymbol{\rho}$，$\ddot{\boldsymbol{r}}=\ddot{\boldsymbol{r}}_P+\ddot{\boldsymbol{\rho}}$，$\delta\boldsymbol{r}=\delta\boldsymbol{r}_P+\delta\boldsymbol{\rho}=\delta\boldsymbol{r}_P+\delta\pi\times\boldsymbol{\rho}$，$\delta\pi$ 为无限小转动对应的虚转角。将以上关系代入达朗伯原理公式，得

$$\int_m(\delta\boldsymbol{r}_P+\delta\pi\times\boldsymbol{\rho})\cdot[\mathrm{d}\boldsymbol{F}-(\ddot{\boldsymbol{r}}_P+\ddot{\boldsymbol{\rho}})\mathrm{d}\boldsymbol{m}]=0\tag{3.134}$$

将式(3.134)展开得

$$\int_m\delta\boldsymbol{r}_P[\mathrm{d}\boldsymbol{F}-(\ddot{\boldsymbol{r}}_P+\ddot{\boldsymbol{\rho}})\mathrm{d}\boldsymbol{m}]+\int_m\delta\pi\times\boldsymbol{\rho}\cdot\mathrm{d}\boldsymbol{F}-\int_m\delta\pi\times\boldsymbol{\rho}\cdot\ddot{\boldsymbol{r}}_P\mathrm{d}\boldsymbol{m}-\int_m\delta\pi\times\boldsymbol{\rho}\cdot\ddot{\boldsymbol{\rho}}\mathrm{d}\boldsymbol{m}=0\tag{3.135}$$

式中与质量分布有关的量是 $\mathrm{d}F$ 和 ρ，则

$$\delta\boldsymbol{r}_P\cdot[\boldsymbol{F}-(\ddot{\boldsymbol{r}}_P+\ddot{\boldsymbol{\rho}})\boldsymbol{m}]+\delta\pi\cdot\int_m\boldsymbol{\rho}\times\mathrm{d}\boldsymbol{F}-\delta\pi\cdot\left(\int_m\boldsymbol{\rho}\mathrm{d}\boldsymbol{m}\right)\times\ddot{\boldsymbol{r}}_P-\delta\pi\cdot\int_m\boldsymbol{\rho}\times\ddot{\boldsymbol{\rho}}\mathrm{d}\boldsymbol{m}=0\tag{3.136}$$

式中

$$\ddot{\boldsymbol{r}}_P+\ddot{\boldsymbol{\rho}}_C=\ddot{\boldsymbol{r}}_C$$

$$\int_m\boldsymbol{\rho}\times\mathrm{d}\boldsymbol{F}=\boldsymbol{L}_P$$

$$\int_m\boldsymbol{\rho}\times\ddot{\boldsymbol{\rho}}\mathrm{d}\boldsymbol{m}=\frac{\mathrm{d}}{\mathrm{d}t}\int_m\boldsymbol{\rho}\times\dot{\boldsymbol{\rho}}\mathrm{d}\boldsymbol{m}=\frac{\mathrm{d}}{\mathrm{d}t}\boldsymbol{G}'_P=\frac{\mathrm{d}}{\mathrm{d}t}(\boldsymbol{J}_P\cdot\boldsymbol{\omega})=\boldsymbol{J}_P\cdot\dot{\boldsymbol{\omega}}+\boldsymbol{\omega}\times\boldsymbol{J}_P\cdot\boldsymbol{\omega}$$

则式(3.136)可化为

$$\delta\boldsymbol{r}_P\cdot(\boldsymbol{F}-\ddot{\boldsymbol{r}}_C\boldsymbol{m})+\delta\pi\cdot(\boldsymbol{L}_P-\boldsymbol{m}\boldsymbol{\rho}_C\times\ddot{\boldsymbol{r}}_P-\boldsymbol{J}_P\cdot\dot{\boldsymbol{\omega}}-\boldsymbol{\omega}\times\boldsymbol{J}_P\cdot\boldsymbol{\omega})=0\tag{3.137}$$

当参考点 P 取为质心 C 时，$\boldsymbol{\rho}_C=0$，式(3.137)简化为

$$\delta\boldsymbol{r}_c\cdot(\boldsymbol{F}-m\ddot{\boldsymbol{r}}_C)+\delta\boldsymbol{\pi}\cdot(\boldsymbol{L}_c-\boldsymbol{J}_c\cdot\dot{\boldsymbol{\omega}}-\boldsymbol{\omega}\times\boldsymbol{J}_C\cdot\boldsymbol{\omega})=0 \tag{3.138}$$

这就是应用于刚体的达朗伯原理。对于由 n 个刚体 $B_i(i=1,2,\cdots,n)$ 组成的多刚体系统，达朗伯原理可以写成

$$\sum_{i=1}^{n}[\delta\boldsymbol{r}_i\cdot(\boldsymbol{F}_i-\boldsymbol{m}_i\ddot{\boldsymbol{r}}_i)+\delta\boldsymbol{\pi}_i\cdot(\boldsymbol{L}_i-\boldsymbol{J}_i\cdot\dot{\boldsymbol{\omega}}_i-\boldsymbol{\omega}_i\times\boldsymbol{J}_i\cdot\boldsymbol{\omega}_i)]+\delta\boldsymbol{W}=0 \tag{3.139}$$

式中，$\boldsymbol{m}_i$ 及 $\boldsymbol{J}_i$ 是刚体 B_i 的质量和对质心的惯量张量；$\boldsymbol{F}_i$ 及 $\boldsymbol{L}_i$ 是作用在 B_i 上的主动力系向质心简化的主矢和主矩(其中不包括理想约束反力)，$\delta\boldsymbol{W}$ 是系统内的弹簧、阻尼器等力元产生的内力做的虚功。将式(3.139)写成矩阵形式得

$$\delta\boldsymbol{r}^{\mathrm{T}}\cdot(\boldsymbol{F}-\boldsymbol{m}\,\ddot{\boldsymbol{r}})+\delta\boldsymbol{\pi}^{\mathrm{T}}\cdot(\boldsymbol{L}-\boldsymbol{J}\cdot\dot{\boldsymbol{\omega}}-\boldsymbol{V})+\delta\boldsymbol{W}=0 \tag{3.140}$$

式中，$\boldsymbol{m}=\mathrm{diag}(m_1\quad m_2\quad\cdots\quad m_n)$ 及 $\boldsymbol{J}=\mathrm{diag}(J_1\quad J_2\quad\cdots\quad J_n)$ 是具有标量元素 $m_i\delta_{ij}$ 和张量元素 $\boldsymbol{J}_i\delta_{ij}(i,j=1,2,\cdots,n)$ 的 $n\times n$ 对角形矩阵；$\boldsymbol{F}$ 及 $\boldsymbol{L}$ 是作用在系统内各刚体上的主动力主矢和主矩的 $n\times1$ 列阵；$\boldsymbol{V}$ 是第 i 行元素为 $\boldsymbol{\omega}_i\times\boldsymbol{J}_i\cdot\boldsymbol{\omega}_i$ 的 $n\times1$ 列阵。$n\times1$ 列阵 $\delta\boldsymbol{r}$、$\ddot{\boldsymbol{r}}$、$\delta\boldsymbol{\pi}$、$\dot{\boldsymbol{\omega}}$ 的表达式已在运动学中导出。在应用达朗伯原理(式(3.140))进一步导出系统的动力学方程之前，还应建立系统内力的虚功的表达式，以简化公式。

(2)内力的虚功

由于动力学方程是用广义坐标表示的，因此需要将系统内弹簧、阻尼器等力元产生的内力作的虚功表示为广义内力在广义虚位移(广义坐标变分)中作的虚功之和，即

$$\delta\boldsymbol{W}=\delta\boldsymbol{q}^{\mathrm{T}}\boldsymbol{Q} \tag{3.141}$$

式中，$\boldsymbol{Q}=[Q_{11}\quad\cdots\quad Q_{1n_1},Q_{21}\quad\cdots\quad Q_{2n_2},\cdots,Q_{n1}\quad\cdots\quad Q_{nn_n}]^{\mathrm{T}}$ 是对应于 N 个广义坐标 q 的 $N\times1$ 广义内力列阵。

(3)动力学方程

现在，由多刚体系统的达朗伯原理(式(3.140))导出动力学方程。将纯转动铰链多刚体系统的广义坐标也用 $\boldsymbol{q}$ 表示，即 $\boldsymbol{q}=\boldsymbol{\varphi}=[\varphi_{11}\quad\cdots\quad\varphi_{1n_1},\varphi_{21}\quad\cdots\quad\varphi_{2n_2},\cdots,\varphi_{n1}\quad\cdots\quad\varphi_{nn_n}]^{\mathrm{T}}$，则纯转动铰链系统和任意完整约束铰链系统将具有统一形式的运动学关系，即对于式(3.90)和式(3.118)，$\delta r=\boldsymbol{\kappa}\delta q$；对于式(3.93)和式(3.123)，$\ddot{\boldsymbol{r}}=\boldsymbol{\kappa}\,\ddot{\boldsymbol{\varphi}}+\boldsymbol{u}$；对于式(3.76)和式(3.107)，$\delta\pi=\beta\delta q$；对于式(3.80)和式(3.108)，$\dot{\boldsymbol{\omega}}=\boldsymbol{\beta}\,\ddot{\boldsymbol{q}}+\boldsymbol{\nu}$。将以上运动学关系式和式(3.141)带入式(3.140)，整理后得

$$\delta\boldsymbol{q}^{\mathrm{T}}(-\boldsymbol{A}\,\ddot{q}+\boldsymbol{B})=0 \tag{3.142}$$

式中

$$\boldsymbol{A}=\boldsymbol{\kappa}^{\mathrm{T}}\cdot\boldsymbol{m}\boldsymbol{\kappa}+\boldsymbol{\beta}^{\mathrm{T}}\cdot\boldsymbol{J}\cdot\boldsymbol{\beta}$$

$$\boldsymbol{B}=\boldsymbol{\kappa}^{\mathrm{T}}\cdot(\boldsymbol{F}-\boldsymbol{m}\boldsymbol{u})+\boldsymbol{\beta}^{\mathrm{T}}\cdot(\boldsymbol{L}-\boldsymbol{J}\cdot\boldsymbol{\nu}-\boldsymbol{V})+\boldsymbol{Q}$$

由于各广义坐标变分 $\delta\boldsymbol{q}$ 是独立的，所以式(3.142)可以化为

$$\boldsymbol{A}\ddot{\boldsymbol{q}}=\boldsymbol{B} \tag{3.143}$$

这就是有根树多刚体系统的基本动力学方程，它是方程数目与广义坐标数目相同的一组二阶微分方程。需要注意的是，式中系数矩阵 $\boldsymbol{\kappa}$、$\boldsymbol{u}$、$\boldsymbol{\beta}$ 对于纯滚动铰系统和任意完整约束铰系统取值不同。

3.3.3 无根树多刚体系统动力学分析

(1)达朗伯原理

图3.17为一个纯转动铰链无根树多刚体系统,它与有根系统的区别仅在于其没有与一个运动为时间的已知函数的零刚体连接。为了描述无根系统的运动,需要选定一个在惯性空间中的运动为时间的已知函数的参考基 $e^{(0)}$,引入一个虚铰 H_1,把基 $e^{(0)}$ 的原点与某个刚体 B_i 连接起来,这样就将无根系统转化为有根系统了。

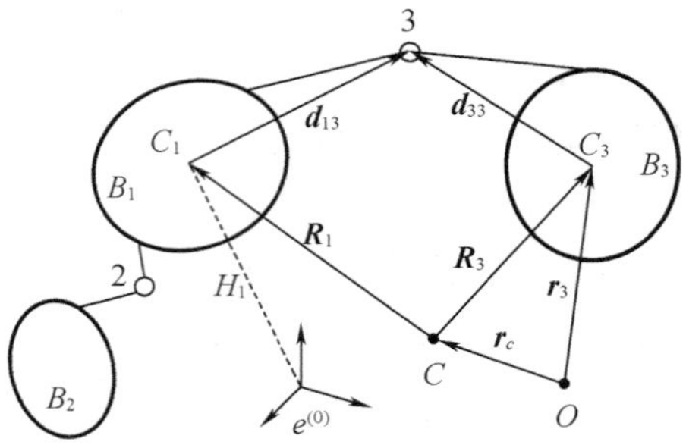

图3.17 纯转动铰无根树多刚体系统

设刚体 $B_i(i=1,2,\cdots,n)$ 的质心 C_i 对系统质心 C 的位置矢径为 $\boldsymbol{R}_i$,它与 C_i 对惯性空间的参考点 O 的位置矢径 $\boldsymbol{r}_i$ 之间有关系为

$$\boldsymbol{r}_i=\boldsymbol{R}_i+\boldsymbol{r}_c \tag{3.144}$$

将式(3.144)代入有根树多刚体系统的达朗伯原理公式(式(3.139)),得到

$$\sum_{i=1}^{n}\{(\delta\boldsymbol{r}_c+\delta\boldsymbol{R}_i)\cdot[\boldsymbol{F}_i-\boldsymbol{m}_i(\ddot{\boldsymbol{r}}_c+\ddot{\boldsymbol{R}}_i)]+\delta\pi_i\cdot(\boldsymbol{L}_i-\boldsymbol{J}_i\cdot\dot{\boldsymbol{\omega}}_i-\boldsymbol{\omega}_i\times\boldsymbol{J}_i\cdot\boldsymbol{\omega}_i)\}+\delta\boldsymbol{W}=0 \tag{3.145}$$

又因 $\sum_{i=1}^{n}\boldsymbol{m}_i\boldsymbol{R}_i=0,\boldsymbol{M}=\sum_{j=1}^{n}\boldsymbol{m}_j$, 则可导出

$$\delta\boldsymbol{r}_c\cdot\left(\sum_{j=1}^{n}\boldsymbol{F}_j-\boldsymbol{M}\ddot{\boldsymbol{r}}_c\right)+\sum_{i=1}^{n}[\delta\boldsymbol{R}_i\cdot(\boldsymbol{F}_i-\boldsymbol{m}_i\ddot{\boldsymbol{r}}_c-\boldsymbol{m}_i\ddot{\boldsymbol{R}}_i)+$$
$$\delta\pi_i\cdot(\boldsymbol{L}_i-J_i\cdot\dot{\boldsymbol{\omega}}_i-\boldsymbol{\omega}_i\times\boldsymbol{J}_i\cdot\boldsymbol{\omega}_i)]+\delta\boldsymbol{W}=0 \tag{3.146}$$

由于虚铰 H_1 中没有内力和内力偶矩的作用,所以系统质心的运动和各刚体的运动无关,即 $\delta\boldsymbol{r}_c$ 与 $\delta\boldsymbol{R}_i$、$\delta\pi_i(i=1,2,\cdots,n)$ 及 $\delta\boldsymbol{W}$ 是相互独立的,因此上述达朗伯原理公式可以分解成两个独立的方程:第一个是确定系统质心运动的质心运动定理,即

$$\boldsymbol{M}\ddot{\boldsymbol{r}}_c=\sum_{j=1}^{n}\boldsymbol{F}_j \tag{3.147}$$

第二个方程确定刚体的姿态,即

$$\sum_{i=1}^{n}[\delta\boldsymbol{R}_i\cdot(\boldsymbol{F}_i-\boldsymbol{m}_i\ddot{\boldsymbol{r}}_c-\boldsymbol{m}_i\ddot{\boldsymbol{R}}_i)+\delta\pi_i\cdot(\boldsymbol{L}_i-\boldsymbol{J}_i\cdot\dot{\boldsymbol{\omega}}_i-\boldsymbol{\omega}_i\times\boldsymbol{J}_i\cdot\boldsymbol{\omega}_i)]+\delta\boldsymbol{W}=0 \tag{3.148}$$

利用式(3.139),式(3.148)中$\boldsymbol{F}_i-\boldsymbol{m}_i\ddot{\boldsymbol{r}}_c=\boldsymbol{F}_i-\frac{\boldsymbol{m}_i}{\boldsymbol{M}}\sum_{j=1}^{n}\boldsymbol{F}_j=\sum_{j=1}^{n}\left(\delta_{ij}-\frac{\boldsymbol{m}_i}{\boldsymbol{M}}\right)\boldsymbol{F}_i=\sum_{j=1}^{n}\boldsymbol{\mu}_{ij}\boldsymbol{F}_j$,其中

$$\boldsymbol{\mu}_{ij}=\delta_{ij}-\frac{\boldsymbol{m}_i}{\boldsymbol{M}},i,j=1,2,\cdots,n \tag{3.149}$$

于是式(3.148)可表达为

$$\sum_{i=1}^{n}\left[\delta\boldsymbol{R}_i\cdot\left(\sum_{j=1}^{n}\boldsymbol{\mu}_{ij}\boldsymbol{F}_j-\boldsymbol{m}_i\ddot{\boldsymbol{R}}_i\right)+\delta\pi_i\cdot(\boldsymbol{L}_i-\boldsymbol{J}_i\cdot\dot{\boldsymbol{\omega}}_i-\boldsymbol{\omega}_i\times\boldsymbol{J}_i\cdot\boldsymbol{\omega}_i)\right]+\delta\boldsymbol{W}=0 \tag{3.150}$$

由于铰链中的约束和关系式$\sum_{i=1}^{n}\boldsymbol{m}_i\ddot{\boldsymbol{R}}_i=0$表示的附加约束,以及变分$\delta\boldsymbol{R}_i$和$\delta\pi_i(i=1,2,\cdots,n)$相互不独立,因此它们必须用适当选定的广义坐标表示。将式(3.150)写成矩阵形式为

$$\delta\boldsymbol{R}^{\mathrm{T}}\cdot(\boldsymbol{\mu F}-\boldsymbol{m}\ddot{\boldsymbol{R}})+\delta\boldsymbol{\pi}^{\mathrm{T}}\cdot(\boldsymbol{L}-\boldsymbol{J}\cdot\dot{\boldsymbol{\omega}}-\boldsymbol{V})+\delta\boldsymbol{W}=0 \tag{3.151}$$

式中,$\delta\pi$、$\dot{\boldsymbol{\omega}}$的表达式均已在运动学中导出;$\delta\boldsymbol{W}$的表达式与有根系统中虚功表达式(式(3.141))相同,只是要注意现在虚铰H_1中的内力为零。为了导出系统的动力学方程,还需要给出$n\times1$列阵$\delta\boldsymbol{R}$和$\ddot{\boldsymbol{R}}$的表达式。在式(3.151)中引入的$\boldsymbol{\mu}_{ij}$是一个奇异阵,具有如下特殊性质:

①$\boldsymbol{R}=\boldsymbol{\mu}^{\mathrm{T}}\boldsymbol{R}$。

②$\boldsymbol{\mu m\mu}^{\mathrm{T}}=\boldsymbol{m\mu}^{\mathrm{T}}$。

③$\boldsymbol{\mu}^{\mathrm{T}}\boldsymbol{L}=0$或$\boldsymbol{L}^{\mathrm{T}}\boldsymbol{\mu}=0$。

④$\boldsymbol{\mu\mu}=\boldsymbol{\mu}$。

利用矩阵$\boldsymbol{\mu}$可以建立列阵$\boldsymbol{R}$与$\boldsymbol{r}$的关系式。将式(3.144)写成矩阵形式为

$$\boldsymbol{r}=\boldsymbol{R}+\boldsymbol{r}_c\boldsymbol{L} \tag{3.152}$$

用$\boldsymbol{\mu}^{\mathrm{T}}$左乘式(3.152),并且利用其性质①和③,导出

$$\boldsymbol{R}=\boldsymbol{\mu}^{\mathrm{T}}\boldsymbol{r} \tag{3.153}$$

带入式(3.86),得

$$\boldsymbol{R}=-(\boldsymbol{CT\mu})^{\mathrm{T}}\boldsymbol{L}=-\boldsymbol{B}^{\mathrm{T}}\boldsymbol{L} \tag{3.154}$$

式中,$\boldsymbol{B}=\boldsymbol{CT\mu}$。

利用式(3.153),可以由$\delta\boldsymbol{r}$和$\ddot{\boldsymbol{r}}$的表达式得到$\delta\boldsymbol{R}$与$\ddot{\boldsymbol{R}}$的表达式为

$$\delta\boldsymbol{R}=\boldsymbol{\mu}^{\mathrm{T}}\delta\boldsymbol{r}=\boldsymbol{\kappa}^*\delta\boldsymbol{q} \tag{3.155}$$

$$\ddot{\boldsymbol{R}}=\boldsymbol{\mu}^{\mathrm{T}}\ddot{\boldsymbol{r}}=\boldsymbol{\kappa}^*\ddot{\boldsymbol{q}}+\boldsymbol{u}^* \tag{3.156}$$

式(3.155)、式(3.156)中的$\boldsymbol{\kappa}^*$和$\boldsymbol{u}^*$,对于纯转动铰系统为

$$\boldsymbol{\kappa}^*=\boldsymbol{\mu}^{\mathrm{T}}\boldsymbol{\kappa}=(\boldsymbol{PT}\times\boldsymbol{CT\mu})^{\mathrm{T}}=(\boldsymbol{PT}\times\boldsymbol{B})^{\mathrm{T}} \tag{3.157}$$

$$\boldsymbol{u}^*=\boldsymbol{\mu}^{\mathrm{T}}\boldsymbol{u}=(\boldsymbol{CT\mu})^{\mathrm{T}}\times\boldsymbol{\nu}-(\boldsymbol{T\mu})^{\mathrm{T}}\boldsymbol{g}=\boldsymbol{B}^{\mathrm{T}}\times\boldsymbol{\nu}-(\boldsymbol{T\mu})^{\mathrm{T}}\boldsymbol{g} \tag{3.158}$$

对于任意完整约束铰系统为

$$\boldsymbol{\kappa}^*=(\boldsymbol{PT}\times\boldsymbol{CT\mu}-\boldsymbol{kT\mu})^{\mathrm{T}}=(\boldsymbol{PT}\times\boldsymbol{B}-\boldsymbol{kT\mu})^{\mathrm{T}} \tag{3.159}$$

$$\boldsymbol{u}^*=(\boldsymbol{CT\mu})^{\mathrm{T}}\times\boldsymbol{\nu}-(\boldsymbol{T\mu})^{\mathrm{T}}(\boldsymbol{g}+\boldsymbol{h})=\boldsymbol{B}^{\mathrm{T}}\times\boldsymbol{\nu}-(\boldsymbol{T\mu})^{\mathrm{T}}(\boldsymbol{g}+\boldsymbol{h}) \tag{3.160}$$

(2)动力学方程

将 $\delta\boldsymbol{R}$、$\ddot{\boldsymbol{R}}$ 的表达式(式(3.155)、式(3.156)),运动学关系式(式(3.76)和式(3.107)中 $\delta\boldsymbol{\pi}=\boldsymbol{\beta}\delta\boldsymbol{q}$,以及式(3.80)和式(3.108)中 $\dot{\boldsymbol{\omega}}=\boldsymbol{\beta}\ddot{\boldsymbol{q}}+\boldsymbol{\nu}$),虚功表达式(式(3.141))代入达朗伯原理式(式(3.151)),整理后得到与有根系统类似的方程为

$$\delta\boldsymbol{q}^{\mathrm{T}}(-\boldsymbol{A}^{*}\ddot{\boldsymbol{q}}+\boldsymbol{B}^{*})=0 \tag{3.161}$$

由于所有的变分 $\delta\boldsymbol{q}_{al}(a=1,2,\cdots,n;l=1,2,\cdots,n_a)$ 彼此独立,因此得到如下形式的动力学方程:

$$\boldsymbol{A}^{*}\ddot{\boldsymbol{q}}=\boldsymbol{B}^{*} \tag{3.162}$$

式中

$$\boldsymbol{A}^{*}=\boldsymbol{\kappa}^{*\mathrm{T}}\cdot m\boldsymbol{\kappa}^{*}+\boldsymbol{\beta}^{\mathrm{T}}\cdot\boldsymbol{J}\cdot\boldsymbol{\beta}$$

$$\boldsymbol{B}^{*}=\boldsymbol{\kappa}^{*\mathrm{T}}\cdot(\boldsymbol{\mu F}-m\boldsymbol{u}^{*})+\boldsymbol{\beta}^{\mathrm{T}}\cdot(\boldsymbol{L}-\boldsymbol{J}\cdot\boldsymbol{\nu}-\boldsymbol{V})+\boldsymbol{Q}$$

式(3.147)和式(3.162)合在一起完整地描述了无根树形多刚体系统的动力学。

3.4 基于 ADAMS 的仿真分析流程

ADAMS 即机械系统动力学自动分析(automatic dynamic analysis of mechanical systems),是美国 MDI 公司(Mechanical Dynamics Inc.)开发的虚拟样机分析软件。用户可以方便地运用 ADAMS 软件对虚拟机械系统进行静力学、动力学、运动学分析,以及装配和线性化分析。同时,它又是虚拟样机分析开发工具平台,一些特殊行业的用户可以利用 ADAMS 开放性的程序结构和多种接口,开发出适合特殊类型虚拟样机分析的专业分析工具。

运用 ADAMS 进行虚拟样机分析主要分为以下几个过程:

①虚拟样机建模。

②虚拟样机的模型检验。

③虚拟样机的仿真过程以及结果分析。

3.4.1 虚拟样机建模

机械系统虚拟样机的建模是在 ADAMS/View 模块里进行的。在 ADAMS/View 里对机械系统进行虚拟样机建模主要分为以下几个方面:几何建模、添加约束和施加载荷。

1.几何建模

在 ADAMS/View 环境下可以产生刚性体、柔性体、质量点和地基等几何体。

①刚性体:刚性体的几何形状在任何条件下都不会发生变化,也就是我们常说的刚性构件。刚性体有质量和惯性矩等属性。

②柔性体:几何形状在力等外界条件的作用下会发生变形,我们称之为柔性体。柔性体同样有质量和惯性矩等属性。

③质量点:质量点没有体积,而且只有质量属性,没有惯性矩属性。

④地基:地基没有质量属性,其自由度数为零,因此没有位移、速度,在任何时候都保持

静止状态。此外,在默认的情况下,地基还是所有构件速度和加速度的惯性参考坐标。

(1)ADAMS/View 几何建模工具

ADAMS/View 提供了丰富的几何建模工具,其中包括基本几何元素、基本几何体以及布尔运算等工具。调用几何建模工具有以下两种方法:

①在主工具箱(Main Toolbox)中选择 Bodies/Geometry 几何建模图标,在浮动菜单选择所需几何体工具,然后在主工具箱下面设置建模参数。

②通过主工具箱的浮动对话框选择图标,如图 3.18(a)所示;或者直接在菜单栏的 Build 选项选择 Bodies/Geometry 选项,进入几何体建模界面,如图 3.18(b)所示。

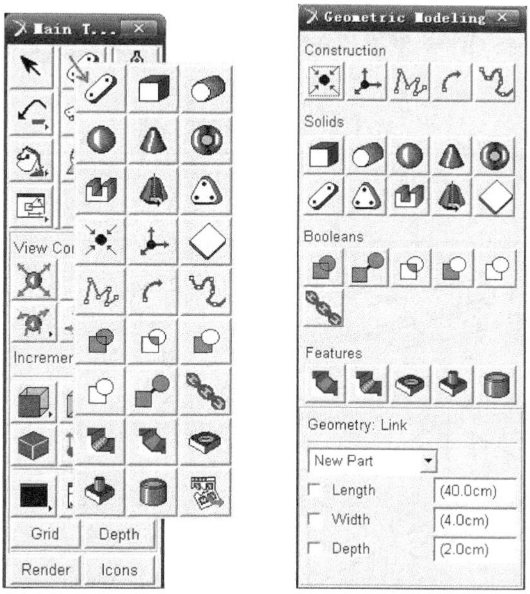

(a)主工具箱的浮动对话框　　(b)几何体建模界面

图 3.18　几何建模工具对话框

(2)创建基本几何元素

在 ADAMS/View 里,基本几何元素包括点、标记点、直线和多段线、圆弧/圆以及样条曲线等。它们是建立模型的基础,所以对它们的设置和应用应该掌握。

点(Point):在创建点的时候,需要设置将点添加在大地或添加在零件上,并且要考虑点和附近零件的连接关系。

标记点(Marker):在创建标记点时,同样要设置添加的位置,并且要设置标记点的方向。

直线和多段线(Polyline):可以选择创建直线或者多段线,并且需要考虑所绘图形是添加新零件、添加到大地还是添加到其他零件。

圆弧/圆(Arc/circle):可以创建完整的圆或者以给定的角度绘制圆弧,在绘制时,需要考虑所绘图形是添加新零件、添加到大地还是添加到其他零件。

样条曲线(Spline):可以利用该功能创建封闭的或者开放的样条曲线,同时也要考虑所绘图形是添加新零件、添加到大地还是添加到其他零件。

(3)基本几何体建模

ADAMS/View 提供了创建基本几何体的工具库,如图 3.18 所示,并且支持对几何体进行布尔运算,方便了复杂几何体的建模。

基本几何体的建模过程基本上是一致的,主要步骤如下:

①通过主工具箱选择欲建立的基本几何体。

②设置几何体的产生方式,即添加新零件、添加到大地还是添加到其他零件。

③对几何体的各个几何参数进行设置(也可直接在窗口创建几何,然后编辑几何体进行尺寸修改)。

④按照状态栏的提示逐步操作,最终完成几何体的建立。

表 3.2 介绍了 ADAMS/View 里提供的基本几何体以及每个基本几何体的参数设置。

表 3.2　基本几何体介绍

基本几何体名称	图标	基本几何体图形	参数设置	备注
连杆(Link)		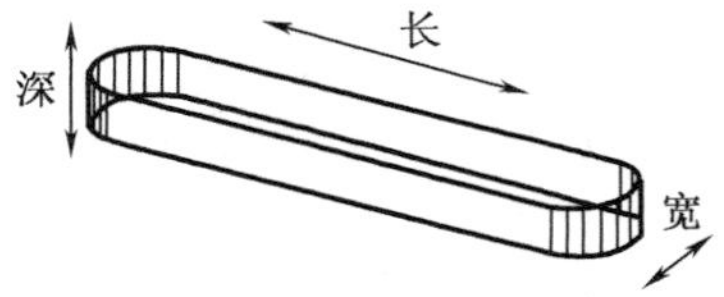	Length:长 Width:宽 Depth:深	有两个热点:一个控制连杆方向和长度;另一个控制连杆的尺寸
六面体(Box)		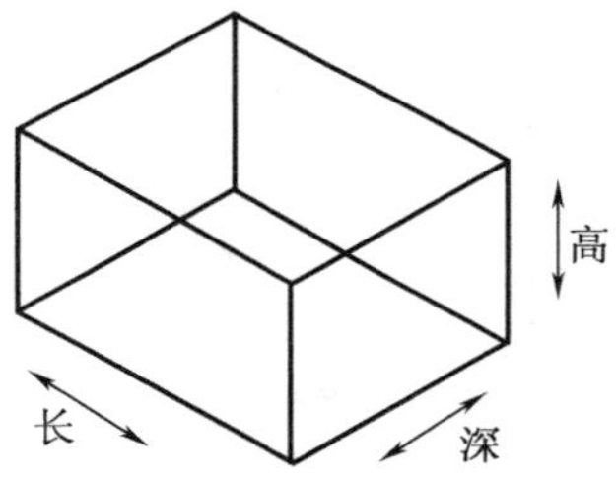	Length:长 Height:高 Depth:深	绘图起始点和结束点为两个对角端点。 有一个热点用来控制六面体尺寸
圆柱体(Cylinder)		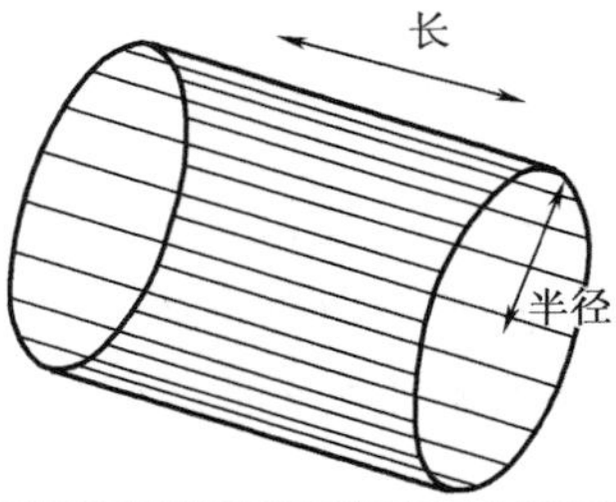	Length:长 Radius:半径	绘图起始点为端面中心点。 有两个热点用于控制长和半径
球体(Sphere)		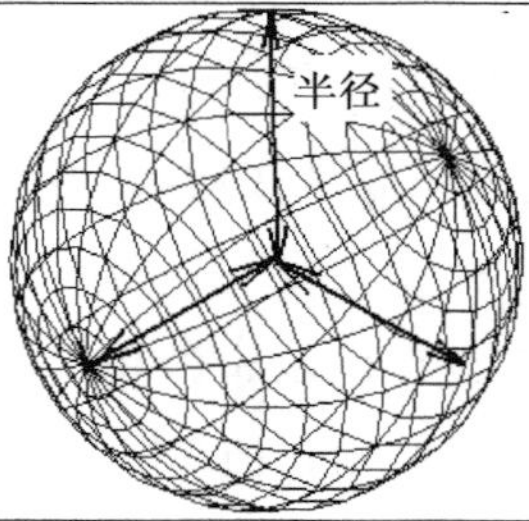	Radius:半径(3 个方向)	绘制起始点为中心点。 有三个热点,分别控制 x、y、z 三个方向的半径

表 3.2(续)

基本几何体名称	图标	基本几何体图形	参数设置	备注
圆台 (Frustum)		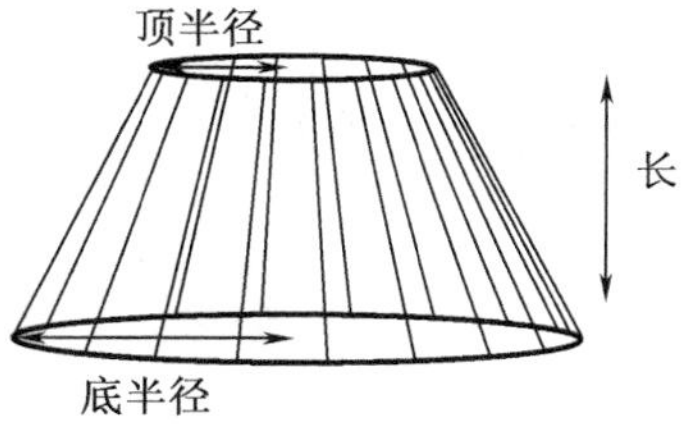	Length:长 Top Radius:顶半径 Bottom Radius:底半径	绘图起始点为底圆中心。 有三个热点,分别用于控制圆台几何尺寸
圆环 (Torus)		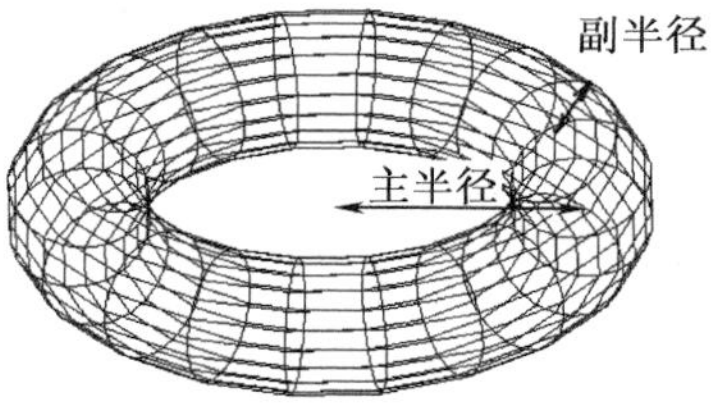	Major Radius:主半径 Minor Radius:副半径	绘图起始点为圆环中心。 有两个热点用于控制主半径和副半径
拉伸几何体 (Extrusion)		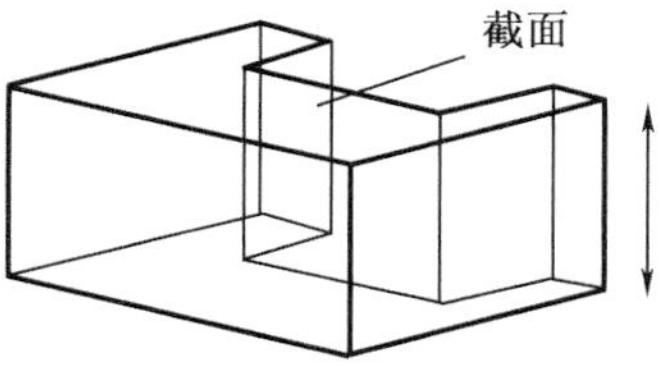	定义截面 定义拉伸路径 定义拉伸方向 定义拉伸长度:Length	拉伸截面每个端点均为热点,用于控制截面形状,同时还有一个用于控制拉伸长度
旋转几何体 (Revolution)		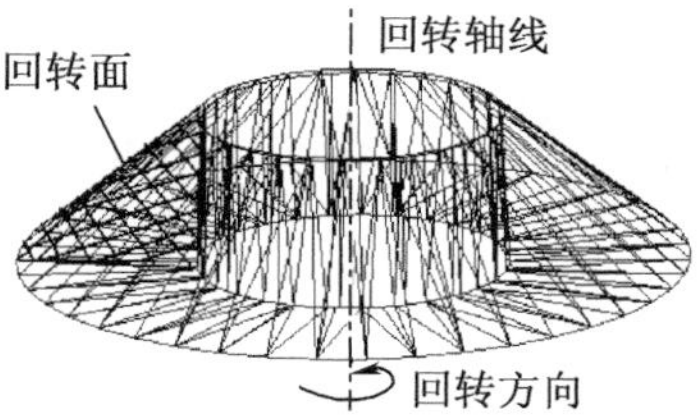	定义回转轴线 定义回转截面 定义几何体类型	回转截面顶点均为热点,用于控制回转截面形状。 回转截面不能和回转轴线相交
多边形板 (Plate)		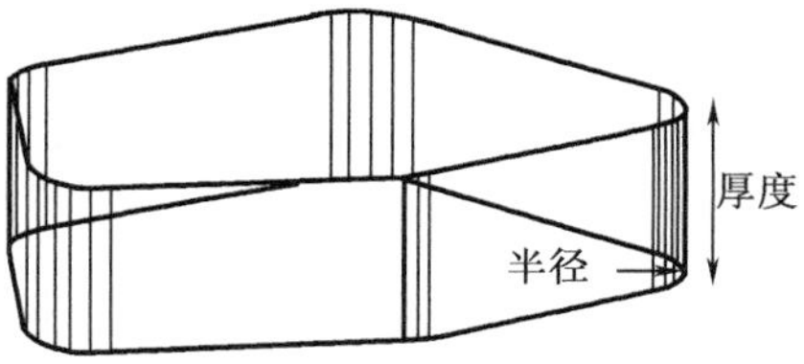	Radius:半径 Thickness:厚度	有一个热点,用于控制多边形板的圆角半径
二维平面 (Plane)		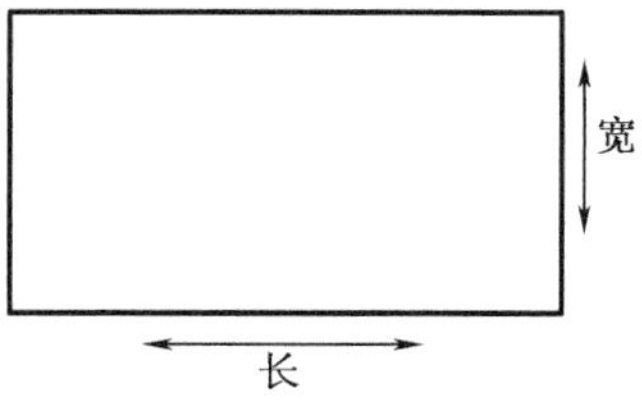	Length:长 Width:宽	有一个热点控制平面长和宽,没有质量属性

下面以旋转几何体为例，介绍基本几何体的建立过程。

①选择旋转几何体工具图标。

②设置几何体的产生方式：New Part 为添加新零件；Add to Part 为添加到零件上；On Ground 为添加到大地。

③按照状态栏的提示，绘制旋转轴线和旋转截面，完成几何体的建立，如图 3.19 所示。

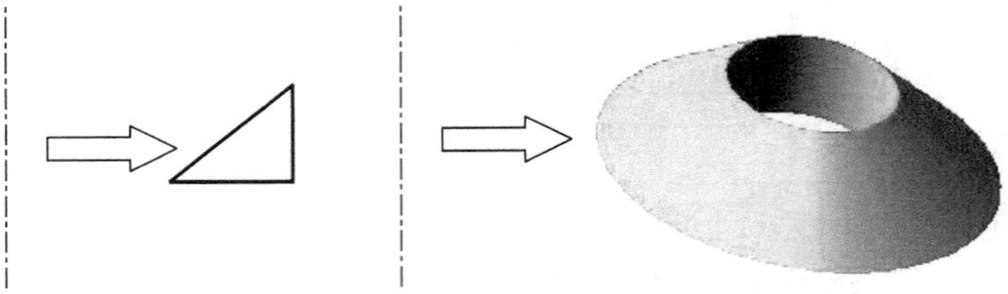

图 3.19　旋转几何体建立过程示意图

(4)复杂几何体建模

在 ADAMS/View 里创建复杂几何体有以下两种形式，它们都是基于布尔运算(Boolean)操作的。

①利用连接线段工具创建复杂几何体

利用连接线段工具，将基本的几何元素连接起来成为一个复杂的截面，然后利用拉伸或者旋转等功能绘制出复杂几何体。

②利用布尔操作工具创建复杂几何体

对于 ADAMS/View 提供的多种基本几何体，通过布尔运算的合并、相交和减等工具对其进行组合，生成一个复杂几何体。

a. 合并运算

合并运算包括相交几何体合并(Union)和非相交几何体合并(Merge)。两个相交实体合并时，被合并实体并入到合并实体中，同时被合并的实体被删除，如图 3.20 所示。两个非相交实体合并时，与相交实体的合并一样，被合并实体并入到合并实体中，同时被合并的实体被删除，如图 3.21 所示。

b. 相交运算(Intersect)

如图 3.22 所示，两个相交的实体进行相交运算时，前一个实体变成两个实体相交的几何形状，另外一个实体则被删除。相交运算要求两个几何体必须有相交的部分。

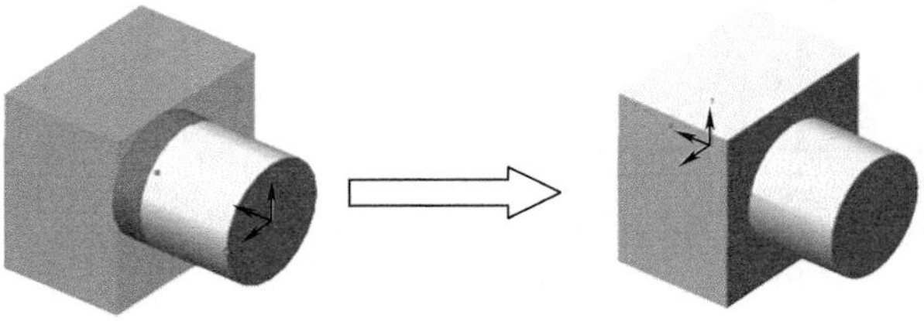

图 3.20　相交实体合并运算示意图

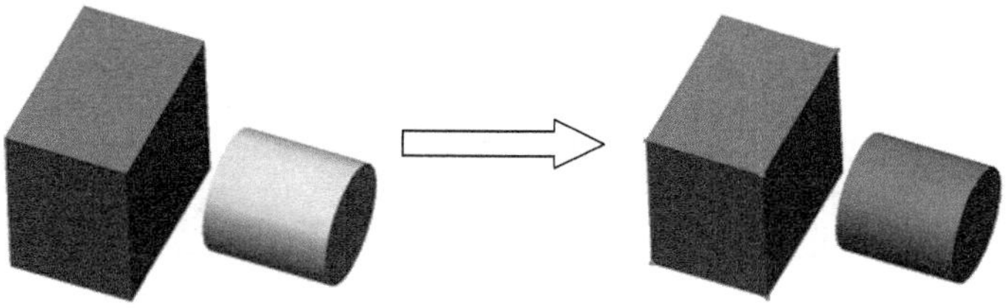

图 3.21　非相交实体合并运算示意图

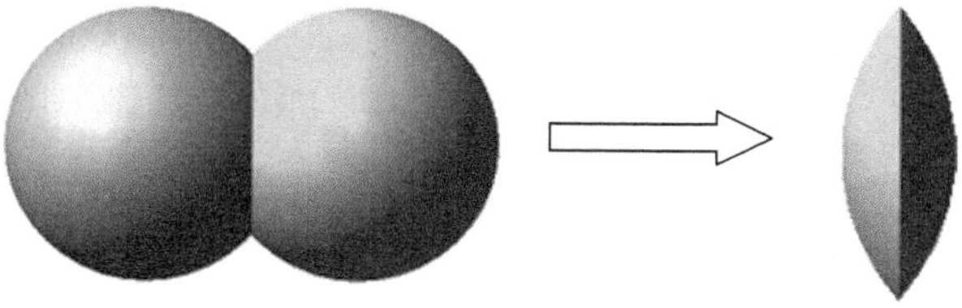

图 3.22　相交运算示意图

c. 减运算(Cut) 

两个相交的实体进行减运算的时候,用第二个实体来切割第一个实体,同时第二个实体和两个实体的相交部分被删除,如图 3.23 所示。参与减运算的两个几何体必须有相交的部分。

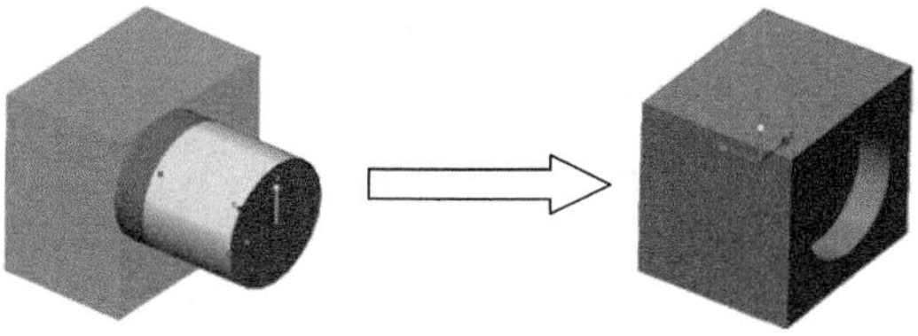

图 3.23　减运算示意图

d. 拆分实体(Split) 

由布尔运算生成的复杂的几何体可以被拆分实体工具拆分为原始的几何体。如图 3.24 所示,由布尔相交运算得到的两个球体的相交部分几何体通过拆分实体工具可以将两个球体还原。

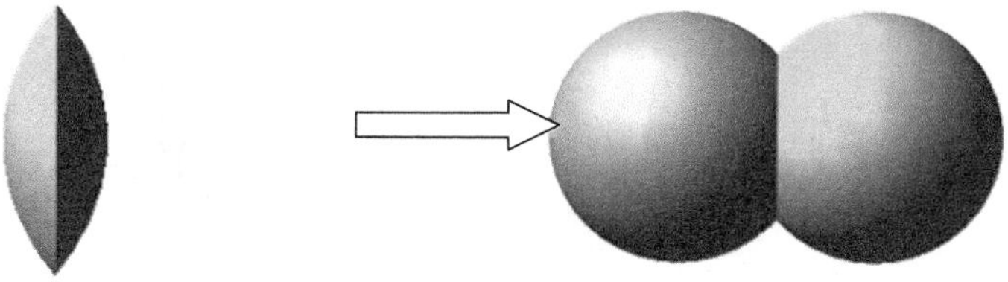

图 3.24　拆分实体运算示意图

e. 模型特征修饰

ADAMS/View 不仅提供了创建基本几何体的图形库和用于创建复杂几何体的布尔运算操作,还提供了用于修饰几何体特征的工具,包括倒角、倒圆、孔、凸圆及挖空等。

表 3.2 列出了 ADAMS/View 提供的几何体特征修饰工具。

表 3.3　几何体特征修饰工具

特征	图标	参数设置	备注
倒角 (Chamfer)		Width:定义斜面宽度	选择欲倒角的几何体的边或顶点(此时,所有通过该顶点的边都被倒角)
倒圆 (Fillet)		Radius:定义倒圆(起始)半径 End Radius:定义倒圆末端半径	当两个半径定义相同的值时,为均匀的倒圆。倒圆时选择几何体的边或顶点(此时,所有通过该顶点的边都被倒圆)
孔 (Hole)		Radius:定义孔的半径 Depth:定义孔的深度	设置半径和深度,不能使几何体分成两部分
凸圆 (Boss)		Radius:定义凸圆半径 Height:定义凸圆高度	凸圆只能建在几何体表面外法线方向
挖空(壳体) (Hollow)		Thickness:定义壳体厚度 Inside:生成壳体的方式	选中 Inside 定义内壳体,否则定义外壳体

(5)修改编辑几何体

在 ADAMS/View 里进行几何体建模,我们可以通过先设定几何体参数建模或者先建立几何体模型,然后修改编辑几何体尺寸两种方法来实现。有些时候,即使采用第一种建模方法,也可能会因为尺寸定义错误而要对参数进行修改、编辑。所以,几何体的几何参数编辑是很实用的一个工具。

对一个几何体进行编辑可以通过以下几种方法来实现。

①拖动热点编辑

几何模型建立后,模型被选中时便会出现若干个(不同几何体不尽相同)热点,点击鼠标左键拖动相应的热点,就可以改变几何体的尺寸和形状。不过,采用这种方法修改几何体的尺寸是不精确的。

图 3.25(a)所示为一个长方体,点击鼠标拖动热点来改变长方体的长、宽、高,最终得到图 3.25(b)所示的长方体。

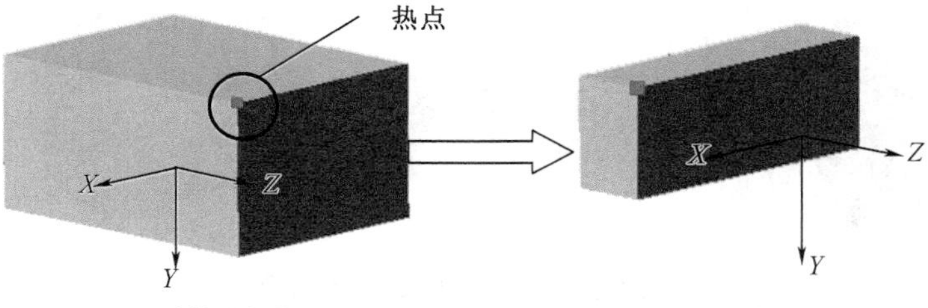

(a)原始几何体　　(b)编辑后的几何体

图 3.25　通过拖动热点编辑几何体

②通过几何修改对话框编辑

当需要对几何体的尺寸进行精确的编辑时，可以通过几何修改对话框来修改几何体的具体尺寸。此外，通过该对话框，还可以修改几何体的名称、注释以及标记点名称等。

对于如图 3.26 所示的一个长方体模型，通过鼠标右击进入几何修改对话框，在尺寸栏里直接输入修改后的几何尺寸即可。

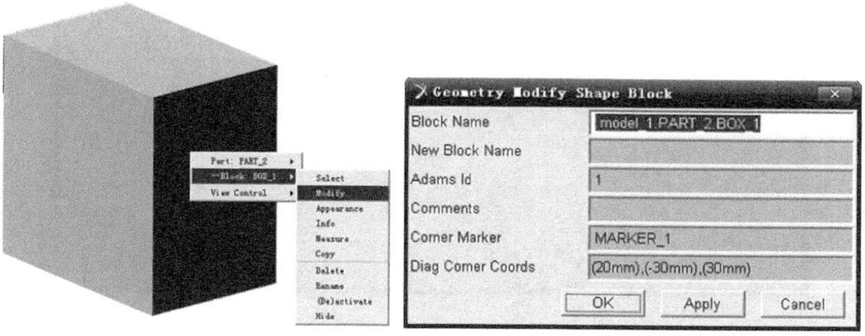

图 3.26　通过几何修改对话框编辑几何体

③通过位置表编辑

通过位置表，可以很方便且很精确地修改直线、多段线等的每个端点的坐标值，从而改变它们的几何形状。位置表的对话框和调出方式如图 3.27 所示。

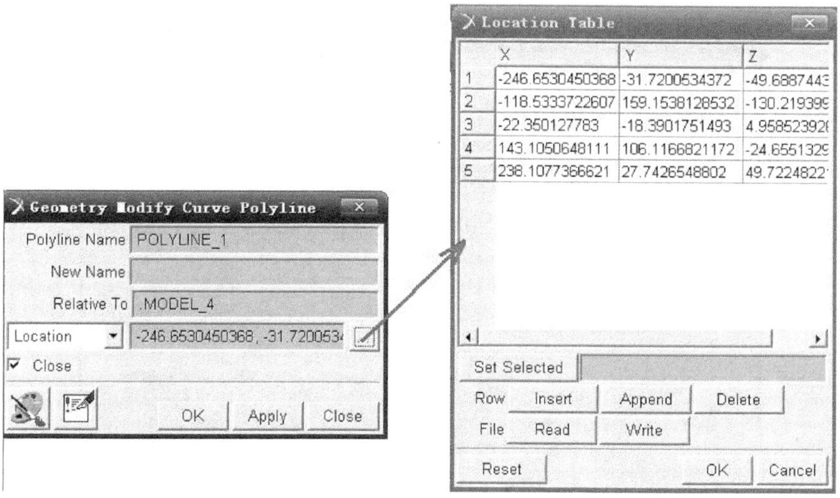

图 3.27　通过位置表编辑几何体

位置表可以通过 Insert、Append 及 Delete 命令插入行、在表尾扩展行和删除选中的行。数据的修改可以通过 Set Selected 命令和直接在选中的表中输入修改值来完成。

(6)修改构件特性参数编辑

在 ADAMS 里进行仿真分析时，除了需要几何模型外，还需要诸如质量、转动惯量、初始速度、初始位置以及方向等构件特性。ADAMS/View 在进行几何建模时，程序根据设定的单位制和一些默认值，自动确定每个构件的相关特性。这样，难免就有一些特性的设置不符合分析的要求，从而需要对其进行修改。ADAMS 对构件特性参数的修改都是在图 3.28

所示的对话框中完成的。

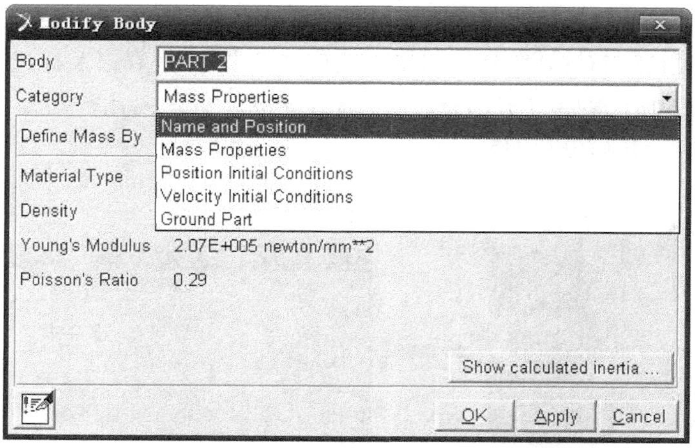

图 3.28　构件特性参数修改对话框

构件特性参数修改对话框中主要包括质量特性、初始位置以及初始速度等选项，可以通过类别(Category)栏进行选择。

①质量属性修改(Mass Properties)

图 3.29 所示为质量属性界面，在“Define Mass By”栏可以选择修改质量属性。

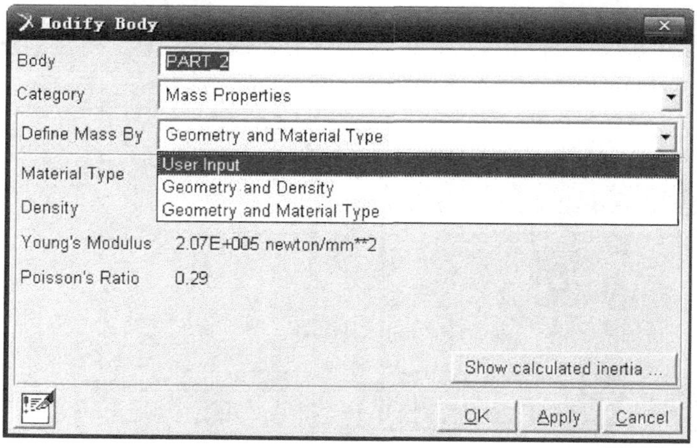

图 3.29　质量属性界面

a. 用户输入(User Input)

该种方法允许用户直接输入构件的质量和惯性矩，而不必考虑构件的几何尺寸和材料类型。在输入构件的质量和惯性矩后，还应该定义构件质心标记坐标和用于计算惯性矩的惯性标记坐标。如果没有定义惯性标记坐标，程序将默认质心标记坐标为构件的惯性标记坐标。

在采取用户输入方法改变构件质量属性时应该注意：不应该将构件的质量设置为零，因为根据牛顿定律 $F=ma$，当构件的质量为零时，会导致构件的加速度无穷大，这样会导致分析失败。因此，在需要将质量设置为零的情况下，可以将其设置为一个十分小的值。

b. 几何和密度(Geometry and Density)

该种方法需要定义密度参数,之后程序会根据建立的几何模型自动计算出几何体积,从而得到构件的质量属性。

c. 几何和材料类型(Geometry and Material Type)

通过给定的材料(默认材料为钢)确定密度、杨氏模量和泊松比,然后程序根据建立的几何模型自动计算出几何体积,并且结合材料属性计算出构件的质量、惯量等。

最后,可以通过"Show calculated inertia"查看计算结果。

②初始位置(Position Initial Conditions)和初始速度(Velocity Initial Conditions)修改

图 3.30(a)及(b)分别为初始位置和初始速度修改对话框,在仿真分析时,根据具体的条件设置即可。

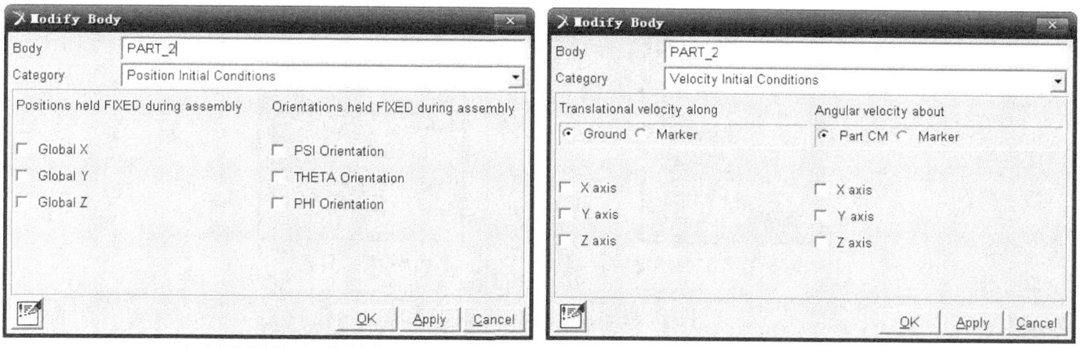

(a)初始位置修改对话框　　(b)初始速度修改对话框

图 3.30　初始位置和初始速度修改对话框

2. 添加约束

①约束

约束定义了不同构件之间的连接关系和它们之间允许的运动关系。如图 3.31 所示,ADAMS/View 提供了如下 4 种类型的约束:低副(Joints)、基本副(Joint Primitives)、原动机(Motion Generators)和高副(Higher Pair Constraints)。

a. 调用约束工具栏

调用约束工具栏有两种方法:

i. 在主工具箱中选择工具图标或者,然后在浮动菜单里选择所需的约束,在主工具箱下面设置约束操作。

ii. 通过主工具箱的浮动对话框选择图标,如图 3.31(a)所示;或者在菜单栏选择 Build 菜单下的 Joints 命令直接进入约束工具栏,如图 3.31(b)所示。

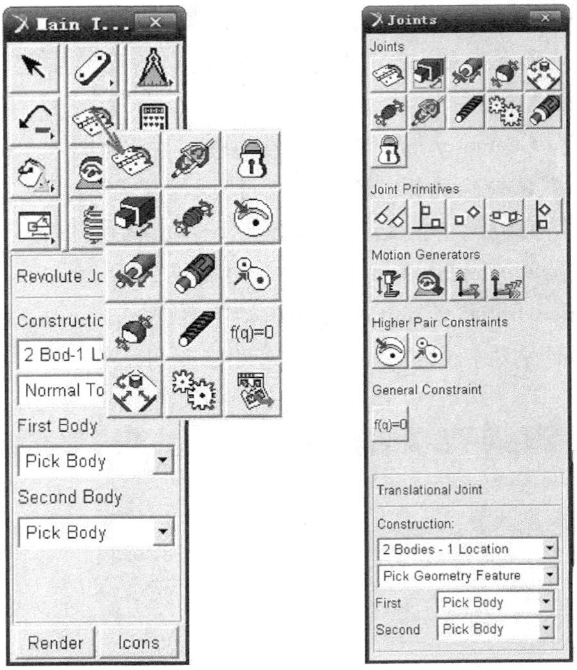

(a)主工具箱的浮动对话框　　(b)约束工具栏

图 3.31　ADAMS 约束工具库

b. 常用低副

两个在空间中的构件共有 6 个相对自由度,即 3 个平移自由度和 3 个转动自由度。在两个构件之间添加了运动副之后,运动副所关联的两个构件之间的相对自由度就减少了,从而起到约束构件的作用。表 3.4 介绍了常用低副。

表 3.4　常用低副介绍

名称	图标	示例	备注
转动副 (Revolute Joint)		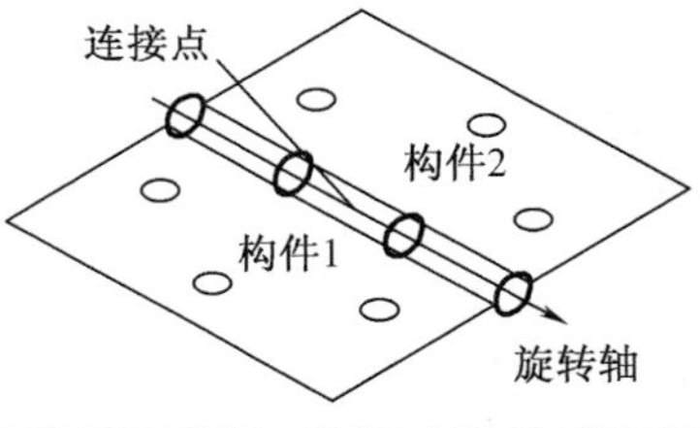	约束 3 个移动自由度,2 个移动自由度
移动副 (Translational Joint)		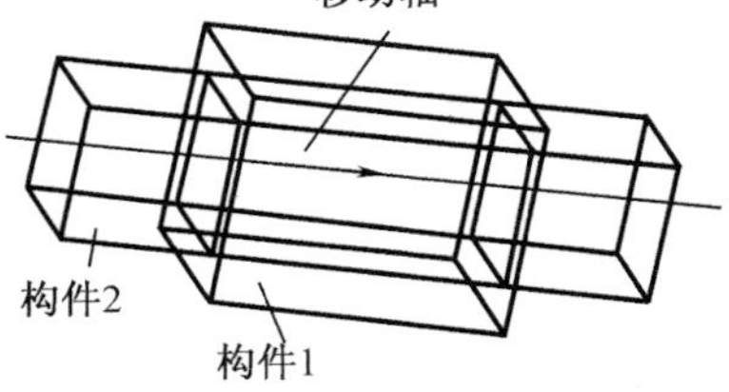	约束 2 个移动自由度,3 个转动自由度

表 3.4(续 1)

名称	图标	示例	备注
圆柱副 (Cylindrical Joint)		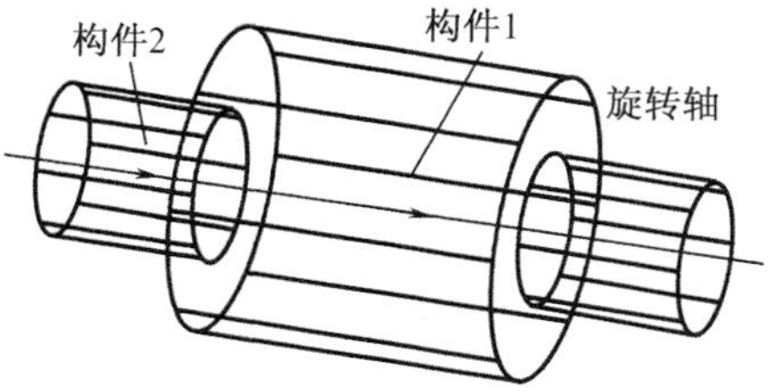	约束 2 个移动自由度,2 个转动自由度
球形副 (Spherical Joint)		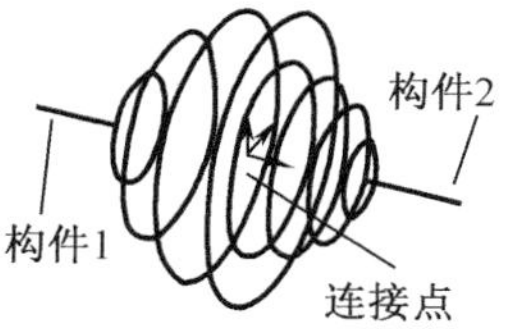	约束 3 个移动自由度,不约束转动自由度
平面副 (Planar Joint)		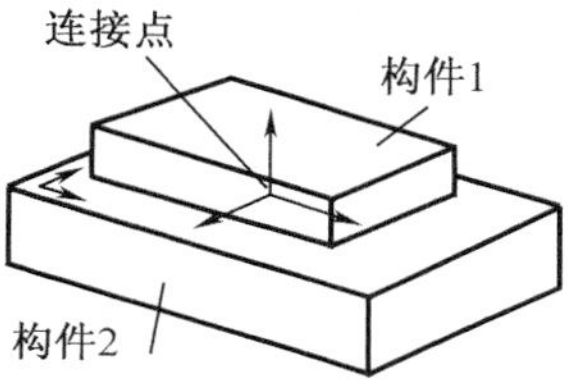	约束 1 个移动自由度,2 个转动自由度
恒速副 (Common Velocity Joint)		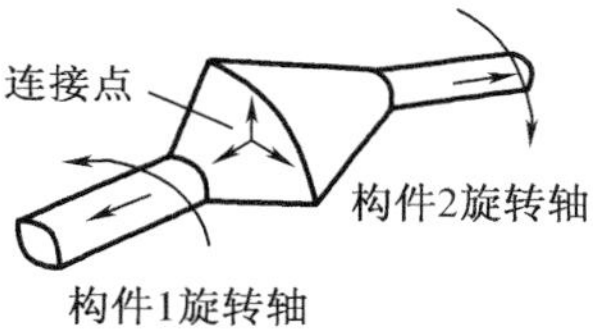	约束 3 个移动自由度,1 个转动自由度
万向副 (Hooke Joint)		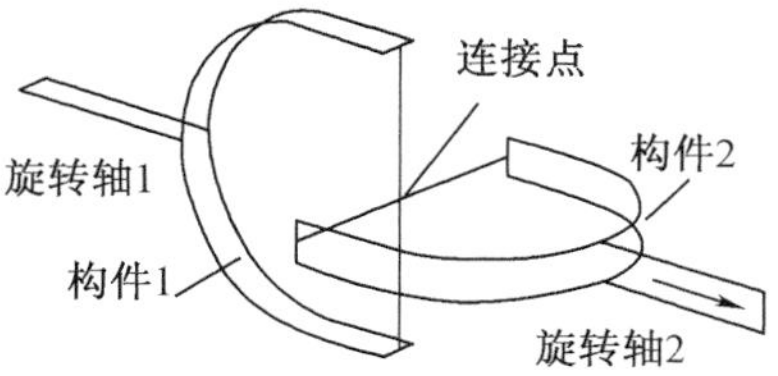	约束 3 个移动自由度,1 个转动自由度
万向副 (Universal Joint)		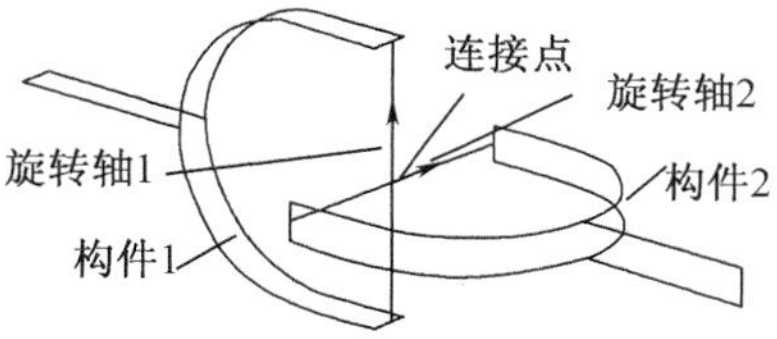	约束 3 个移动自由度,1 个转动自由度
螺旋副 (Screw Joint)		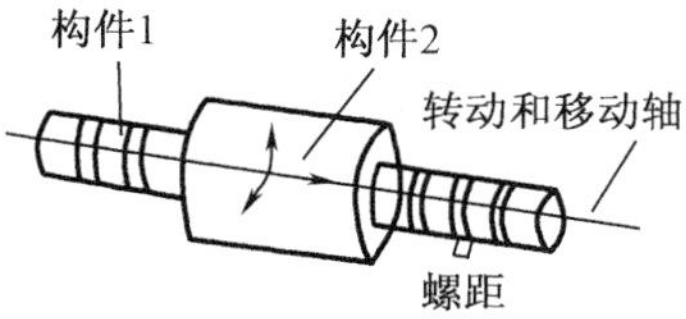	约束 2 个移动自由度,2 个转动自由度

表 3.4(续 2)

名称	图标	示例	备注
固定副 (Fixed Joint)		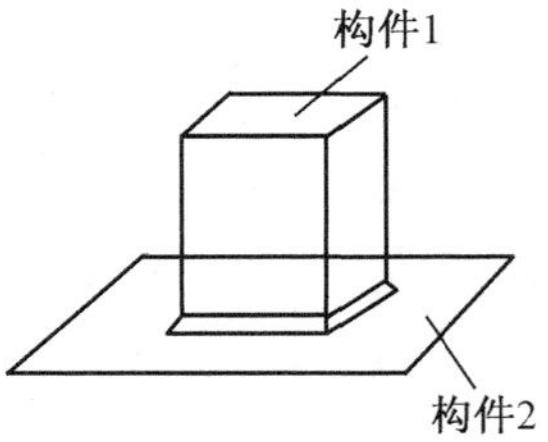	约束 3 个移动自由度,3 个转动自由度

表 3.4 中常用低副的主要施加步骤基本如下:

i. 选择需要施加的低副工具图标。

ii. 选择连接构件的方法。

1Location:选择一个连接点,ADAMS/View 会自动选择离该点最近的两个构件连接。如果只有一个构件,ADAMS/View 将该构件和大地相连接。

2Bodies - 1Location:需要选择两个要连接的构件和一个连接点。

2Bodies - 2Location:需要选择两个要连接的构件和两个连接点。

iii. 选择连接的方向。

Normal to Grid:连接方向垂直于栅格平面或者屏幕。

Pick Feature:通过选定的矢量方向确定连接方向。

iv. 按照状态栏的提示逐步操作,完成施加。

c. 基本副

基本副是一种抽象的运动副,基本副不仅可以组合成常用的低副,也可以通过组合得到更为复杂的约束。基本副是约束中不可缺少的一部分,如果一个系统完全用低副和高副约束,往往会出现因为过约束而导致的错误。表 3.5 介绍基本副。

表 3.5　基本副介绍

约束名称	图标	约束自由度	备注
平行约束 (Parallel)		约束 2 个转动自由度	约束构件 1 的某个轴始终平行于构件 2 的某个轴
垂直约束 (Perpendicular)		约束 1 个转动自由度	约束构件 1 的某个轴始终垂直于构件 2 的某个轴
方向约束 (Orientation)		约束 3 个转动自由度	约束两个构件的方向始终保持一致
点面约束 (In - Plane)		约束 1 个移动自由度	约束构件 1 上的某点始终在构件 2 的某个平面内运动
点线约束 (Inline)		约束两个移动自由度	约束构件 1 的某点始终在构件 2 的某条直线上运动

3. 载荷施加

ADAMS/View 提供了 4 种类型的力:作用力、柔性连接力、特殊力和接触力。其中,作用力和柔性连接力属于基本载荷,应用范围较广,所以本节着重介绍这两种载荷。

力作用的三要素:力的大小、方向和作用点。因此在 ADAMS/View 里,施加力时,同样要给出力的大小、方向和作用点。ADAMS/View 里描述力的大小可以直接输入常数,也可以通过 ADAMS/View 提供的函数或者子程序的传递参数施加。

①调用施加力工具栏

在 ADAMS/View 里调用施加力的工具同样有两种方法:

a. 在主工具箱(Main Toolbox)中选择施加力的工具图标,在浮动菜单选择所需的加载力工具,然后在主工具箱下面设置参数。

b. 通过主工具箱的浮动对话框选择图标,如图 3.32(a)所示;或者直接在菜单栏的 Build 选项选择 Forces 选项,进入加载力界面,如图 3.32(b)所示。

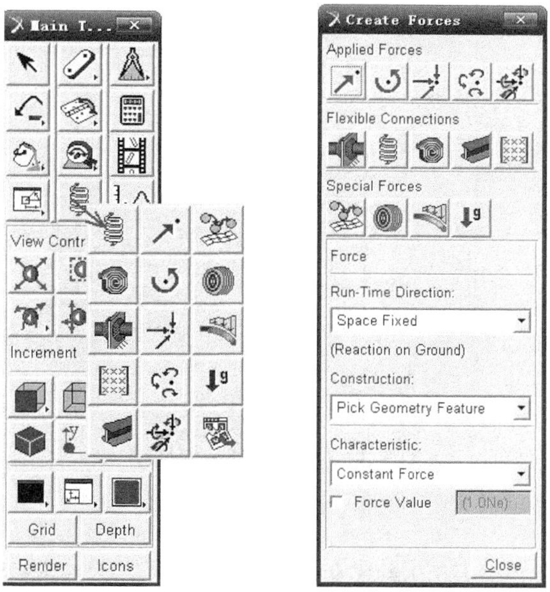

(a)主工具箱的浮动对话框　　(b)加载力界面

图 3.32　ADAMS 加载力工具库

②作用力

在 ADAMS/View 里施加的作用力(包括力和力矩)可以是单向的力,也可以是三个方向的力分量(组合力)。在 ADAMS/View 里,作用力的形式比较简单,下面以组合力施加为例,介绍加载的步骤。

a. 选择施加组合力的工具,如同时施加 3 个分力和 3 个分力矩的广义力工具。

b. 在施加广义力对话框中设置参数。

定义广义力的方式:

1Location:选择力的施加点,ADAMS/View 会自动选择离该点最近的两个构件施加载荷。如果只有一个构件,那么 ADAMS/View 会将载荷施加在该构件和大地之间。

2Bodies－1Location：需要选择两个要施加载荷的构件和一个公共的作用点。第一个选择的构件是作用力构件，第二个选择的构件是反作用力构件。

2Bodies－2Location：需要选择两个要施加载荷的构件和两个作用点。

定义广义力的方向：

Normal to Grid：垂直于工作栅格或者屏幕方向。

Pick Feature：方向沿着在模型上指定的一个向量的方向。

定义力值的方法：可以直接输入力的值，或者通过弹簧系数和阻尼系数确定。

c. 按照状态栏的提示，逐步完成操作。

d. 如果需要更改力值、设置作用构件等，可以通过广义力修改对话框实现，如图3.33所示。

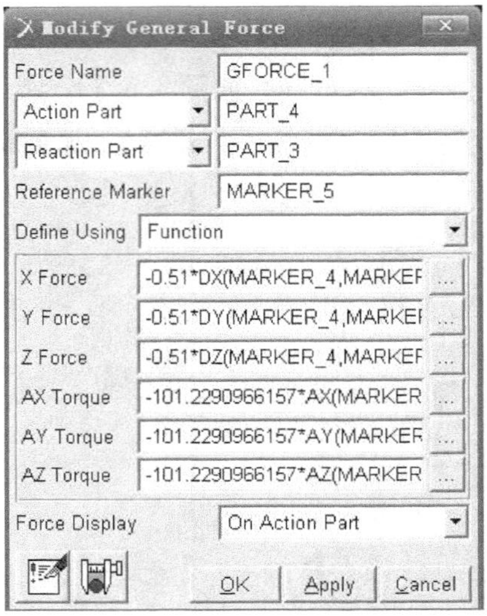

图3.33　广义力修改对话框

③柔性连接力

ADAMS/View里提供了以下几种柔性连接力：轴套力、拉压弹簧、扭转弹簧、无质量梁和力场。

a. 轴套力（Bushing）

轴套力工具通过定义力和力矩的6个分量来实现在两个构件之间施加一个柔性力。输入拉伸及扭转的刚度系数和阻尼系数之后，轴套力的计算公式为

$$\begin{bmatrix} Fx \\ Fy \\ Fz \\ Tx \\ Ty \\ Tz \end{bmatrix} = -\begin{bmatrix} k11 & 0 & 0 & 0 & 0 & 0 \\ 0 & k22 & 0 & 0 & 0 & 0 \\ 0 & 0 & k33 & 0 & 0 & 0 \\ 0 & 0 & 0 & k44 & 0 & 0 \\ 0 & 0 & 0 & 0 & k55 & 0 \\ 0 & 0 & 0 & 0 & 0 & k66 \end{bmatrix} \begin{bmatrix} x \\ y \\ z \\ \theta x \\ \theta y \\ \theta z \end{bmatrix} -$$

$$\begin{bmatrix} c11 & 0 & 0 & 0 & 0 & 0 \\ 0 & c22 & 0 & 0 & 0 & 0 \\ 0 & 0 & c33 & 0 & 0 & 0 \\ 0 & 0 & 0 & c44 & 0 & 0 \\ 0 & 0 & 0 & 0 & c55 & 0 \\ 0 & 0 & 0 & 0 & 0 & c66 \end{bmatrix} \begin{bmatrix} vx \\ vy \\ vz \\ \omega x \\ \omega y \\ \omega z \end{bmatrix} + \begin{bmatrix} Fx0 \\ Fy0 \\ Fz0 \\ Tx0 \\ Ty0 \\ Tz0 \end{bmatrix} \tag{3.163}$$

式中 x,y,z 与 $\theta x,\theta y,\theta z$ 分别是 I,J 标记之间的相对位移和相对转角；vx,vy,vz 与 $\omega x,\omega y,\omega z$ 分别为 I,J 标记之间的相对速度和相对角速度；$Fx0,Fy0,Fz0$ 和 $Tx0,Ty0,Tz0$ 是预载荷。

如图 3.34 所示，可以通过轴套力修改对话框修改、编辑轴套的平动属性和转动属性中的刚度系数、阻尼系数及预载荷。

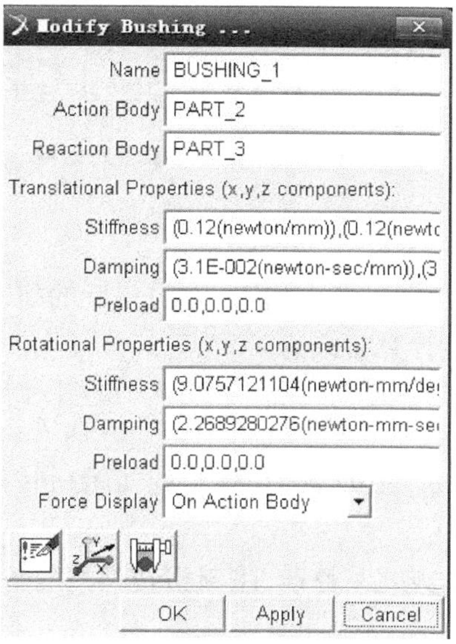

图 3.34　轴套力修改对话框

b. 拉压弹簧

拉压弹簧定义一个施加在两个零件上的弹性力（作用力和反作用力），弹簧力的计算公式为

$$F = -k(l - l_0) - c\frac{\mathrm{d}r}{\mathrm{d}t} + F_0 \tag{3.164}$$

式中 k 是弹簧刚度系数；l_0 及 l 分别是弹簧的初始长度和瞬时长度；c 是阻尼系数；F_0 是预载荷。

如图 3.35 所示，可以通过弹簧阻尼力编辑对话框编辑弹簧的刚度系数、阻尼系数、初始长度和预载荷等。

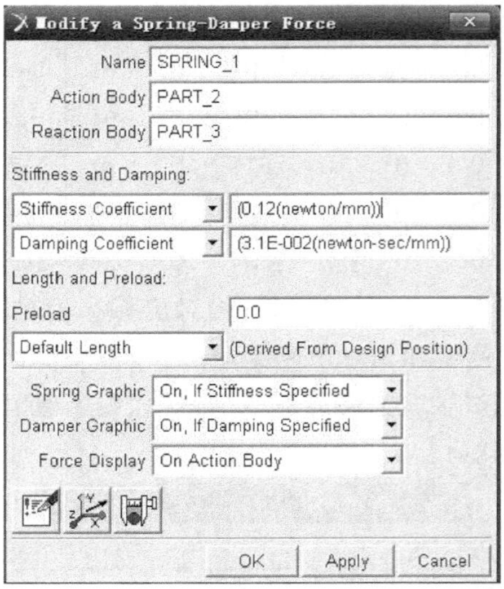

图 3.35　弹簧阻尼力编辑对话框

c. 扭转弹簧

扭转弹簧对两个构件施加一个大小相等、方向相反的扭矩，扭矩的方向根据右手法则来确定。扭转弹簧的扭转力矩计算公式为

$$T = -k_T(\theta - \theta_0) - c_T\frac{\mathrm{d}\theta}{\mathrm{d}t} + T_0 \tag{3.165}$$

式中 k_T 是弹簧扭转刚度系数；θ_0 及 θ 分别是弹簧的初始扭转角和瞬时扭转角；c_T 是扭转阻尼系数；T_0 是预载荷。

可以采用类似拉压弹簧的方式来修改、编辑扭转弹簧的各个参数。

d. 无质量梁

图 3.36 为无质量梁受力示意图，从图中可以看出梁两个端点之间的力包括轴向力(S_1,S_7)、Y 轴和 Z 轴方向的弯矩(S_5,S_6,S_{11},S_{12})、X 轴方向的转矩(S_4,S_{10})、剪切力(S_2,S_3,S_8,S_9)。

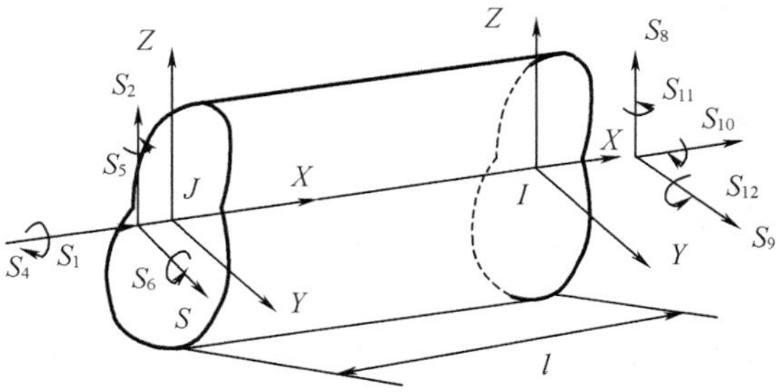

图 3.36　无质量梁受力示意图

图 3.37 为无质量梁编辑对话框，需要输入的参数：无质量梁的截面属性和材料参数；Length 是无质量梁的长度，可以通过 I 和 J 标记之间的距离得到；Damping Ratio 是阻尼比(R)，无质量梁中的刚度矩阵和阻尼矩阵的关系为 $cij = kijR$，也可以选择 Damping Matrix 直

接输入阻尼系数。

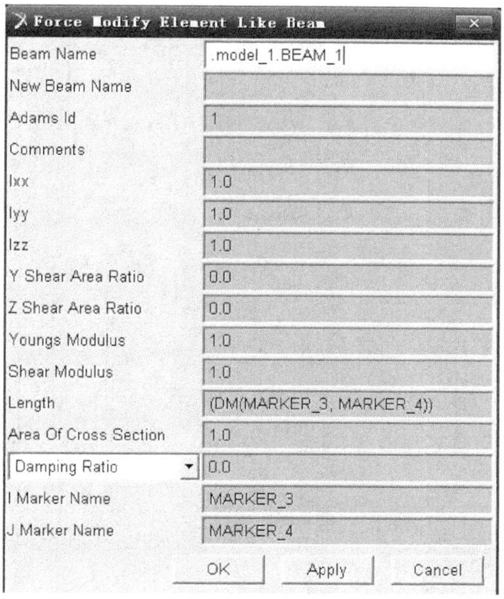

图 3.37　无质量梁编辑对话框

有了以上参数以后,ADAMS/View 用以下公式计算作用力:

$$
\begin{bmatrix} F_x \\ F_y \\ F_z \\ T_x \\ T_y \\ T_z \end{bmatrix} = -\begin{bmatrix} k_{11} & 0 & 0 & 0 & 0 & 0 \\ 0 & k_{22} & 0 & 0 & 0 & k_{26} \\ 0 & 0 & k_{33} & 0 & k_{35} & 0 \\ 0 & 0 & 0 & k_{44} & 0 & 0 \\ 0 & 0 & k_{53} & 0 & k_{55} & 0 \\ 0 & k_{62} & 0 & 0 & 0 & k66 \end{bmatrix} \begin{bmatrix} x-l \\ y \\ z \\ \theta_x \\ \theta_y \\ \theta_z \end{bmatrix} - \begin{bmatrix} c_{11} & c_{12} & c_{13} & c_{14} & c_{15} & c_{16} \\ c_{21} & c_{22} & c_{23} & c_{24} & c_{25} & c_{26} \\ c_{31} & c_{32} & c_{33} & c_{34} & c_{35} & c_{36} \\ c_{41} & c_{42} & c_{43} & c_{44} & c_{45} & c_{46} \\ c_{51} & c_{52} & c_{53} & c_{54} & c_{55} & c_{56} \\ c_{61} & c_{62} & c_{63} & c_{64} & c_{65} & c_{66} \end{bmatrix} \begin{bmatrix} v_x \\ v_y \\ v_z \\ \boldsymbol{\omega}_x \\ \boldsymbol{\omega}_y \\ \boldsymbol{\omega}_z \end{bmatrix} \tag{3.166}
$$

式中的参数与前文相同。

e. 力场 

力场工具适用于施加更一般的力和反作用力的情况,力场的计算公式为

$$\begin{bmatrix} F_x \\ F_y \\ F_z \\ T_x \\ T_y \\ T_z \end{bmatrix} = -\begin{bmatrix} k_{11} & k_{12} & k_{13} & k_{14} & k_{15} & k_{16} \\ k_{21} & k_{22} & k_{23} & k_{24} & k_{25} & k_{26} \\ k_{31} & k_{32} & k_{33} & k_{34} & k_{35} & k_{36} \\ k_{41} & k_{42} & k_{43} & k_{44} & k_{45} & k_{46} \\ k_{51} & k_{52} & k_{53} & k_{54} & k_{55} & k_{56} \\ k_{61} & k_{62} & k_{63} & k_{64} & k_{65} & k_{66} \end{bmatrix} \begin{bmatrix} x - x_0 \\ y - y_0 \\ z - z_0 \\ \theta_x - \theta_{x0} \\ \theta_y - \theta_{y0} \\ \theta_z - \theta_{z0} \end{bmatrix} - \begin{bmatrix} c_{11} & c_{12} & c_{13} & c_{14} & c_{15} & c_{16} \\ c_{21} & c_{22} & c_{23} & c_{24} & c_{25} & c_{26} \\ c_{31} & c_{32} & c_{33} & c_{34} & c_{35} & c_{36} \\ c_{41} & c_{42} & c_{43} & c_{44} & c_{45} & c_{46} \\ c_{51} & c_{52} & c_{53} & c_{54} & c_{55} & c_{56} \\ c_{61} & c_{62} & c_{63} & c_{64} & c_{65} & c_{66} \end{bmatrix} \begin{bmatrix} v_x \\ v_y \\ v_z \\ \omega_x \\ \omega_y \\ \omega_z \end{bmatrix} + \begin{bmatrix} F_{x0} \\ F_{y0} \\ F_{z0} \\ T_{x0} \\ T_{y0} \\ T_{z0} \end{bmatrix} \tag{3.167}$$

式中除了 x_0, y_0, z_0 及 $\theta_{x0}, \theta_{y0}, \theta_{z0}$ 是 I, J 标记之间的初始位移和初始角度外，其他的参数与前文相同。

3.4.2 虚拟样机的模型检验

完成虚拟样机的所有建模和相关的设置后，通常应该对样机模型进行最后的检验，以发现和解决会影响仿真顺利进行的因素。检验可以利用模型自检工具，检查不恰当的连接及约束、没有约束的构件、无质量构件、样机的自由度等。在建模过程中也可以进行模型检验，以保证模型的准确无误。

启动模型检验工具可以通过程序右下角的 ✓ 图标进入，如图 3.38(a)所示，也可以通过菜单栏里 Tools 下的 Model Verify 命令直接调用。图 3.38(b)为模型检验信息。

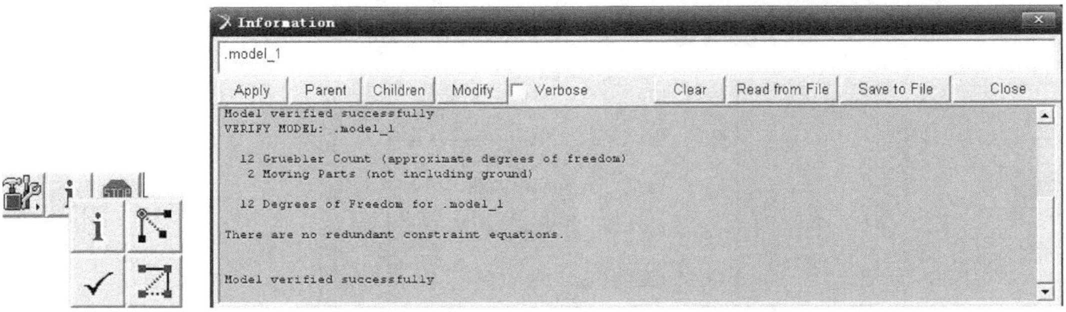

(a)模型检验工具　　(b)模型检验信息

图 3.38　模型检验工具和检验信息

在信息窗口里可以得到模型和仿真的各种信息，信息的最后说明模型检验的结果。如果提示检验有错误，就要检验模型建立得是否合理，构件之间的连接是否正确，直至模型检验成功为止。

3.4.3　虚拟样机仿真过程及结果分析

(1)仿真输出设置

ADAMS/View 默认的仿真分析结果输出有以下两类:

①模型各种对象基本信息:包括模型中每个构件的质心位置、速度、加速度,以及力和约束的动力学特性等。

②结果数据系列:程序在计算仿真过程中的一系列变量数据状态量等。

除了 ADAMS/View 默认的两种输出以外,ADAMS/View 还允许用户通过程序提供的测量(Measure)方法和指定输出请求(REQUEST)方式自定义一些输出。表 3.6 比较了两者的使用功能和范围

表 3.6　测量方法和指定输出请求比较

测量方法	指定输出请求
每次只能用于测量一个物理量	最多可以测量 6 个分量
可供选择的测量类型较多	只有位移、速度、加速度和力 4 种测量类型
可以用于结果分析和定义模型	只能用于结果分析
可以在仿真过程中和结束后观察测量	只能在仿真结束后观察测量结果

(2)添加传感器

传感器与仿真控制有着密切的关系。传感器可以监视仿真分析过程中的某一指定事件,如果事件发生,则会激发相应的动作,从而改变系统的运行方向,使系统采用另外一种方式继续进行仿真运算。如果将传感器和脚本控制结合起来,则可以实现一些特殊的仿真控制。

传感器创建对话框如图 3.39 所示,从图中可以看出创建传感器主要包括以下两部分内容。

①定义事件和判断条件

通过 Event Definition 和 Expression 两项完成事件的定义,可以通过单击更多图标调出函数构造器来创建复杂的函数表达式。Event Evaluation 项用于定义传感器的返回值,如果是角度,还需要选择 Angular Values 选项。因为仿真是一种逼近运算,所以判断事件的值不可能与事件的值完全一致,因此需要定义一个误差范围。当事件的值在(Value - Error, Value + Error)范围内时,判断条件(equal、greater than or equal 或 less than or equal)满足,传感器将激发相应的动作。

②定义传感器产生的激发动作

当判断满足条件时,传感器将激发某一动作,从而改变系统仿真运算的方式。传感器激发的动作包括标准动作和特殊动作两大类。

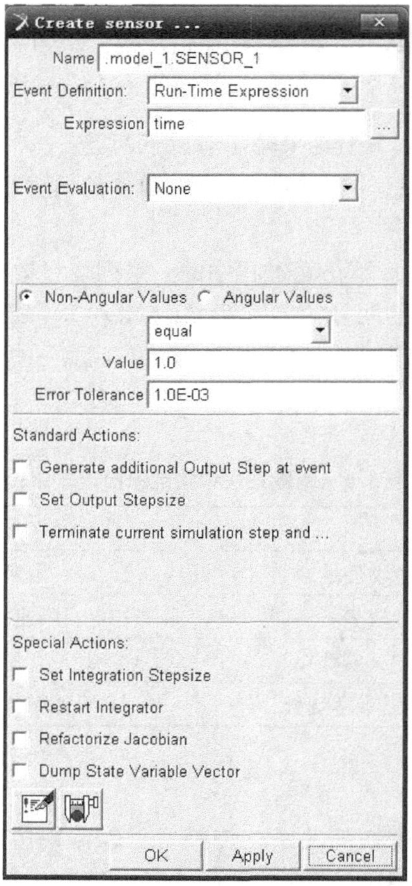

图 3.39　传感器创建对话框

标准动作分为以下 3 种：

a. Generate additional Output Step at event：当判断条件满足时，再多计算一步。

b. Set Output Stepsize：重新设置计算步长。

c. Terminate current simulation step and stop, or continue with a simulation script：结束仿真分析或者中断仿真分析。

特殊动作分为以下 4 种：

a. Set Integration Stepsize：设置下一步的积分步长，该设置只对下一步这一分析步有效。

b. Restart Integrator：重新进行积分，如果在 a 中定义了积分步长，则用该步长计算，否则重新调整积分阶次。

c. Refactorize Jacobian：重新分解雅可比矩阵，这样有利于提高计算精度和收敛。

d. Dump State Variable Vector：将状态变量的值写到工作目录的一个文件中。

(3)虚拟样机仿真

在 ADAMS/View 里可以进行的仿真分析类型有 Dynamic(动力学分析)、Kinematic(运动学分析)、Static(静态分析)、Assemble(装配分析)和 Liner(线性分析)。ADAMS/View 可以自动调用 ADAMS/Solver 求解程序进行求解。

交互式仿真分析是最简单、方便和迅速的虚拟样机仿真分析方法。在进行交互式仿真分析时，只输入少量参数就可以进行仿真，因此它通常是初始仿真的首选方法。进行交互式仿真分析时的主要步骤和设置如下：

①启动仿真分析对话框

可以通过单击主工具箱上的图标进入仿真分析对话框，此时在主工具箱下会出现基本的仿真分析选项，如图3.40(a)所示。如果需要更多的仿真控制选项，则可以通过单击主工具箱右下角的更多图标，调出完整的仿真分析对话框，如图3.40(b)所示。

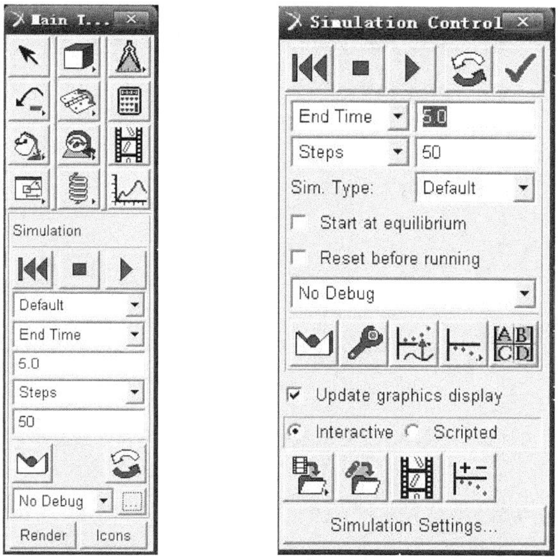

(a)基本的仿真分析选项　　(b)完整的仿真分析对话框

图3.40　仿真分析对话框

②选择仿真分析类型

Default 为默认的分析类型，选择该选项，程序会根据样机模型的自由度数自动选择分析类型（动力学分析或者运动学分析）。此外，也可以选择 Dynamic（动力学分析）、Kinematic（运动学分析）或者 Static（静态分析）。

③选择仿真分析时间的定义方法

a. End Time：定义仿真分析的结束时间，当仿真分析达到该时间时，仿真分析结束。

b. Duration：定义仿真分析所持续的时间段。

c. Forever：ADAMS/View 将进行不间断的连续仿真。

④设置步长

如果选择 Steps 选项，则需要输入整个仿真分析过程中总共有多少个分析步。如果选择 Step Size 选项，则需要输入每个分析步的长度（即时间间隔）。

⑤开始仿真

单击开始仿真图标，开始仿真。如果希望终止分析，则单击终止图标。仿真结束后，可以通过单击回放图标重现仿真过程。

3.5 基于 ADAMS 的多刚体系统仿真分析实例

本节以曲柄压力机机构为例，详细介绍运用 ADAMS/View 进行虚拟样机仿真的方法。

图 3.41 为曲柄压力机结构简图，各构件的几何尺寸为 $l_{OA}=300\sqrt{5}$ mm，$l_{AB}=1\ 000$ mm，$l_{OB}=1\ 100$ mm。电机输出转速为 30 rad/s，作用于 O 点。滑块向下运动压紧工件，其压紧力用弹簧力来模拟。假设弹簧刚度 $K=5$ N/mm，阻尼系数 $C=0$。

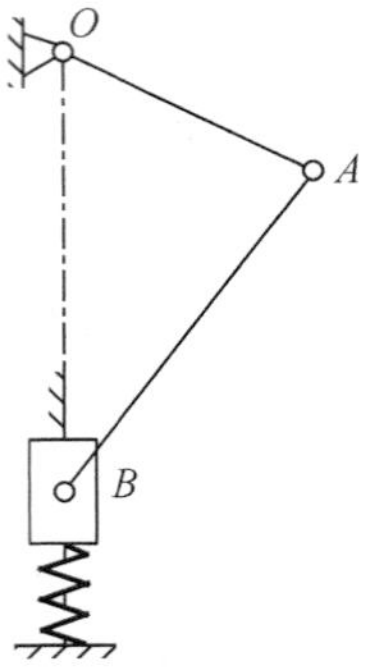

图 3.41　曲柄压力机结构简图

试建立该机构的虚拟样机模型；对该机构进行运动学仿真分析，得到曲柄的质心位移随时间的变化曲线以及连杆的质心速度和加速度随时间的变化曲线；对其进行动力学仿真分析，给出在压紧过程中工件所受压力的变化情况。

（1）启动 ADAMS/View

①通过快捷图标或者在程序中选择 ADAMS/View。

②选择程序的开始目录；设置环境重力场为 Earth Normal（ -Global Y）；设置单位制为 MMKS - mm，kg，N，s，deg。

③单击 OK 确定。

（2）建模环境的设置

①设置工作栅格

a. 在菜单栏 Settings 的下拉菜单中选择 Working Grid...。

b. 设置栅格的范围 Size：$X=1\ 500$ mm，$Y=1\ 500$ mm。

c. 设置栅格的间距 Spacing：$X=50$ mm，$Y=50$ mm。

d. 单击 OK 确定。

②调整合适的工作区域大小

按住 Ctrl 键，通过鼠标左键选择合适的工作区域大小。

(3)创建机构构件

①创建连杆

a. 在基本几何体工具箱里选择连杆工具图标。

b. 选择构件的生成方式为 New Part。

c. 定义构件的长度为 1 000 mm,宽度为 80 mm,深度为 20 mm,通过屏幕栅格选择点(0, -800, 0),然后选择点(600, 0, 0)完成连杆的创建。

②创建曲柄

a. 在连杆工具创建对话框里设置构件的生成方式为 New Part。

b. 定义构件的宽度为 100 mm,深度为 20 mm,通过屏幕栅格选择点(0,300,0),然后选择点 A,完成曲柄的创建。

③创建滑块

a. 在基本几何体工具箱里选择滑块工具图标。

b. 选择构件的生成方式为 New Part。

c. 定义构件的长度为 100 mm,宽度为 200 mm,深度为 20 mm,通过屏幕栅格选择点(-50, -900,0),完成滑块的创建。

d. 完成建模后的曲柄滑块模型如图 3.25 所示。

④创建弹簧

a. 在基本几何体工具箱里选择滑块工具图标。

b. 设置弹簧刚度 $K = 5$ N/mm,阻尼系数 $C = 0$。

c. 右击滑块的中心,弹出 Select 对话框,在对话框中选择 PART_4. cm,单击 OK 按钮,再通过屏幕栅格选择点(0, -1 300,0),完成弹簧的创建。

(4)创建转动副

①在低副工具栏里选择转动副工具图标。

②在 Construction 选项里选择转动副创建方式,O 点为 1Location,方向为 Normal to Grid。

③在窗口中分别选择 O、A 和 B 三点,在这三个位置创建转动副。

(5)创建移动副

①在低副工具栏里选择移动副工具图标。

②在 Construction 选项里选择移动副创建方式为 1Location,方向为 Pick Feature,并且在窗口中选择方向为平行于 Y 轴的方向为移动副方向。

③在窗口中选择 B 点,完成移动副的创建。

(6)定义运动

完成构件的建模和构件之间的连接(即约束)后,需要为曲柄的转动副定义以转动。

①在主工具箱中选择旋转运动图标。

②在 Speed 文本框中输入 30,定义转动速度为 30 rad/s。

③选择 O 点处的转动副,完成运动的定义,如图 3.42 所示。

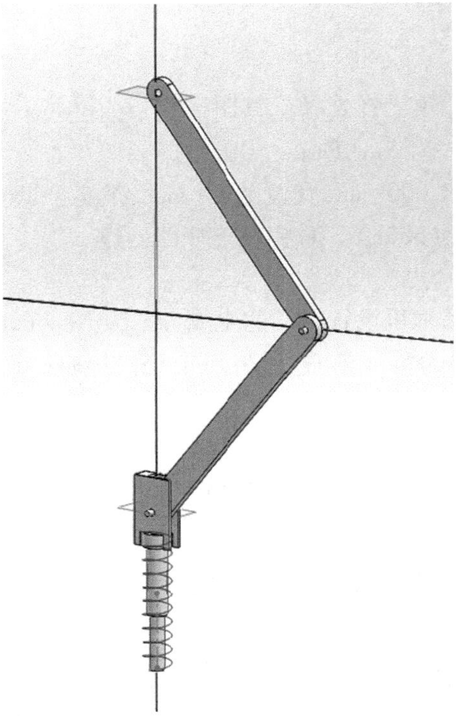

图 3.42　定义运动后的曲柄滑块机构模型

(7)模型检验

单击右下角的模型检验图标，调出模型检验信息对话框，如图 3.43 所示。可以看到，模型检验成功。

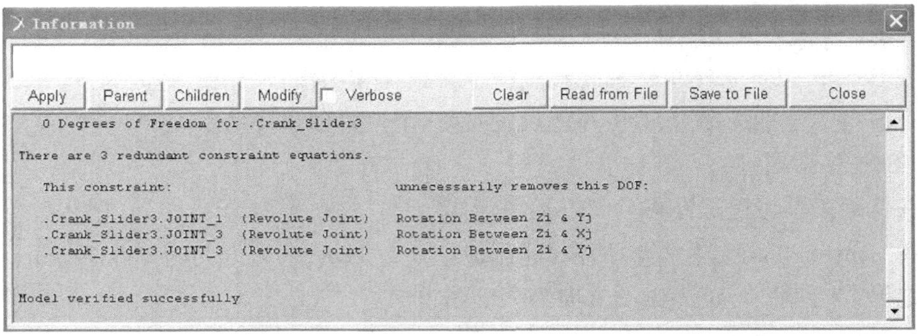

图 3.43　模型检验信息对话框

(8)曲柄压力机仿真分析

①在主工具箱中选择仿真分析图标。

②定义终止时间 End Time 和分析步 Steps 分别为 24 与 200，即两个周期。

③单击开始仿真工具图标，开始仿真。

(9)测量

①曲柄质心位置的测量

a. 右击曲柄弹出快捷菜单，选择 Part:PART_3 ｜ Measure 菜单项，弹出测量对话框，如图 3.44(a)所示。

b. 在 Characteristic 选项选择 CM position，然后选择笛卡儿直角坐标系下的测量。

c. 单击 OK 确定。

d. 单击开始仿真工具图标开始仿真，并且得到如图 3.44(b)所示的曲柄质心位置随时间变化的曲线。

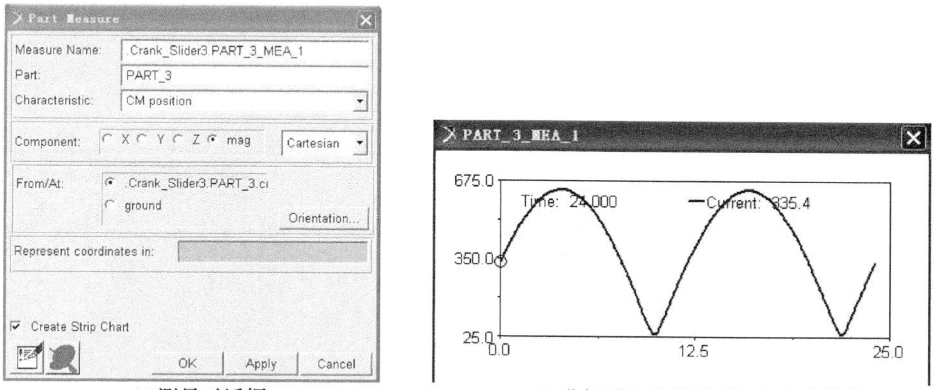

(a)测量对话框　　(b)曲柄质心位置随时间变化的曲线

图 3.44　曲柄质心位置的测量

②连杆质心速度和加速度的测量

a. 右击连杆弹出快捷菜单，选择 Part:PART_2 ｜ Measure 菜单项，弹出测量对话框。

b. 在 Characteristic 选项选择 CM velocity，然后选择笛卡儿直角坐标系下的测量。

c. 单击 OK 确定。

d. 重复上述 a ~ c 的步骤，在 Characteristic 选项选择 CM acceleration，完成质心加速度测量的定义。

e. 单击开始仿真工具图标开始仿真，并且得到图 3.45(a)所示的连杆质心速度随时间变化的曲线和图 3.45(b)所示的连杆质心加速度随时间变化的曲线。

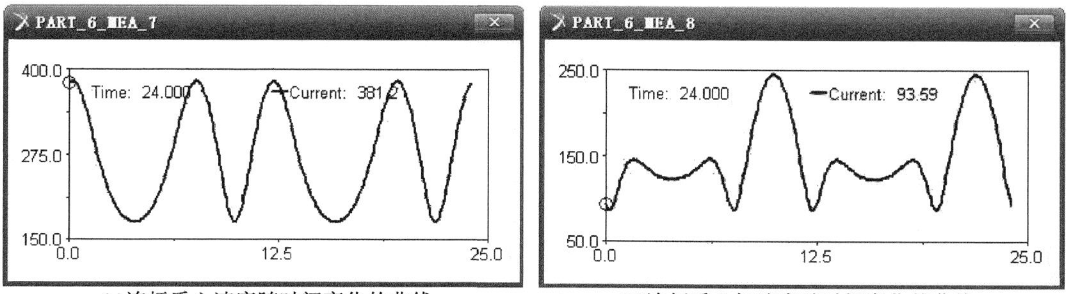

(a)连杆质心速度随时间变化的曲线　　(b)连杆质心加速度随时间变化的曲线

图 3.45　连杆质心速度和加速度的测量

③弹簧力的测量

a. 右击曲柄弹出快捷菜单，选择 Spring:SPRING_1 ｜ Measure 菜单项，弹出 Assembly

Measure 弹簧力测量对话框,如图 3.46(a)所示。

b. 在 Characteristic 选项选择 force。

c. 单击 OK 确定,则显示弹簧力的测量结果如图 3.46(b)所示。

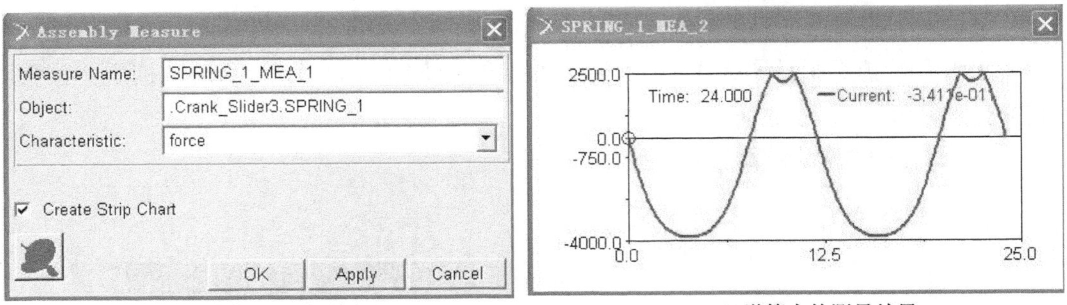

(a)弹簧力测量对话框　　(b)弹簧力的测量结果

图 3.46　弹簧力的测量

(10)保存模型文件,退出 ADAMS/View 程序

①在 File 菜单中选择 Save Database As... 。

②在弹出的菜单中输入文件名 example,单击 OK,完成文件保存。

③在 File 菜单中选择 Exit 命令,退出 ADAMS/View 程序。

第 4 章　机械系统的数值仿真与虚拟样机仿真

4.1　机械系统动力特性分析

4.1.1　体系的自由度

(1)约束与运动副

机械系统是一种多体系统,由于单独的构件受到约束作用,因此其在空间中将不再具有 6 个自由度(3 个移动自由度和 3 个转动自由度)。对构件独立运动的限制称为约束。每加上一个约束,构件便失去一个自由度,自由度数与约束条件数之总和应等于 6。由于运动副为两个构件的活动连接,因此对每个构件的约束最多为 5,最少为 1。根据运动副提供的约束条件数,将运动副分为五级:引入一个约束的运动副称为Ⅰ级副,引入两个约束的运动副称为Ⅱ级副,以此类推,最末为Ⅴ级副。若根据构成运动副的两构件的接触情况分类,则以面接触的运动副称为低副,以点或线接触的运动副称为高副。根据运动副两元素间相对运动的形式分类,如果运动副元素间只能相互做平面平行运动,则称之为平面运动副,否则称之为空间运动副。平面运动副又可进一步分为转动副和移动副,平面机构中只含有平面运动副。

机械系统中常见运动副的类型及约束见表 4.1。

表 4.1　机械系统中常见运动副的类型及约束

名称	图形	约束条件数	自由度数	运动副级别
球面高副	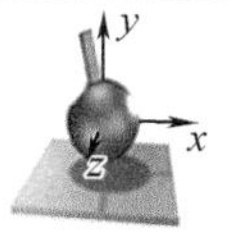	1	5	Ⅰ级副
柱面高副	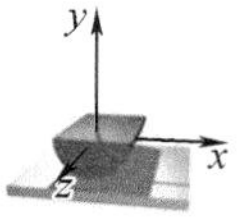	2	4	Ⅱ级副
球面低副	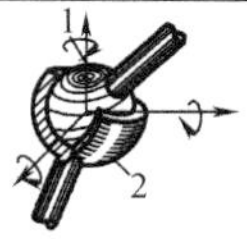	3	3	Ⅲ级副

表 4.1(续)

名称	图形	约束条件数	自由度数	运动副级别
球销副		4	2	Ⅳ级副
圆柱副	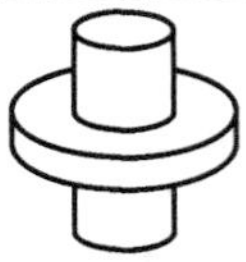	4	2	Ⅳ级副
平面高副		4	2	Ⅳ级副
螺旋副	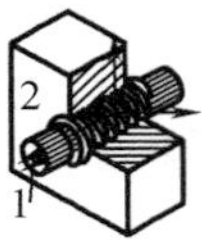	5	1	Ⅴ级副
转动副	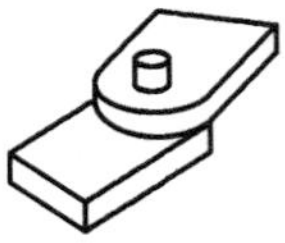	5	1	Ⅴ级副
移动副	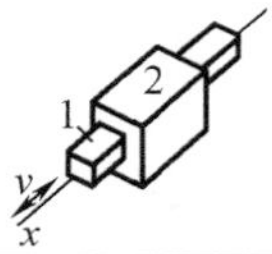	5	1	Ⅴ级副

(2)自由度

根据机械原理,机构具有确定运动时必须给定的独立运动参数的数目(亦即为了使机构的位置得以确定,必须给定独立的广义坐标数目),称为机构自由度。机构自由度分为平面机构自由度和空间机构自由度。在计算自由度时,与之直接相关的就是约束,机构的约束增加,自由度就减少,因此简单来说,机构的自由度为组成刚体自由度之和减去运动副的约束。

①平面机构自由度

一个刚体在平面可以由其上任一点的坐标 x 和 y,以及通过该点的垂线与横坐标轴的夹角 3 个参数来决定,因此该刚体具有 3 个自由度。平面机构自由度的计算公式为

$$DOF = 3n - 2P_{L} - P_{H} \tag{4.1}$$

式中,n 为一个平面机构中的活动构件数(机架作为参考坐标系不计算在内),每个活动构件有 3 个自由度,即沿 x、y 轴的独立移动和绕 z 轴的独立转动 θ_z;P_L 为低副数,每个低副引进 2 个约束,即限制 2 个自由度,其中转动副限制 x、y 2 个移动,移动副限制 1 个转动和另 1 个移动;P_H 为高副数,每个高副只引进 1 个约束,即限制 1 个自由度。

应用平面机构自由度的计算公式时需要注意复合铰链、局部自由度和虚约束等情况。几个转动副的轴线重合时称为复合铰链，在计算转动副数时不能遗漏。凸轮机构中从动件(如滚子)的自转运动即为局部自由度，在计算机构的自由度时应将局部自由度除去不计。机构中引进局部自由度的主要目的是减小磨损。虚约束是不起约束作用的约束，当一根轴用两个轴承形成两个轴线并行的转动副时，其中一个即为虚约束。机构中引进虚约束仅仅是为了提高零件的刚度或度过机构的死点，但对制造和安装的要求有所提高，否则虚约束就成为实约束，从而使机构产生卡住现象。

②空间机构自由度

一个刚体在空间上完全没有约束，那么它可以在 3 个正交方向上平动，还可以有 3 个正交方向的转动，那么该刚体具有 6 个自由度。

计算空间机构的自由度时，所用的公式类似式(4.1)，但每个活动构件有 6 个自由度：x、y、z、θ_x、θ_y 和 θ_z。机构中每个构件受到的或每个运动副具有的相同约束称为公共约束。例如，在平面铰链四杆机构中，其所有构件只能在 x、y 平面内运动，这就使这一平面机构的所有构件的运动受到相同的公共约束，即均不能沿 z 轴移动和绕 x 及 y 轴转动，亦即该机构的所有构件共同受到 3 个公共约束。以 m 表示机构的公共约束数，则机构中每个活动构件的自由度和每个运动副的有效约束都要减少 m 个。这样，空间机构自由度的计算公式为

$$DOF = (6 - m)n - \sum_{k=m+1}^{k=5}(k - m)P_k \tag{4.2}$$

式中，P_k 为有 k 个约束的 k 级运动副数。对于公共约束数 $m=0$ 的空间机构，其自由度公式为

$$DOF = 6n - 5P_5 - 4P_4 - 3P_3 - 2P_2 - P_1 \tag{4.3}$$

平面机构因受到 z、θ_x 和 θ_y 三个公共约束，$m=3$，所以 $N=3n-2P_5-P_4$，式中 P_5 和 P_4 相应为式(4.1)中的 P_L 和 P_H。m 的概念是在 1936 年由苏联学者提出来的；m 的具体求法是 1952 年中国学者最先提出来的“脱离机架法”。这个公式仅适用于求单环机构的自由度。对于多环机构的自由度，中国学者在 1979 年提出一种比较简单的方法，即先将各环分别按单环计算，最后综合考虑。

4.1.2　机械系统运动方程

对于多体系统的运动学分析，传统的理论力学是以刚体位置、速度和加速度的微分关系以及矢量合成原理为基础进行分析的，而多体系统动力学中的运动学分析则以系统中连接物体与物体的运动副为出发点，所进行的位置、速度和加速度分析都是基于与运动副对应的约束方程来进行的。

基于约束的多体系统运动学，首先寻求与系统中运动副等价的位置约束代数方程，再由位置约束方程的导数得到速度、加速度的约束代数方程，对这些约束方程进行数值求解，可得到广义位置坐标及相应的速度和加速度坐标，最后根据坐标变换就可以由系统广义坐标及相应导数得到系统中任何一点的位置、速度和加速度。

由于机械系统在二维空间运动时，广义坐标、约束方程、问题规模及问题求解都相对简

单,故本节先讨论二维多体系统运动学以解释多体系统运动学基本理论,在此基础上再给出三维多体系统的运动学方程。

(1)约束方程(位置方程)

设一个平面机构由 n 个刚性构件组成,在机构所在平面上建立一个全局坐标系 xOy,机构在该坐标系中运动,再为机构上每个构件 i 建立各自的连体坐标系 $x_i'O_i'y_i'$,可由连体坐标系的运动确定构件的运动,如图 4.1 所示。选定构件 i 连体坐标系原点 O_i'的全局坐标 $\boldsymbol{r}_i=[x_i,y_i]^{\mathrm{T}}$ 和连体坐标系相对于全局坐标系的转角 φ_i 组成构件 i 的笛卡儿广义坐标矢量 $\boldsymbol{q}_i=[x_i,y_i,\varphi_i]^{\mathrm{T}}$。由 n 个刚性构件组成的系统的广义坐标数 $n_q=3\times n$,则系统广义坐标矢量可表示为 $\boldsymbol{q}=[q_1^{\mathrm{T}},q_2^{\mathrm{T}},\cdots q_n^{\mathrm{T}}]^{\mathrm{T}}$。

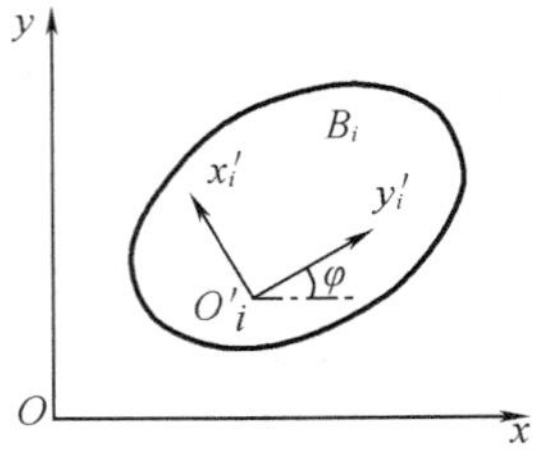

图 4.1 平面笛卡儿广义坐标

在一个实际的机械系统中,构件与支架或构件与构件之间存在运动副的连接,这些运动副可以用系统广义坐标表示为代数方程。设系统在定常完整约束情况下,用 n_c 表示运动副的约束方程数,则用系统广义坐标矢量表示的运动学约束方程组为

$$\boldsymbol{\Phi}^{\mathrm{K}}(\boldsymbol{q})=[\boldsymbol{\Phi}_1^{\mathrm{K}}(\boldsymbol{q}),\boldsymbol{\Phi}_2^{\mathrm{K}}(\boldsymbol{q}),\cdots,\boldsymbol{\Phi}_{n_c}^{\mathrm{K}}(\boldsymbol{q})]^{\mathrm{T}}=0 \tag{4.4}$$

对于一个有 n_q 个广义坐标和 n_c 个约束方程的机械系统,若 $n_q>n_c$,且这 n_c 个约束方程是独立、相容的,则系统自由度 $DOF=n_q-n_c$。为使系统具有确定运动,可以采以下两种方法:

①为系统添加与系统自由度 DOF 相等的附加驱动约束。

②对系统施加力的作用。

若采用第一种方法,则系统实际自由度为零,被称为是在运动学上确定的。在此情况下求解系统运动过程中的位置、速度和加速度的分析是运动学分析,运动学分析本身不涉及作用力或反作用力问题。但是对于运动学上确定的系统,可以求解系统中约束反力,即已知运动求作用力,这是动力学逆问题。

若采用第二种方法,则系统有大于零的自由度,但是在外力作用下,对于具有确定构型和特定初始条件的系统,其动力学响应是确定的。在这种情况下求解系统运动过程中的位置、速度和加速度的分析称为动力学分析。在这种情况下,特殊地,如果外力与时间无关,则可以求解系统的静平衡位置,这就是静平衡分析问题。

考虑运动学分析,为使系统具有确定运动,也就是使系统实际自由度为零,则可为系统施加等于自由度(n_q-n_c)的驱动约束,即

$$\boldsymbol{\Phi}^{\mathrm{D}}(\boldsymbol{q},t)=0 \tag{4.5}$$

在一般情况下，驱动约束是系统广义坐标和时间的函数。驱动约束在其集合内部及其与运动学约束合集中必须是独立和相容的，在这种条件下，驱动系统在运动学上是确定的，将作确定运动。

由式(4.4)表示的系统运动学约束和式(4.5)表示的驱动约束组合成系统所受的全部约束，有

$$\boldsymbol{\Phi}(\boldsymbol{q},t)=\begin{bmatrix}\Phi^{K}(\boldsymbol{q},t)\\ \Phi^{D}(\boldsymbol{q},t)\end{bmatrix}=0 \tag{4.6}$$

式(4.6)为 n_q 个广义坐标的 n_q 个非线性方程组，构成系统位置方程，求解该式就可得到系统在任意时刻的广义坐标位置 $q(t)$。

(2)速度和加速度方程

对式(4.6)运用链式微分法则求导，得到速度方程为

$$\dot{\Phi}(\boldsymbol{q},\dot{q},t)=\boldsymbol{\Phi}_q(\boldsymbol{q},t)\dot{q}+\Phi_t(\boldsymbol{q},t)=0 \tag{4.7}$$

若令 $\boldsymbol{v}(\boldsymbol{q},t)=-\Phi_t(\boldsymbol{q},t)$，则速度方程为

$$\dot{\boldsymbol{\Phi}}(\boldsymbol{q},\dot{q},t)=\boldsymbol{\Phi}_q(\boldsymbol{q},t)\dot{q}-v(\boldsymbol{q},t)=0 \tag{4.8}$$

如果 Φ_q 是非奇异的，则可以求解式(4.8)得到各离散时刻的广义坐标速度 $\dot{q}$。

对式(4.7)运用链式微分法则求导，可得加速度方程为

$$\ddot{\Phi}(\boldsymbol{q},\dot{q},\ddot{q},t)=\boldsymbol{\Phi}_q(\boldsymbol{q},t)\ddot{q}+(\boldsymbol{\Phi}_q(\boldsymbol{q},t)\dot{q})_q\dot{q}+2\Phi_{qt}(\boldsymbol{q},t)\dot{q}+\Phi_{tt}(\boldsymbol{q},t)=0 \tag{4.9}$$

若令 $\eta(\boldsymbol{q},\dot{q},t)=-(\boldsymbol{\Phi}_q(\boldsymbol{q},t)\dot{q})_q\dot{q}-2\Phi_{qt}(\boldsymbol{q},t)\dot{q}-\Phi_{tt}(\boldsymbol{q},t)$，则加速度方程为

$$\ddot{\Phi}(\boldsymbol{q},\dot{q},\ddot{q},t)=\boldsymbol{\Phi}_q(\boldsymbol{q},t)\ddot{q}-\eta(\boldsymbol{q},\dot{q},t)=0 \tag{4.10}$$

如果 $\boldsymbol{\Phi}_q$ 是非奇异的，则可以求解式(4.10)得到各离散时刻的广义坐标速度 $\ddot{q}$。

在式(4.8)和式(4.10)中，雅可比矩阵 $\boldsymbol{\Phi}_q$ 是约束多体系统运动学和动力学分析中最重要的矩阵。如果 $\boldsymbol{\Phi}$ 的维数为 m，$\boldsymbol{q}$ 的维数为 k，那么 $\boldsymbol{\Phi}_q$ 为 $m\times k$ 矩阵，其定义为 $(\boldsymbol{\Phi}_q)_{(i,j)}=\partial\Phi_i/\partial q_j$。这里 $\boldsymbol{\Phi}_q$ 为 $n_q\times n_q$ 的方阵。

对式(4.8)中的 $\boldsymbol{v}$ 和式(4.10)中的 $\boldsymbol{\eta}$ 进行计算时，会涉及二阶导数。在实际的数值求解中，并不是实时地调用求导算法来进行计算，而是先根据具体的约束类型导出二阶导数以及雅可比矩阵的表示式，在计算中只需代入基本的数据即可。

(3)三维多体系统的位置、速度和加速度分析

在分析三维多体系统前，首先定义三维坐标系中欧拉参数以便于描述其多体系统的位置。如果连体坐标系 $O'x'y'z'$ 与全局坐标系 $Oxyz$ 原点重合，设 $Oxyz$ 绕单位轴 u 矢量转动 χ 角与坐标系 $O'x'y'z'$ 重合，定义欧拉参数组为 $e_0=\cos\frac{\chi}{2}$，$\boldsymbol{e}=[e_1\quad e_2\quad e_3]^{\mathrm{T}}\equiv u\sin\frac{\chi}{2}$，将其用向量表示为 $\boldsymbol{p}=[e_0,\boldsymbol{e}^{\mathrm{T}}]^{\mathrm{T}}\boldsymbol{e}=[e_0,e_1,e_2,e_3]^{\mathrm{T}}$。

因此在一个三维多体系统中，构件 i 的广义坐标矢量由其连体坐标系原点坐标和欧拉参数组成，可以表示为

$$\boldsymbol{q}_i=\begin{bmatrix}r_i\\ p_i\end{bmatrix} \tag{4.11}$$

对于由 n 个构件组成的系统，其广义坐标矢量组为 $\boldsymbol{q}=[q_1^{\mathrm{T}},q_2^{\mathrm{T}},\cdots q_n^{\mathrm{T}}]^{\mathrm{T}}$，系统广义坐标维数为 $7n$。采用欧拉参数广义坐标，每个构件的欧拉参数 p 的广义坐标必须满足归一化约束，即

$$\boldsymbol{\Phi}_i^p=p_i^{\mathrm{T}}p_i-1=0,i=1,\cdots,n \tag{4.12}$$

系统的欧拉参数归一化约束方程的矢量形式为

$$\boldsymbol{\Phi}^p=[\boldsymbol{\Phi}_1^p,\boldsymbol{\Phi}_2^p,\cdots,\boldsymbol{\Phi}_n^p]^{\mathrm{T}}=0 \tag{4.13}$$

与二维系统类似，设与运动副等价的约束方程数为 n_c，则系统运动学约束方程的矢量形式为

$$\boldsymbol{\Phi}^{\mathrm{K}}(\boldsymbol{q})=[\boldsymbol{\Phi}_1^{\mathrm{K}}(\boldsymbol{q}),\boldsymbol{\Phi}_2^{\mathrm{K}}(\boldsymbol{q}),\cdots,\boldsymbol{\Phi}_{n_c}^{\mathrm{K}}(\boldsymbol{q})]^{\mathrm{T}}=0 \tag{4.14}$$

为使系统具有确定运动，对系统施加$(6n-n_c)$个独立的驱动约束，系统驱动约束方程的矢量形式为

$$\boldsymbol{\Phi}^{\mathrm{D}}(\boldsymbol{q},t)=0 \tag{4.15}$$

据此，由系统的欧拉参数归一化约束方程、运动学约束方程及驱动约束方程组成的系统约束方程（或称位置方程）为

$$\boldsymbol{\Phi}(\boldsymbol{q},t)=\begin{bmatrix}\boldsymbol{\Phi}^p(\boldsymbol{q})\\ \boldsymbol{\Phi}^{\mathrm{K}}(\boldsymbol{q})\\ \boldsymbol{\Phi}^{\mathrm{D}}(\boldsymbol{q},t)\end{bmatrix}=0 \tag{4.16}$$

式中包含 $7n$ 个广义坐标的 $7n$ 个方程。

运动学约束方程和驱动约束方程对时间求导即得系统速度方程为

$$\sum_{i=1}^{n}\left\{\begin{bmatrix}\boldsymbol{\Phi}_{r_i}^{\mathrm{K}}\\ \boldsymbol{\Phi}_{r_i}^{\mathrm{D}}\end{bmatrix}\dot{r}_i+\begin{bmatrix}\boldsymbol{\Phi}_{\pi_i'}^{\mathrm{K}}\\ \boldsymbol{\Phi}_{\pi_i'}^{\mathrm{D}}\end{bmatrix}\omega_i'\right\}=\begin{bmatrix}-\boldsymbol{\Phi}_t^{\mathrm{K}}\\ -\boldsymbol{\Phi}_t^{\mathrm{D}}\end{bmatrix}\equiv\begin{bmatrix}\boldsymbol{\upsilon}^{\mathrm{K}}\\ \boldsymbol{\upsilon}^{\mathrm{D}}\end{bmatrix} \tag{4.17}$$

式中 $\boldsymbol{\pi}'$是通过变分得到的，满足 $\delta\boldsymbol{\pi}'=2\begin{bmatrix}-e_1 & e_0 & e_3 & -e_2\\ -e_2 & -e_3 & e_0 & e_1\\ -e_3 & e_2 & -e_1 & e_0\end{bmatrix}\delta p$。

由于运动学约束方程不涉及时间，故

$$-\boldsymbol{\Phi}_t^{\mathrm{K}}=0\equiv\boldsymbol{\upsilon}^{\mathrm{K}} \tag{4.18}$$

式(4.17)对时间求导可得到系统加速度方程为

$$\sum_{i=1}^{n}\left\{\begin{bmatrix}\boldsymbol{\Phi}_{r_i}^{\mathrm{K}}\\ \boldsymbol{\Phi}_{r_i}^{\mathrm{D}}\end{bmatrix}\ddot{r}_i+\begin{bmatrix}\boldsymbol{\Phi}_{\pi_i'}^{\mathrm{K}}\\ \boldsymbol{\Phi}_{\pi_i'}^{\mathrm{D}}\end{bmatrix}\dot{\omega}_i'\right\}=-\begin{bmatrix}\boldsymbol{\Phi}_{tt}^{\mathrm{K}}\\ \boldsymbol{\Phi}_{tt}^{\mathrm{D}}\end{bmatrix}-\sum_{i=1}^{n}\left\{\begin{bmatrix}\boldsymbol{\Phi}_{r_i}^{\mathrm{K}}\\ \boldsymbol{\Phi}_{r_i}^{\mathrm{D}}\end{bmatrix}\dot{r}_i+\begin{bmatrix}\boldsymbol{\Phi}_{\pi_i'}^{\mathrm{K}}\\ \boldsymbol{\Phi}_{\pi_i'}^{\mathrm{D}}\end{bmatrix}\omega_i'\right\}\equiv\begin{bmatrix}\eta^{\mathrm{K}}\\ \eta^{\mathrm{D}}\end{bmatrix} \tag{4.19}$$

同样地，运动学约束中不涉及时间，时间仅可能出现在驱动约束中，驱动约束方程是仅依赖于广义坐标的函数之和或仅依赖于时间的函数之和，故 $\boldsymbol{\Phi}_{qt}=0$。

在计算速度方程和加速度方程中的雅可比矩阵时，并不是进行实时的数值计算，而是基于具体的约束类型进行计算。不管是运动学约束还是驱动约束，都可分为有限的几种类型，要针对每一种类型的运动副计算其雅可比矩阵的代数形式，因此在速度分析和加速度分析时只要先进行雅可比矩阵的组装，然后在迭代的每一时刻代入具体的构件特性值

即可。

4.1.3　机械系统动力方程

对于受约束的多体系统，其动力学方程是先根据牛顿定理给出自由物体的变分运动方程，再运用拉格朗日乘子定理，导出基于约束的多体系统动力学方程。与运动学分析类似，我们先考虑二维多体系统，再讨论三维多体系统。

(1)二维多刚体系统动力学

①自由物体的变分运动方程

任意一个刚体构件 i，质量为 m_i，对质心的极转动惯量为 J_i'，设作用于刚体的所有外力向质心简化后得到外力矢量 $\boldsymbol{F}_i$ 和力矩 $\boldsymbol{n}_i$，定义刚体连体坐标系 $x'O'y'$ 的原点 O' 位于刚体质心，则可根据牛顿定理导出该刚体带质心坐标的变分运动方程为

$$\delta\boldsymbol{r}_i^T[m_i\ddot{\boldsymbol{r}}_i-\boldsymbol{F}_i]+\delta\varphi_i[J_i'\ddot{\varphi}_i-\boldsymbol{n}_i]=0 \tag{4.20}$$

式中 $\boldsymbol{r}_i$ 为固定于刚体质心的连体坐标系原点 O' 的代数矢量；φ_i 为连体坐标系相对于全局坐标系的转角；δr_i 与 $\delta\varphi_i$ 分别为 $\boldsymbol{r}_i$ 与 φ_i 的变分。

取上节为构件 i 定义的广义坐标，即

$$\boldsymbol{q}_i=[\boldsymbol{r}_i^{\mathrm{T}},\varphi_i]^{\mathrm{T}} \tag{4.21}$$

定义广义力为

$$\boldsymbol{Q}_i=[\boldsymbol{F}_i^{\mathrm{T}},\boldsymbol{n}_i]^{\mathrm{T}} \tag{4.22}$$

及质量矩阵为

$$\boldsymbol{M}_i=\mathrm{diag}(m_i,m_i,J_i') \tag{4.23}$$

则可将式(4.20)写作虚功原理的形式，即

$$\delta q_i^{\mathrm{T}}(M_i\ddot{q}_i-Q_i)=0 \tag{4.24}$$

这就是连体坐标系原点固定于刚体质心时用广义力表示的刚体变分运动方程。

②约束多体系统的运动方程

考虑由 n 个构件组成的机械系统，对每个构件运用式(4.24)，组合后可得到系统的变分运动方程为

$$\sum_{i=0}^{n}\delta q_i^{\mathrm{T}}(M_i\ddot{q}_i-Q_i)=0 \tag{4.25}$$

若组合所有构件的广义坐标矢量、质量矩阵及广义力矢量，构造系统的广义坐标矢量、质量矩阵及广义力矢量为

$$\boldsymbol{q}=[q_1^{\mathrm{T}},q_2^{\mathrm{T}},\cdots q_n^{\mathrm{T}}]^{\mathrm{T}} \tag{4.26}$$

$$\boldsymbol{M}=\mathrm{diag}(M_1,M_2,\cdots,M_n) \tag{4.27}$$

$$\boldsymbol{Q}=[Q_1^{\mathrm{T}},Q_2^{\mathrm{T}},\cdots Q_n^{\mathrm{T}}]^{\mathrm{T}} \tag{4.28}$$

系统的变分运动方程(式(4.25))改写为矩阵形式为

$$\delta\boldsymbol{q}^{\mathrm{T}}(\boldsymbol{M}\ddot{\boldsymbol{q}}-\boldsymbol{Q})=0 \tag{4.29}$$

对于单个构件，运动方程中的广义力同时包含作用力和约束力，但在一个系统中，若只考虑理想运动副约束，根据牛顿第三定律，可知作用在系统所有构件上的约束力总虚功为

零，若将作用于系统的广义外力表示为

$$\boldsymbol{Q}^{A}=[\boldsymbol{Q}_1^{AT},\boldsymbol{Q}_2^{AT},\cdots\boldsymbol{Q}_n^{AT}]^{T} \tag{4.30}$$

式中

$$\boldsymbol{Q}_i^{A}=[\boldsymbol{F}_i^{AT},n^{A}]^{T},i=1,\cdots,n \tag{4.31}$$

则理想约束情况下的系统变分运动方程为

$$\delta q^{T}(\boldsymbol{M}\ddot{q}-\boldsymbol{Q}^{A})=0 \tag{4.32}$$

式中虚位移 δq 与作用在系统上的约束是一致的。

系统运动学约束和驱动约束的组合如式(4.6)，为

$$\Phi(\boldsymbol{q},t)=0 \tag{4.33}$$

注意，动力学分析中系统约束方程的维数不需要与系统广义坐标维数相等。如果令 $k=3\times n$，则 $\boldsymbol{q}\in\mathbf{R}^{k}$，$\Phi\in\mathbf{R}^{m}$，且 $m<k$。对式(4.33)取微分得到其变分形式为

$$\boldsymbol{\Phi}_q\delta q=0 \tag{4.34}$$

式(4.32)和式(4.34)组成受约束的机械系统的变分运动方程，式(4.32)对所有满足式(4.34)的虚位移 δq 均成立。为导出约束机械系统变分运动方程易于应用的形式，可运用拉格朗日乘子定理对式(4.32)和式(4.34)进行处理。

拉格朗日乘子定理：设矢量 $\boldsymbol{b}\in\mathbf{R}^{k}$，矢量 $\boldsymbol{x}\in\mathbf{R}^{k}$，矩阵 $\boldsymbol{A}\in\mathbf{R}^{m\times k}$ 为常数矩阵，如果有 $\boldsymbol{b}^{T}\boldsymbol{x}=0$，对于所有满足 $\boldsymbol{A}\boldsymbol{x}=0$ 的 $\boldsymbol{x}$ 条件都成立，则存在满足 $\boldsymbol{b}^{T}\boldsymbol{x}+\boldsymbol{\lambda}^{T}\boldsymbol{A}\boldsymbol{x}=0$ 的拉格朗日乘子矢量 $\boldsymbol{\lambda}\in\mathbf{R}^{m}$，其中 $\boldsymbol{x}$ 为任意的。

在式(4.32)和式(4.34)中，$\boldsymbol{q}\in\mathbf{R}^{k}$，$\boldsymbol{M}\in\mathbf{R}^{k\times k}$，$\boldsymbol{Q}^{A}\in\mathbf{R}^{k}$，$\boldsymbol{Q}_q\in\mathbf{R}^{m\times k}$，运用拉格朗日乘子定理于式(4.32)和式(4.34)，则存在拉格朗日乘子矢量 $\boldsymbol{\lambda}\in\mathbf{R}^{m}$，对于任意的 δq 应满足：

$$(\boldsymbol{M}\ddot{q}-\boldsymbol{Q}^{A})\delta q+\boldsymbol{\lambda}^{T}\boldsymbol{\Phi}_q\delta q=[\boldsymbol{M}\ddot{q}+\boldsymbol{\Phi}_q^{T}\boldsymbol{\lambda}-\boldsymbol{Q}^{A}]\delta q=0 \tag{4.35}$$

由此得到运动方程的拉格朗日乘子形式为

$$\boldsymbol{M}\ddot{q}+\boldsymbol{\Phi}_q^{T}\boldsymbol{\lambda}=\boldsymbol{Q}^{A} \tag{4.36}$$

式(4.36)还必须满足式(4.6)、式(4.8)和式(4.10)表示的位置约束方程、速度约束方程及加速度约束方程，即

$$\Phi(\boldsymbol{q},t)=0 \tag{4.37}$$

$$\dot{\Phi}(\boldsymbol{q},\dot{q},t)=\Phi_q(\boldsymbol{q},t)\dot{q}-\upsilon(\boldsymbol{q},t)=0,\upsilon(\boldsymbol{q},t)=-\Phi_t(\boldsymbol{q},t) \tag{4.38}$$

$$\begin{aligned}\ddot{\Phi}(\boldsymbol{q},\dot{q},\ddot{q},t)&=\boldsymbol{\Phi}_q(\boldsymbol{q},t)\ddot{q}-\eta(\boldsymbol{q},\dot{q},t)=0,\eta(\boldsymbol{q},\dot{q},t)\\&=-(\boldsymbol{\Phi}_q(\boldsymbol{q},t)\dot{q})_q\dot{q}-2\Phi_{qt}(\boldsymbol{q},t)\dot{q}-\Phi_{tt}(\boldsymbol{q},t)\end{aligned} \tag{4.39}$$

式(4.36)至式(4.39)组成约束机械系统的完整的运动方程。

将式(4.36)与式(4.39)联立表示为矩阵形式，即

$$\begin{bmatrix}\boldsymbol{M} & \boldsymbol{\Phi}_q^{T}\\ \boldsymbol{\Phi}_q & 0\end{bmatrix}\begin{bmatrix}\ddot{q}\\ \boldsymbol{\lambda}\end{bmatrix}=\begin{bmatrix}\boldsymbol{Q}^{A}\\ \eta\end{bmatrix} \tag{4.40}$$

式(4.40)即为多体系统动力学中最重要的动力学运动方程，被称为欧拉－拉格朗日方程(Euler－Lagrange equation)，式(4.40)还必须满足式(4.37)和式(4.38)。其求解关键在于避免积分过程中的违约现象。

显然,式(4.40)有且仅有唯一解的充要条件是其系数矩阵非奇异,但这一条件不利于实际中的判断,可以给出更为实用的判断。

如果式(4.40)满足条件 a. $\mathrm{Rank}\boldsymbol{\Phi}_q(\boldsymbol{q},t)=m, m<k$;b. 对任意 $\in \mathrm{Ker}\boldsymbol{\Phi}_q(\boldsymbol{q},t)$ 且 $a\neq 0$,$a^{\mathrm{T}}\boldsymbol{M}(\boldsymbol{q},t)a>0$,则式(4.40)中的系数矩阵是非奇异的,且 $\ddot{q}$ 和 λ 是唯一确定的。这是多体系统运动方程解的存在定理。

可以据此判断,如果系统质量矩阵是正定的,并且约束独立,那么运动方程就有唯一解。实际中的系统质量矩阵通常是正定的,只要保证约束是独立的,运动方程就会有解。

在实际数值迭代求解过程中,需要给定初始条件,包括位置初始条件 $q(t_0)$ 与速度初始条件 $\dot{q}(t_0)$。此时,如果要使运动方程有解,还需要满足初值相容条件,也就是要使位置初始条件满足位置约束方程,速度初始条件满足速度约束方程。对于由式(4.40)及式(4.37)、式(4.38)确定的系统动力学方程,初值相容条件为

$$\Phi(q(t_0),t_0)=0 \tag{4.41}$$

$$\dot{\Phi}(q(t_0),\dot{q}(t_0),t_0)=\boldsymbol{\Phi}_q(q(t_0),t_0)\dot{q}(t_0)-\boldsymbol{\upsilon}(q(t_0),t_0)=0 \tag{4.42}$$

(2)三维多刚体系统动力学

三维系统的广义坐标比二维系统复杂得多,使得问题规模更大。这里讨论的均是与二维多体系统动力学分析相应的内容。

①空间自由刚体的变分运动方程

对于空间任意刚体构件 i,令其连体坐标系 $O_i'x_i'y_i'z_i'$ 原点 O_i' 固定于刚体质心,此时连体坐标系也称为质心坐标系;设刚体质量为 m_i,其相对于质心坐标系 $O_i'x_i'y_i'z_i'$ 的惯性张量为 $\boldsymbol{J}_i'$;再设作用在刚体上的总外力 $\boldsymbol{F}_i$,外力相对于质心坐标系 $O_i'x_i'y_i'z_i'$ 原点的力矩为 $\boldsymbol{n}_i'$,则相对于刚体质心坐标系的刚体牛顿-欧拉变分运动方程为

$$\delta\boldsymbol{r}_i^{\mathrm{T}}(m_i\ddot{\boldsymbol{r}}_i-\boldsymbol{F}_i)+\delta\pi_i'^{\mathrm{T}}(\boldsymbol{J}_i'\dot{\omega}_i'+\boldsymbol{\omega}_i'\boldsymbol{J}_i'\omega_i'-\boldsymbol{n}_i')=0 \tag{4.43}$$

式中 $\delta\boldsymbol{r}_i\in\mathbf{R}^3$ 为刚体质心的虚位移;$\delta\pi_i'\in\mathbf{R}^3$ 为刚体的虚转动;$\boldsymbol{r}_i\in\mathbf{R}^3$ 为刚体质心位移;$\omega_i'\in\mathbf{R}^3$ 为刚体在坐标系 $O_i'x_i'y_i'z_i'$ 中表示的角速度。

②空间约束机械系统的运动方程——角加速度形式

考虑由 n 个刚体组成的空间约束机械系统,如上节所述,系统的广义坐标选为

$$\boldsymbol{r}=[\boldsymbol{r}_1^{\mathrm{T}},\boldsymbol{r}_2^{\mathrm{T}},\cdots,\boldsymbol{r}_n^{\mathrm{T}}]^{\mathrm{T}} \tag{4.44}$$

$$\boldsymbol{p}=[\boldsymbol{p}_1^{\mathrm{T}},\boldsymbol{p}_2^{\mathrm{T}},\cdots,\boldsymbol{p}_n^{\mathrm{T}}]^{\mathrm{T}} \tag{4.45}$$

定义 $\delta\boldsymbol{r}=[\delta\boldsymbol{r}_1^{\mathrm{T}},\delta\boldsymbol{r}_2^{\mathrm{T}},\cdots,\delta\boldsymbol{r}_n^{\mathrm{T}}]^{\mathrm{T}}$,$\boldsymbol{M}\equiv\mathrm{diag}(m_1I_3,m_2I_3,\cdots,m_nI_3)$,$\boldsymbol{F}\equiv[\boldsymbol{F}_1^{\mathrm{T}},\boldsymbol{F}_2^{\mathrm{T}},\cdots,\boldsymbol{F}_n^{\mathrm{T}}]^{\mathrm{T}}$,$\delta\boldsymbol{\pi}'=[\delta\pi_1'^{\mathrm{T}},\delta\pi_2'^{\mathrm{T}},\cdots,\delta\pi_n'^{\mathrm{T}}]^{\mathrm{T}}$,$\boldsymbol{J}'\equiv\mathrm{diag}(\boldsymbol{J}_1',\boldsymbol{J}_2',\cdots,\boldsymbol{J}_n')$,$\boldsymbol{\omega}'\equiv[\omega_1'^{\mathrm{T}},\omega_2'^{\mathrm{T}},\cdots,\omega_n'^{\mathrm{T}}]^{\mathrm{T}}$,$\boldsymbol{n}'\equiv[\boldsymbol{n}_1'^{\mathrm{T}},\boldsymbol{n}_2'^{\mathrm{T}},\cdots,\boldsymbol{n}_n'^{\mathrm{T}}]^{\mathrm{T}}$,$\boldsymbol{\omega}'\equiv\mathrm{diag}(\boldsymbol{\omega}_1',\boldsymbol{\omega}_2',\cdots,\boldsymbol{\omega}_n')$,则系统中每个构件的牛顿-欧拉方程式综合为

$$\delta\boldsymbol{r}^{\mathrm{T}}(\boldsymbol{M}\ddot{r}-\boldsymbol{F})+\delta\boldsymbol{\pi}'^{\mathrm{T}}(\boldsymbol{J}'\dot{\omega}'+\boldsymbol{\omega}'\boldsymbol{J}'\boldsymbol{\omega}'-\boldsymbol{n}')=0 \tag{4.46}$$

同样地,在理想约束情况下,对于一个系统只要考虑外力或外力矩,如此,由式(4.46)可得到约束机械系统的变分运动方程为

$$\delta\boldsymbol{r}^{\mathrm{T}}(\boldsymbol{M}\ddot{r}-\boldsymbol{F}^{\mathrm{A}})+\delta\boldsymbol{\pi}'^{\mathrm{T}}(\boldsymbol{J}'\dot{\omega}'+\boldsymbol{\omega}'\boldsymbol{J}'\boldsymbol{\omega}'-\boldsymbol{n}'^{\mathrm{A}})=0 \tag{4.47}$$

此式必须适用于所有运动学上所允许的虚位移和虚转动。

系统中的运动学约束和驱动约束如式(4.14)及式(4.15),联立表示为

$$\boldsymbol{\Phi}(\boldsymbol{r},\boldsymbol{p},t) \equiv \begin{bmatrix} \Phi^{\mathrm{K}}(\boldsymbol{r},\boldsymbol{p}) \\ \Phi^{\mathrm{D}}(\boldsymbol{r},\boldsymbol{p},t) \end{bmatrix} = 0 \tag{4.48}$$

对上式微分,得到用虚位移和虚转动表示的变分形式为

$$\Phi_r \delta r + \Phi_{\pi'} \delta \pi' = 0 \tag{4.49}$$

对式(4.47)和式(4.49)应用拉格朗日乘子定理,则存在一个拉格朗日乘子矢量 $\boldsymbol{\lambda}$,满足

$$\delta \boldsymbol{r}^{\mathrm{T}}(\boldsymbol{M}\ddot{r} - \boldsymbol{F}^{\mathrm{A}} + \Phi_r^{\mathrm{T}}\boldsymbol{\lambda}) + \delta\boldsymbol{\pi}'^{\mathrm{T}}(\boldsymbol{J}'\dot{\omega}' + \boldsymbol{\omega}'\boldsymbol{J}'\boldsymbol{\omega}' - \boldsymbol{n}'^{\mathrm{A}} + \Phi_{\pi'}^{\mathrm{T}}\boldsymbol{\pi}') = 0 \tag{4.50}$$

式中 $\delta\boldsymbol{r}$ 和 $\delta\boldsymbol{\pi}'$是任意的,由此导出空间约束机械系统的牛顿－欧拉运动方程为

$$\boldsymbol{M}\ddot{r} + \Phi_r^{\mathrm{T}}\boldsymbol{\lambda} = \boldsymbol{F}^{\mathrm{A}} \tag{4.51}$$

$$\boldsymbol{J}'\dot{\omega}' + \Phi_{\pi'}^{\mathrm{T}}\boldsymbol{\pi}' = \boldsymbol{n}'^{\mathrm{A}} - \boldsymbol{\omega}'\boldsymbol{J}'\boldsymbol{\omega}' \tag{4.52}$$

式(4.48)对时间分别求一阶及两阶导数,得到系统速度方程及加速度方程为

$$\Phi_r \dot{r} + \Phi_{\pi'}\boldsymbol{\omega}' = \boldsymbol{\upsilon} \tag{4.53}$$

$$\Phi_r \ddot{r} + \Phi_{\pi'}\dot{\omega}' = \eta \tag{4.54}$$

式中速度右项 $\boldsymbol{\upsilon}$ 及加速度右项 $\boldsymbol{\eta}$ 与式(4.17)和式(4.19)中定义相同。

由式(4.51)、式(4.52)及式(4.54)可以得到矩阵形式的系统运动方程为

$$\begin{bmatrix} \boldsymbol{M} & 0 & \Phi_r^{\mathrm{T}} \\ 0 & \boldsymbol{J}' & \Phi_{r'}^{\mathrm{T}} \\ \Phi_r & \Phi_{\pi'} & 0 \end{bmatrix} \begin{bmatrix} \ddot{r} \\ \dot{\omega}' \\ \boldsymbol{\lambda} \end{bmatrix} = \begin{bmatrix} \boldsymbol{F}^{\mathrm{A}} \\ \boldsymbol{n}'^{\mathrm{A}} - \boldsymbol{\omega}'\boldsymbol{J}'\boldsymbol{\omega}' \\ \eta \end{bmatrix} \tag{4.55}$$

式(4.55)、式(4.48)及式(4.53)一起组成描述 n 个刚体系统运动的微分－代数方程组。

4.1.4 机械系统动力特性分析

本节将先对二维多刚体系统动力学进行正向动力学、逆向动力学和静平衡分析,并分别予以讨论,最后以二维多体系统为基础讨论三维多体系统。

(1)二维多刚体系统动力学分析

对于一个确定的约束多体系统,其动力学分析不同于运动学分析,并不需要系统约束方程的维数 m 等于系统广义坐标的维数 k,$m<k$。在给定外力的作用下,从初始的位置和速度,求解满足位置约束式(式(4.37))及速度约束式(式(4.38))的运动方程式(式(4.40)),就可得到系统的加速度和相应的速度、位置响应,以及代表约束反力的拉格朗日乘子,这种已知外力求运动及约束反力的动力学分析称为正向动力学分析。

如果约束多体系统约束方程的维数与系统广义坐标的维数相等,也就是对系统施加与系统自由度相等的驱动约束,那么该系统在运动学上就被完全确定,由上节的约束方程、速度方程和加速度方程可求解系统运动。在此情况下,式(4.37)的雅可比矩阵是非奇异方阵,即

$$|\boldsymbol{\Phi}_q(\boldsymbol{q},t)| \neq 0 \tag{4.56}$$

展开式(4.40)的运动方程,得到

$$\begin{cases}\boldsymbol{M}\ddot{q}+\boldsymbol{\Phi}_q^{\mathrm{T}}\boldsymbol{\lambda}=\boldsymbol{Q}^{\mathrm{A}}\\ \boldsymbol{\Phi}_q\ddot{q}=\eta\end{cases}\tag{4.57}$$

由式(4.57)可求得 $\boldsymbol{\lambda}$ 和 $\ddot{q}$,拉格朗日乘子 $\boldsymbol{\lambda}$ 就唯一地确定了作用在系统上的约束力和力矩(主要存在于运动副中)。这种由确定的运动求系统约束反力的动力学分析就是逆向动力学分析。

如果一个系统在外力作用下保持静止状态,也就是说,如果

$$\ddot{q}=\dot{q}=0\tag{4.58}$$

那么就说该系统处于平衡状态。将式(4.58)代入式(4.36),得到平衡方程为

$$\boldsymbol{\Phi}_q^{\mathrm{T}}\boldsymbol{\lambda}=\boldsymbol{Q}^{\mathrm{A}}\tag{4.59}$$

由平衡方程式(式(4.59))及位置约束方程式(式(4.37))可求出状态 $\boldsymbol{q}$ 和拉格朗日乘子 $\boldsymbol{\lambda}$。这种求系统的平衡状态及在平衡状态下的约束反力的动力学分析称为静平衡分析。

(2)三维多刚体系统动力学分析

空间约束机械系统的逆向动力学分析、平衡分析与平面约束机械系统的相应方法完全相同。

在逆向动力学分析中,对于运动学上确定的系统,式(4.55)的系数矩阵非奇异,可以直接求出加速度和拉格朗日乘子,再进一步得到系统运动状态和约束反力。

在平衡分析中,根据平衡状态的定义由式(4.51)和式(4.52)可以导出系统平衡方程,再由平衡方程及约束方程可以求出系统的平衡位置和平衡时的拉格朗日乘子,再进一步得到约束反力。

运动副约束反力的计算也与平面约束机械系统类似。考虑一种典型运动副 l,运动副定义点为 P,约束方程为由 $l=0$ 时相应的拉格朗日乘子为 λ^k 时成立,运动副反作用力和反作用力矩在运动副定义坐标系 $Px''y''z''$中表示为 $F_i''^k$和 $T_i''^k$,则由拉格朗日乘子 λ^k 计算运动副反作用力和反作用力矩的公式为

$$F_i''^k=-C_i^{\mathrm{T}}A_i^{\mathrm{T}}\Phi_{r_i}^{k\mathrm{T}}\lambda^k\tag{4.60}$$

$$T_i''^k=-C_i^{\mathrm{T}}(\Phi_{r_i}^{k\mathrm{T}}-\tilde{s}_i'A_i^{\mathrm{T}}\Phi_{r_i}^{k\mathrm{T}})\lambda^k\tag{4.61}$$

式中,C_i 为从运动副定义坐标系 $Px''y''z''$到连体坐标系 $O'x'y'z'$的方向余弦变换矩阵。

4.2　机械系统动力学方程数值分析方法

由4.1节可知,当采用笛卡儿坐标描述刚体运动时,多刚体系统的动力学方程为微分-代数混合方程组,其一般形式为

$$\boldsymbol{M}\ddot{q}+\boldsymbol{\Phi}_q^{T}\boldsymbol{\lambda}=Q\tag{4.62}$$

$$\boldsymbol{\Phi}(\boldsymbol{q},t)=0\tag{4.63}$$

式中 $\boldsymbol{q}=[q_1^{\mathrm{T}},q_2^{\mathrm{T}},\cdots q_n^{\mathrm{T}}]^T$ 是系统广义坐标矢量。当以欧拉角为刚体的姿态坐标时,$\boldsymbol{q}$ 的维数为 $6n$;而以欧拉四元数为刚体的姿态坐标时,$\boldsymbol{q}$ 的维数为 $7n$。这些坐标并不独立,需要 k 个约束方程,则式(4.63)的左端项可以写为

$$\boldsymbol{\Phi}=[\Phi_1,\Phi_2,\cdots\Phi_k]^{\mathrm{T}} \tag{4.64}$$

约束方程的雅可比矩阵为

$$\boldsymbol{\Phi}_q=\begin{bmatrix} \frac{\partial\Phi_1}{\partial q_1} & \frac{\partial\Phi_1}{\partial q_2} & \cdots & \frac{\partial\Phi_1}{\partial q_n} \\ \frac{\partial\Phi_2}{\partial q_1} & \frac{\partial\Phi_2}{\partial q_2} & \cdots & \frac{\partial\Phi_2}{\partial q_n} \\ \vdots & \vdots & \ddots & \vdots \\ \frac{\partial\Phi_k}{\partial q_1} & \frac{\partial\Phi_k}{\partial q_2} & \cdots & \frac{\partial\Phi_k}{\partial q_n} \end{bmatrix} \tag{4.65}$$

相应的拉格朗日乘子阵为

$$\boldsymbol{\lambda}=[\lambda_1,\lambda_2,\cdots\lambda_k] \tag{4.66}$$

式(4.62)和式(4.63)共有 $n+k$ 个未知数,与方程数相等,如果给定初始条件

$$q(0)=q_0 \tag{4.67}$$

$$\dot{q}(0)=\dot{q}_0 \tag{4.68}$$

则可以利用数值积分的方法求出系统的时间历程。

求解这类方程的数值方法有两大类:增广法和缩并法。增广法将广义坐标 $\boldsymbol{q}$ 和拉格朗日乘子 $\boldsymbol{\lambda}$ 均作为未知量,联立求解 n + k 个方程;缩并法则是将坐标分为独立坐标和非独立坐标,然后将动力学方程表示为广义坐标的纯微分方程进行数值积分。

4.2.1 增广法

将系统的约束方程(式(4.63))对时间求一阶和二阶导数,分别得到速度和加速度约束方程为

$$\dot{\Phi}=\boldsymbol{\Phi}_q\dot{q}+\Phi_t=0 \tag{4.69}$$

$$\ddot{\Phi}=\boldsymbol{\Phi}_q\ddot{q}-\eta=0 \tag{4.70}$$

其中的 η 由式(4.39)给出,将动力学方程(式(4.62))与加速度约束方程(式(4.70))联立,得

$$\begin{bmatrix} \boldsymbol{M} & \boldsymbol{\Phi}_q^T \\ \boldsymbol{\Phi}_q & 0 \end{bmatrix}\begin{bmatrix} \ddot{q} \\ \boldsymbol{\lambda} \end{bmatrix}=\begin{bmatrix} \boldsymbol{Q} \\ \eta \end{bmatrix} \tag{4.71}$$

式(4.71)是关于位置变量和速度的线性代数方程组,其系数矩阵是非奇异的,可以唯一求得,即

$$\ddot{\boldsymbol{q}}=f(q,\dot{q},t) \tag{4.72}$$

$$\boldsymbol{\lambda}=g(q,\dot{q},t) \tag{4.73}$$

然后可以利用数值积分求得相应的 $\boldsymbol{q}$ 和 $\dot{q}$。

微分代数方程式(4.71)的求解是在加速度关系上进行的,在数值积分过程中,舍入误差等因素的存在必将破坏系统的位置约束和速度约束,导致数值计算的发散。利用约束稳定法可以有效地抑制误差的增长,保持解的稳定。

一个二阶微分方程 $\ddot{q}=0$ 所描述的开环系统是不稳定的,在一定条件下外界干扰(如数值积分误差)将被放大,进而导致失稳。而对于一个闭环系统,有

$$\ddot{q}+2\alpha\dot{q}+\beta^2 q=0 \tag{4.74}$$

只要 α 和 β 取正数,系统就是稳定的;式中的第二项和第三项为反馈控制项。

基于反馈控制原理,加速度约束方程(式(4.70))可以改写为

$$\ddot{\boldsymbol{\Phi}}+2\alpha\dot{\boldsymbol{\Phi}}+\beta^2\boldsymbol{\Phi}=0 \tag{4.75}$$

即

$$\boldsymbol{\Phi}_q\ddot{q}=\eta-2\alpha\dot{\boldsymbol{\Phi}}-\beta^2\boldsymbol{\Phi} \tag{4.76}$$

则系统的动力学方程(式(4.71))改写为

$$\begin{bmatrix}\boldsymbol{M} & \boldsymbol{\Phi}_q^T\\ \boldsymbol{\Phi}_q & 0\end{bmatrix}\begin{bmatrix}\ddot{q}\\ \boldsymbol{\lambda}\end{bmatrix}=\begin{bmatrix}\boldsymbol{Q}\\ \eta-2\alpha\dot{\boldsymbol{\Phi}}-\beta^2\boldsymbol{\Phi}\end{bmatrix} \tag{4.77}$$

当不存在违约时,式(4.71)与式(4.77)完全相同,当 α 和 β 不等于零时,数值解在精确解附近振荡,振荡频率及振幅取决于 α 和 β 的值。目前没有选择 α 和 β 的可靠方法,一般可选为 $1\leqslant\alpha=\beta\leqslant 50$,当 $\alpha=\beta$ 时为临界阻尼,解可以很快地达到稳定。

4.2.2　缩并法

缩并法的思想是利用适当的算法选择独立的广义坐标,找到独立与非独立坐标的关系,将动力学方程转换为关于独立坐标的纯微分方程后进行积分。

广义坐标可以写成分块形式,即

$$\boldsymbol{q}=[\boldsymbol{q}_d^{\mathrm{T}}\quad \boldsymbol{q}_i^{\mathrm{T}}]^{\mathrm{T}} \tag{4.78}$$

式中 $\boldsymbol{q}_d$ 为 δ 维非独立坐标向量;$\boldsymbol{q}_i$ 为 $n-\delta$ 维非独立坐标向量。速度的约束方程和加速度约束方程可以相应地写成分块形式,即

$$\boldsymbol{\Phi}_{q_d}\dot{q}_d+\boldsymbol{\Phi}_{q_i}\dot{q}_i=-\boldsymbol{\Phi}_t \tag{4.79}$$

$$\boldsymbol{\Phi}_{q_d}\ddot{q}_d+\boldsymbol{\Phi}_{q_i}\ddot{q}_i=\eta \tag{4.80}$$

约束方程之间是线性独立的,因此总可以选取合适的非独立的坐标向量 $\boldsymbol{q}_d$ 使得矩阵 $\boldsymbol{\Phi}_{q_d}$是非奇异的,故有

$$\dot{q}_d=\boldsymbol{\Phi}_{di}\ddot{q}_i-\boldsymbol{\Phi}_{qd}^{-1}\boldsymbol{\Phi}_t \tag{4.81}$$

$$\ddot{q}_d=\boldsymbol{\Phi}_{di}\ddot{q}_i+\boldsymbol{\Phi}_{qd}^{-1}\eta \tag{4.82}$$

式中

$$\boldsymbol{\Phi}_{di}=-\boldsymbol{\Phi}_{qd}^{-1}\boldsymbol{\Phi}_{qi} \tag{4.83}$$

式(4.81)和式(4.82)可以进一步写为

$$\dot{q}=\boldsymbol{B}_i\dot{q}_i+\boldsymbol{g} \tag{4.84}$$

$$\ddot{q}=\boldsymbol{B}_i\ddot{q}_i+\boldsymbol{h} \tag{4.85}$$

式中

$$\boldsymbol{B}_i = \begin{bmatrix} \boldsymbol{\Phi}_{di} \\ I \end{bmatrix}, \quad \boldsymbol{g} = \begin{bmatrix} -\boldsymbol{\Phi}_{qd}^{-1}\boldsymbol{\Phi}_t \\ 0 \end{bmatrix}, \quad \boldsymbol{h} = \begin{bmatrix} \boldsymbol{\Phi}_{qd}^{-1}\eta \\ 0 \end{bmatrix} \tag{4.86}$$

将式(4.85)代入式(4.62),得

$$\boldsymbol{M}(\boldsymbol{B}_i\ddot{q}_i + \boldsymbol{h}) + \boldsymbol{\Phi}_q^{\mathrm{T}}\boldsymbol{\lambda} = \boldsymbol{Q} \tag{4.87}$$

将式(4.87)两边同时左乘 B_i^{T} 得

$$\overline{M}_i\ddot{q}_i + \boldsymbol{B}_i^{\mathrm{T}}\boldsymbol{\Phi}_q^{\mathrm{T}}\boldsymbol{\lambda} = \overline{Q}_i \tag{4.88}$$

式中

$$\overline{M}_i = \boldsymbol{B}_i^{\mathrm{T}}\ddot{q}_i\boldsymbol{B}_i \tag{4.89}$$

$$\overline{Q}_i = \boldsymbol{B}_i^{\mathrm{T}}\boldsymbol{Q} - \boldsymbol{B}_i^{\mathrm{T}}\boldsymbol{M}\boldsymbol{h} \tag{4.90}$$

将式(4.86)中 B_i 的表达式以及式(4.83)代入式(4.88)中左端的第二项,得

$$\boldsymbol{B}_i^{\mathrm{T}}\boldsymbol{\Phi}_q^{\mathrm{T}}\boldsymbol{\lambda} = [\boldsymbol{\Phi}_{di}^{\mathrm{T}}\boldsymbol{\Phi}_{qd}^{\mathrm{T}} + \boldsymbol{\Phi}_{qi}^{\mathrm{T}}]\boldsymbol{\lambda} = [-(\boldsymbol{\Phi}_{qd}^{-1}\boldsymbol{\Phi}_{qi})^{\mathrm{T}}\boldsymbol{\Phi}_{qd}^{\mathrm{T}} + \boldsymbol{\Phi}_{qi}^{\mathrm{T}}]\boldsymbol{\lambda} = 0 \tag{4.91}$$

这样式(4.88)的最终形式为

$$\overline{M}_i\ddot{q}_i = \overline{Q}_i \tag{4.92}$$

给定系统的外力后,可由式(4.92)解出独立的加速度为

$$\ddot{q}_i = \overline{M}_i^{-1}\overline{Q}_i \tag{4.93}$$

对求得的独立加速度 $\ddot{q}_i$进行积分,可得到独立的速度和独立的坐标,然后可由式(4.63)、式(4.79)和式(4.80)分别求出不独立的广义加速度 $\ddot{q}_d$、广义速度 $\dot{q}_d$与广义坐标 q_d。

虽然式(4.92)中的方程数小于增广法中的方程数且为纯微分方程组,但其系统矩阵均为满阵,而且需要采用一定的方法分离并消去不独立的广义坐标,计算量大。另外,对于需要求约束反力的系统而言,这种形式反而不方便。增广法的方程数多,是微分－代数方程组,求解困难。但这时方程组的系数矩阵为稀疏矩阵,可以利用稀疏矩阵算法高效求解。增广法便于用计算机对复杂系统自动建模,并可根据需要同时求出任何约束的约束反力。

在简单系统中,独立于不独立坐标可以通过人为干预的办法选定;但对于复杂系统,需要利用矩阵分解的方法自动选取独立的广义坐标。目前常用的矩阵分解法有 LU 分解法、QR 分解法和奇异值分解法(SVD)等。

(1)LU 分解法

LU 分解法实质上就是高斯消元法。对约束方程的雅可比矩阵 $\boldsymbol{\Phi}_q$ 进行 LU 分解,得

$$\boldsymbol{\Phi}_q = \boldsymbol{L}\boldsymbol{U} \tag{4.94}$$

式中 $\boldsymbol{L}$ 为 $k \times k$ 阶单位下三角阵;$\boldsymbol{U}$ 为 $k \times n$ 阶上梯形矩阵。矩阵 $\boldsymbol{U}$ 可以分解为$[\boldsymbol{U}_1 \quad \boldsymbol{U}_2]$,其中 $\boldsymbol{U}_1$ 为 $k \times k$ 阶上三角阵,$\boldsymbol{U}_2$ 为 $k \times (n-k)$阶矩阵,于是有

$$\boldsymbol{\Phi}_q = [\boldsymbol{L}\boldsymbol{U}_1 \quad \boldsymbol{L}\boldsymbol{U}_2] \tag{4.95}$$

即

$$\boldsymbol{\Phi}_{qd} = \boldsymbol{L}\boldsymbol{U}_1, \boldsymbol{\Phi}_{qi} = \boldsymbol{L}\boldsymbol{U}_2 \tag{4.96}$$

(2)QR 分解法

利用 QR 分解,约束方程的雅可比矩阵 $\boldsymbol{\Phi}_q$ 可以写为

$$\boldsymbol{\Phi}_q^{\mathrm{T}} = \boldsymbol{Q}\boldsymbol{R} \tag{4.97}$$

式中 $\boldsymbol{Q}$ 为 $n \times n$ 阶正交矩阵;$\boldsymbol{R}$ 为 $n \times k$ 阶矩阵。

矩阵 $\boldsymbol{R}$ 可以写成分块形式,即

$$\boldsymbol{R} = \begin{bmatrix} \boldsymbol{R}_1 \\ 0 \end{bmatrix} \tag{4.98}$$

式中 $\boldsymbol{R}_1$ 为 $n \times k$ 阶上三角阵。

同样,矩阵 $\boldsymbol{Q}$ 也可以分块为

$$\boldsymbol{Q} = [\boldsymbol{Q}_1 \quad \boldsymbol{Q}_2] \tag{4.99}$$

式中 $\boldsymbol{Q}_1$ 为 $n \times k$ 阶上三角阵,$\boldsymbol{Q}_2$ 为 $n \times (n-k)$ 阶矩阵,且有

$$\boldsymbol{Q}_1^{\mathrm{T}}\boldsymbol{Q}_2 = 0 \tag{4.100}$$

令 $\boldsymbol{B}_i = \boldsymbol{Q}_2$,则

$$\dot{q} = \boldsymbol{B}_i \dot{q}_i \tag{4.101}$$

这里 q_i 表示一组新的独立广义速度,它们是原广义速度的某种组合,而不像在 LU 分解中那样是广义速度的一部分。

将式(4.101)代入式(4.62),得

$$\boldsymbol{M}\boldsymbol{B}_i\ddot{q}_i + \boldsymbol{\Phi}_q^{\mathrm{T}}\boldsymbol{\lambda} = 0 \tag{4.102}$$

将式(4.102)两边同时左乘 $\boldsymbol{B}_i^{\mathrm{T}}$ 得

$$\overline{M}_i\ddot{q}_i + \boldsymbol{B}_i^{\mathrm{T}}\boldsymbol{\Phi}_q^{\mathrm{T}}\boldsymbol{\lambda} = \overline{Q}_i \tag{4.103}$$

式中

$$\overline{M}_i = \boldsymbol{B}_i^{\mathrm{T}}\boldsymbol{M}\boldsymbol{B}_i \tag{4.104}$$

$$\overline{Q}_i = \boldsymbol{B}_i^{\mathrm{T}}\boldsymbol{Q} \tag{4.105}$$

由于 $\boldsymbol{B}_i^{\mathrm{T}}\boldsymbol{\Phi}_q^{\mathrm{T}} = \boldsymbol{Q}_2^{\mathrm{T}}\boldsymbol{Q}_1\boldsymbol{R}_1 = 0$,因此式(4.103)的最终形式为

$$\overline{M}_i\ddot{q}_i = \overline{Q}_i \tag{4.106}$$

这样我们就将式(4.62)和式(4.63)所组成的微分 - 代数方程组改写成了能以新的独立广义坐标 q_i 为变量的纯微分方程组。

(3)奇异值分解法

利用奇异值分解法,约束方程雅可比矩阵的转置可以写成

$$\boldsymbol{\Phi}_q^{\mathrm{T}} = \boldsymbol{Q}_1\boldsymbol{B}\boldsymbol{Q}_2 \tag{4.107}$$

式中 $\boldsymbol{Q}_1$、$\boldsymbol{Q}_2$ 分别为 $n \times n$ 阶和 $k \times k$ 阶正交矩阵,$\boldsymbol{B}$ 为 $n \times k$ 阶矩阵,且

$$\boldsymbol{B} = \begin{bmatrix} \boldsymbol{B}_1 \\ 0 \end{bmatrix} \tag{4.108}$$

式中 $\boldsymbol{B}_1$ 为 $k \times k$ 阶对角阵,其对角元为矩阵 $\boldsymbol{\Phi}_q^{\mathrm{T}}$ 的奇异值。

矩阵 $\boldsymbol{Q}_1$ 也可以写成分块形式,即

$$\boldsymbol{Q}_1 = [\boldsymbol{Q}_{1d} \quad \boldsymbol{Q}_{1i}] \tag{4.109}$$

式中 $\boldsymbol{Q}_{1d}$为 $n \times k$ 阶正交阵;$\boldsymbol{Q}_{1i}$为 $n \times (n-k)$ 阶正交阵。

约束方程的雅可比矩阵为

$$\boldsymbol{\Phi}_q^{\mathrm{T}} = [\boldsymbol{Q}_{1d} \quad \boldsymbol{Q}_{1i}]\begin{bmatrix}\boldsymbol{B}_1 \\ 0\end{bmatrix}\boldsymbol{Q}_2 = \boldsymbol{Q}_{1d}\boldsymbol{B}_1\boldsymbol{Q}_2 \tag{4.110}$$

由矩阵 $\boldsymbol{Q}_1$ 的正交性可知,$\boldsymbol{Q}_{1i}^{\mathrm{T}}\boldsymbol{Q}_{1d} = 0$,因此将式(4.110)左乘 $\boldsymbol{Q}_{1i}^{\mathrm{T}}$可得

$$\boldsymbol{Q}_{1i}^{\mathrm{T}}\boldsymbol{\Phi}_q^{\mathrm{T}} = \boldsymbol{Q}_{1i}^{\mathrm{T}}\boldsymbol{Q}_{1d}\boldsymbol{B}_1\boldsymbol{Q}_2 \tag{4.111}$$

与 QR 分解法类似,可以取 $\boldsymbol{B}_i = \boldsymbol{Q}_{1i}$,引入变换 $\dot{q} = \boldsymbol{B}_i \dot{q}_i$,将式(4.62)变为纯微分方程。

QR 分解法的计算量比 LU 分解法大 2 倍左右;奇异值分解法的计算量比 LU 分解法大 2 ~ 10 倍。

4.3 虚拟样机仿真与机械系统仿真的关系

机械系统动力学分析与仿真对机械系统进行运动学、正向动力学、逆向动力学和静平衡分析,并根据分析结果进行仿真。它将机械系统作为一个正向进行考虑,外部影响通过作用力和驱动约束等元素施加于系统,其任务是分析系统内部构件之间的关系与作用。虚拟样机仿真通过虚拟试验对以机械为主的产品的操作特性进行精确的预测和评估,它将产品系统与环境作为一个整体来考虑,产品系统抽象为以机械为主的数字化样机,环境建模为虚拟实验室或虚拟试验场,研究数字化样机在虚拟实验室或虚拟试验场里的运动和特性。

所以,机械系统动力学分析与仿真同虚拟样机仿真的含义是有所区别的。从研究对象来讲,前者研究的是机械系统本身,后者是将机械系统与环境作为一个整体来考虑;从研究内容来讲,前者研究一般化的运动学、正向动力学、逆向动力和静平衡分析,后者研究与产品应用环境相关联的特性分析,如汽车的平顺性、通过性、操纵稳定性、振动与噪声等。

但是,两者是紧密关联的。从理论上讲,机械系统动力学分析与仿真理论是虚拟样机仿真技术的基础,运动学和动力学分析是各种特性分析的基础;虚拟样机仿真技术是机械系统动力学分析与仿真的具体化,各种特性分析本质上还是归为运动学与动力学分析。在实现上,虚拟样机仿真技术并不需要一套独立的理论体系,将虚拟实验室或虚拟试验场的条件抽象为外部运动激励(驱动约束)或者外部作用力,虚拟样机仿真的分析就成为一般机械系统的运动学与动力学分析。

第5章　虚拟现实技术在虚拟样机中的应用

5.1　虚拟样机与虚拟现实技术

虚拟样机技术是一门综合多学科的技术。该技术以机械系统运动学、动力学和控制理论为核心，加上成熟的三维计算机图形技术和基于图形的用户界面技术，将分散的零部件设计和分析技术（如零部件的CAD和Flex有限元分析）集成在一起，提供一个全新研发机械产品的设计方法。它通过设计中的反馈信息不断地指导设计，保证产品寻优开发过程顺利进行。

同传统的基于物理样机的设计研发方法相比，虚拟样机设计方法具有以下特点：

①新的研发模式

传统的研发方法从设计到生产是一个串行过程，这种方法存在很多弊端。虚拟样机技术真正地实现了系统角度的产品优化，它基于并行工程（concurrent engineering），使产品在概念设计阶段就可以迅速地分析与比较多种设计方案，确定影响性能的敏感参数，并通过可视化技术设计产品，预测产品在真实工况下的特征以及所具有的响应，直至获得最优工作性能。

②更低的研发成本、更短的研发周期、更高的产品质量

采用虚拟样机设计方法有助于摆脱对物理样机的依赖。通过计算机技术建立产品的数字化模型（即虚拟样机），可以完成无数次物理样机无法进行的虚拟试验（成本和时间条件不允许），从而无须制造及试验物理样机就可获得最优方案，因此不但减少了物理样机的数量，而且缩短了研发周期，提高了产品质量。

虚拟样机技术是一种崭新的产品开发方法，它是一种基于产品的计算机仿真模型的数字化设计方法。这些数字模型即虚拟样机，它从视觉、听觉、触觉以及功能和行为上模拟真实产品。其核心是工程设计技术、建模仿真技术和虚拟现实（virtual reality，VR）技术这三类技术的集成技术。它利用虚拟样机代替物理样机对产品进行创新设计、测试和评估。

5.1.1　虚拟现实技术的概念

“virtual reality”一词始于1989年，由VPL Research公司的奠基人Jaron Lanier在有关杂志和报刊上使用，从此引起公众和媒体的重视。我国把“virtual reality”译为“虚拟现实”，有时译作“灵境”。

虚拟现实是一门直接来自应用的涉及众多学科的新的实用技术，是集先进的计算机技

术、传感与测量技术、仿真技术、微电子技术等为一体的综合集成技术，借此产生逼真的视、听、触、力等三维感觉环境，形成一种虚拟世界。通过专门的交互装置（如特制的眼镜、头盔、手套或环境中的传感器等），用户可根据自身的感觉，使用人的自然技能对虚拟世界中的客体进行考察或操作，参与其中的事件，并“沉浸”于模拟环境中。尽管该环境并不真实存在，但它作为一个逼真的三维环境，仿佛就在我们周围。由此，我们对虚拟现实的含义总结如下：

①模拟环境：是指由计算机生成的具有双视点的、实时动态的三维立体逼真图像。逼真就是要达到三维视觉，甚至包括三维听觉、触觉及嗅觉等的逼真，而模拟环境可以是某一特定世界的真实实现，也可以是虚拟构想的世界。

②感知：是指理想的虚拟现实技术应该具有一切人所具有的感知，除了计算机图形技术所生成的视觉感知以外，还有听觉、触觉、力觉、运动等感知，甚至还包括嗅觉和味觉等，也称为多感知（multi - sensation）。由于相关技术受到传感器的限制，因此目前虚拟现实技术具有的感知功能仅限于视觉、听觉、触觉、力觉、运动等，嗅觉方面的感知也有了新的进展。

③自然技能：是指人的头部转动以及眼睛、手势或其他人体的行为动作。虚拟现实技术由计算机来处理同参与者的动作相适应的数据，对用户的输入（如手势、口头命令等）做出实时响应，并分别反馈到用户的五官，使用户有身临其境的感觉，成为该模拟环境中的内部参与者，还可与在该环境中的其他参与者打交道。

④传感设备：是指三维交互设备，常用的有立体头盔、数据手套、三维鼠标、数据衣等穿戴于用户身上的装置，以及设置于现实环境中的传感装置（不直接穿戴在身上），如摄像机、地板压力传感器等。

虚拟现实并不是真实的世界，而是一种可交替更迭的环境，人们可以通过计算机的各种媒体进入该环境，并与之交互。作为在众多相关技术基础上发展起来的虚拟现实技术，它不是这些相关技术的简单组合，而是一门系统性技术。从技术上看，虚拟现实技术与各相关技术有着或多或少的相似之处，但在思维方式上，虚拟现实技术已经有了质的飞跃。在考虑问题时，我们需要将所有组成部分作为一个整体去追求系统整体性能的最优。

脱离不同的应用背景，虚拟现实技术把抽象、复杂的计算机数据空间表现为直观的、用户熟悉的事物。它的技术实质在于提供一种高级的人与计算机交互的接口。

5.1.2 虚拟现实系统的基本特征

虚拟现实作为一种可以创建和体验虚拟世界的计算机系统，具有以下基本特征：

①沉浸感（immersion）：指用户作为主角存在于虚拟环境中的真实程度。理想的虚拟环境应该达到使用户难以分辨真假的程度（如可视场景应随着视点的变化而变化，），甚至超越真实（如实现比现实更逼真的照明和音响效果等）。

②交互性（interaction）：指用户对虚拟环境内的物体的可操作程度和从环境得到反馈的自然程度（包括实时性）。例如，用户可以直接用手抓取虚拟环境中的物体，这时手有触摸感，并可以感觉物体的重量，场景中被抓的物体也立刻随着手的移动而移动。

③想象力(imagination):指用户沉浸在多维信息空间中,依靠自己的感知和认知能力全方位地获取知识,发挥主观能动性,寻求解答,形成新的概念。

5.1.3　虚拟现实系统的构成

虚拟现实系统的模型如图 5.1 所示,用户通过传感装置直接对虚拟环境进行操作,并得到实时三维显示和其他反馈信息(如触觉、力觉反馈等)。当系统与外部世界通过传感器装置构成反馈闭环时,在用户的控制下,用户与虚拟环境间的交互可以对外部世界产生作用。

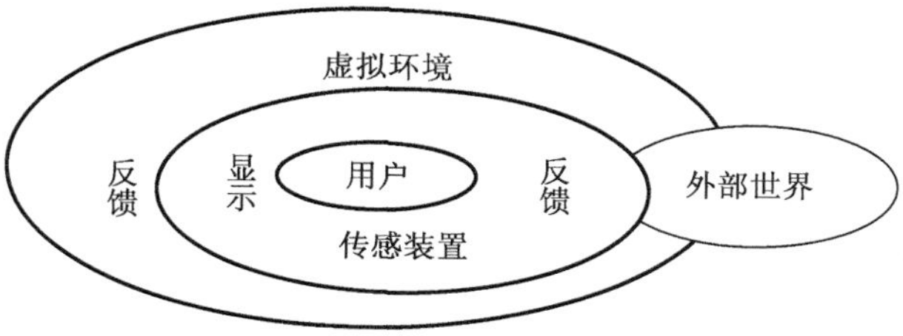

图 5.1　虚拟现实系统的模型

虚拟现实系统的构成如图 5.2 所示,它由建模模块、三维模型、检测模块、反馈模块、传感器与控制模块等构成。

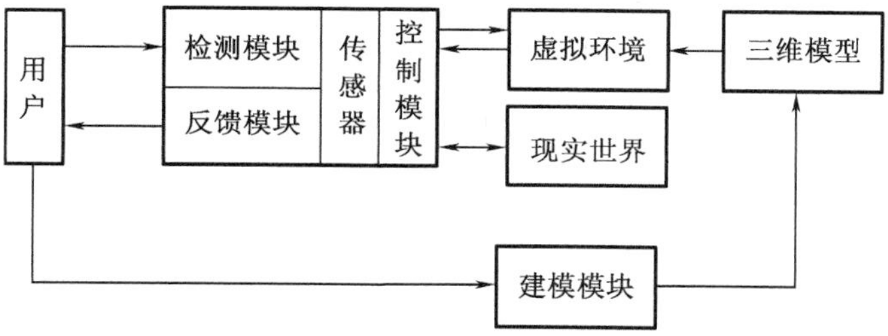

图 5.2　虚拟现实系统的构成

①检测模块:检测用户的操作命令,并通过传感器模块作用于虚拟环境。

②反馈模块:接收来自传感器模块的信息,为用户提供实时反馈。

③传感器模块:一方面接受来自用户的操作命令,并将其作用于虚拟环境;另一方面将操作后产生的结果以各种反馈的形式提供给用户。

④控制模块:对传感器进行控制,使其对用户、虚拟环境和现实世界产生作用。

⑤建模模块:获取现实世界组成部分的三维表示,并由此构成对应的虚拟环境建模模块,运用知识库、模式识别、人工智能等技术建立模型,通过三维动画实现虚拟环境的视觉模拟,通过音响制作声音模拟,人的动作由传感器进行检测,然后通过控制模块对虚拟环境进行操纵。同时,通过反馈作用给人以动感、触觉、力觉等感受。

此外,在开放式的虚拟现实系统中,还可以通过传感器与现实世界构成反馈闭环,利用虚拟环境对现实世界进行直接操作或遥控操作。

5.2 虚拟现实的关键技术

实物虚化、虚物实化和高性能的计算机处理技术是虚拟现实技术的三个主要方面。实物虚化是指将现实世界的多维信息映射到计算机的数字空间生成相应的虚拟世界,为高性能的计算机处理提供必要的信息数据。虚物实化是指通过各种计算和仿真技术使计算机生成的虚拟世界中的事物所产生的各种刺激以尽可能自然的方式反馈给用户。高性能的计算机处理技术是直接影响系统性能的关键所在。

5.2.1 实物虚化

实物虚化主要包括基本模型构建、空间跟踪、声音定位、视觉跟踪和视点感应等关键技术,这些技术使得真实感虚拟世界的生成、虚拟环境对用户的检测和操作数据的获取成为可能。

(1)基本模型构建技术

虚拟环境的建立是虚拟现实技术的核心内容。环境建模的目的是获取实际三维环境的三维数据,并根据应用的需要,利用获取的三维数据建立相应的虚拟环境模型。基本模型的构建是应用计算机技术生成虚拟世界的基础,它将真实世界的对象物体在相应的三维虚拟世界中重构,并根据系统需求保存部分物理属性。

模型构建首先要建立对象物体的几何模型,确定其空间位置和几何元素的属性。例如,通过 CAD/CAM 或二维图纸构建产品或建筑的三维几何模型;通过 GIS 数据和卫星、遥感或航拍照片构造大型虚拟战场。

为了增强虚拟环境的真实感,物理特性和行为规则要表现出对象物体的质量、动量、材料等物理特性,并在虚拟环境中遵循一定的运动学和动力学规律。

当几何模型和物理模型很难准确地刻画出真实世界中存在的某些特别对象或现象时,可根据具体的需要采用一些特别的模型构建方法。例如,可以对气象数据进行建模,生成虚拟环境的气象情况(如阴天、晴天、雨、雾)。

(2)空间跟踪技术

虚拟环境的空间跟踪主要是通过头盔显示器、数据手套、数据衣等交互设备上的空间传感器,确定用户的手、头、躯体或其他操作物在三维虚拟环境中的位置和方向。

空间跟踪系统一般由发射器、接收器和电子部件组成。目前的空间跟踪系统有电磁、机械、光学、超声等类型。

数据手套是虚拟现实系统常用的人机交互设备,它可测量出手的位置和形状,从而实现环境中的虚拟手及其对虚拟物体的操纵。Cyber Glove 通过手指上的弯曲、扭曲传感器和手掌上的弯度、弧度传感器,确定手及关节的位置和方向。

(3)声音跟踪技术

利用不同声源的声音到达某一特定地点的时间差、相位差、声压差等进行虚拟环境的声音跟踪是实物虚化的重要组成部分。声波飞行时间测量法和相位相干测量法是两种可以实现声音位置跟踪的基本算法。在小的操作范围内,声波飞行时间测量法能表现出较好的精确度和适应性。随着操作范围的扩大,声波飞行时间测量法的数据传输率降低,易受伪声音的脉冲干扰。相位相干测量法本质上不易受到噪声干扰,并允许过滤冗余数据存在且不会引起滞留。但相位相干测量法不能直接测量距离而只能测量位置的变化,易受累计误差的干扰。

声音跟踪系统一般包含若干个发射器、接收器和控制单元。它可以与头盔显示器相连,也可以与数据衣、数据手套等设备相连。

(4)视觉跟踪与视点感应技术

实物虚化的视觉跟踪技术使图像从视频摄像机投影到 X - Y 平面阵列,利用周围光或者跟踪光在图像投影平面不同时刻和不同位置上的投影,计算被跟踪对象的位置和方向。视觉跟踪的实现必须考虑精度和操作范围间的折中选择,采用多发射器和多传感器的设计能增强视觉跟踪的准确性,但会使系统变得复杂且昂贵。

视点感应必须与显示技术相结合,采用多种定位方法(如眼罩定位、头盔显示、遥视技术和基于眼肌的感应技术)可确定用户在某一时刻的视线。例如,将视点检测和感应技术集成到头盔显示系统中,飞行员仅靠“注视”就可在某些非常时期操纵虚拟开关或进行飞行控制。

5.2.2　虚物实化

确保用户在虚拟环境中获取视觉、听觉、力觉和触觉等感官认知(感知)的关键技术,是虚物实化的主要研究内容。

(1)视觉感知

虚拟环境中大部分具有一定形状的物体或现象,可以通过多种途径使用户产生真实感很强的视觉感知。CRT 显示器、大屏幕投影、多方位电子墙、立体眼镜、头盔显示器等是虚拟现实系统中常见的显示设备。不同的头盔显示器具有不同的显示技术,根据光学图像被提供的方式,头盔显示设备可分为投影式和直视式。

能增强虚拟环境真实感的立体显示技术,可以使用户的左、右眼看到有视差的两副平面图像,并在大脑中将它们合成,产生立体视觉感知。头盔显示器、立体眼镜是两种常见的立体显示设备。

(2)听觉感知

听觉是仅次于视觉的感知途径。虚拟环境的声音效果可以弥补视觉效果的不足,增强环境逼真度。在虚拟现实系统中,如何消除声音的方向与用户头部运动的相关性已成为声学专家们研究的热点。

用户所感受的三维立体声音有助于用户在操作中对声音定位。传统声音模型的定位是根据声源到达听者两耳的时间差和声源对左、右两耳的压力差来定位的,但它无法解释单耳定位。现代声音模型侧重于用头部相关传递函数(HRTF)描述声音从声源到外耳道的传播过程,并可以支持单耳定位。HRTF 主要用滤波的方法来模拟头部效应、耳郭效应和头部遮掩效应。NASA 空军研究中心曾经在人工耳道中放入很小的麦克风,记录许多不同声源对头部的脉冲效应,然后根据 HRTF 与脉冲结果,产生虚拟环境的位置感。

(3)力觉和触觉感知

让参与者产生"沉浸"感的关键因素之一是,用户在操纵虚拟物体的同时感受到虚拟物体的反作用力,从而产生触觉和力觉感知。例如,当你用手扳动虚拟驾驶系统的汽车档位杆时,你的手能感觉到档位杆的震动和松紧。

力觉感知主要由计算机通过力反馈手套、力反馈操纵杆对手指产生运动阻尼,从而使用户感受到作用力的方向和大小。人的力觉感知非常敏感,一般精度的装置根本无法满足要求,而研制高精度力反馈装置又相当困难和昂贵,这是人们面临的难题之一。

如果没有触觉反馈,那么当用户接触到虚拟世界的某一物体时容易使手穿过物体。解决这种问题的有效方法是在用户的交互设备中增加触觉反馈。触觉反馈主要是基于视觉、气压感、震动触感、电子触感和神经肌肉模拟等方法来实现的。向皮肤反馈可变电脉冲的电子触感反馈和直接刺激皮层的神经肌肉模拟反馈都不太安全,相对而言,气压式反馈和震动触感式反馈是较为安全的触觉反馈方法。

5.2.3 高性能的计算机处理技术

虚拟现实是以计算机技术为核心的现代高科技,高性能的计算机处理技术是直接影响系统性能的关键所在。具有高计算速度、强处理能力、大存储容量和强联网特性等特征的高性能的计算机处理技术主要包括以下研究内容:

①服务于实物虚化和虚物实化的数据转换与数据预处理。

②实时、逼真图形图像生成与显示技术。

③多种声音的合成与声音空间化技术。

④多维信息、数据的融合,数据转换,数据压缩,数据标准化,以及数据库的生成。

⑤模式识别,如命令识别、语音识别,以及手势和人的面部表情信息的检测、合成和识别。

⑥高级计算模型的研究,如专家系统、自组织神经网、遗传算法等。

⑦分布式与并行计算,以及高速、大规模的远程网络技术。

5.2.4 分布式虚拟现实

分布式虚拟现实的研究目标是建立一个可供多用户同时异地参与的分布式虚拟环境,使处于不同地理位置的用户如同进入一个真实世界,不受物理时空的限制,通过姿势、声音或文字等"在一起"进行交流、学习、研讨、训练、娱乐,甚至协同完成同一件比较复杂的产品设计或进行同一艰难任务的演练。

分布式虚拟现实的研究有两大阵营:一个是国际互联网上的分布式虚拟现实,如基于 VRML 标准的远程虚拟购物;另一个是在由军方投资的高速专用网上的分布式虚拟现实,如采用ATM技术的美国军方国防仿真互联网DSI。

5.3 虚拟场景中对象实体的建模

在虚拟现实系统中，真实地模拟感官要素认知事物的方式，直观、准确地表示所创建的数据，称为构造场景（或境界），也称为创建虚拟环境。场景是由一系列对象组成的，而对象就是虚拟环境中的成员。场景一般包括几何对象、光源、视点、动画对象等。虚拟现实系统通过对这些对象的描述来构造虚拟环境。

寻求能准确地描述客观世界中各种现象与景观的数学模型，并逼真地再现这些现象与景观，是计算机图形学研究的一个重要内容。在虚拟现实技术中，也需要先解决模型的建立问题，以便能够在3D程序中表现复杂的虚拟物体。

5.3.1 对象的建模方法和工具

（1）对象的建模方法

在虚拟现实环境中，对象的建模方法主要有：

①基于几何建模：就是用点、直线、多边形、曲线或曲面等直接构造物体的模型，如运用AutoCAD、3ds Max、OpenGL等建模。

②基于图像建模：即利用真实照片或摄像的输入方法构造已有对象的模型，其主要优点是提供了一种对结果图像中每个像素只需固定计算量而与场景复杂度无关的绘制方法。对于大规模场景而言，该方法需要很多照片，存储易成为瓶颈且场景的交互功能有限。

③混合建模：综合前两种建模方法的长处，根据对象不同部位的不同要求进行建模。例如，Debevec等给出的从照片对建筑物进行造型和绘制的系统，就是基于几何造型和基于图像绘制混合的系统，能够较好地解决从照片提取三维实体模型和相应的纹理映射、与视点相关的纹理映射，以及基于模型的立体对应等问题。

④综合方法：综合运用计算机视觉、图形学、图像分析和测量技术等对物体建模的方法。

对象的几何模型是用来描述对象内部固有几何性质的抽象模型。对象中基元的轮廓和形状可以用点、直线、多边形、曲线或曲面方程甚至图像等方法来表示，到底用什么方法表示取决于对存储和计算开销的综合考虑。抽象的表示利于存储但使用时需要重新计算；具体的表示可以节省生成时的计算时间，但存储和访问存储所需要的时间与空间开销较大。在虚拟现实系统中，由于场景的复杂性和场景变换的实时性，一般采用抽象的表示方法。

（2）对象的建模工具

对于虚拟环境中的几何实体建模，根据实际情况选择一种实用性强的工具最为重要。

虚拟现实开发工具大致可分为三类:三维建模软件、实时仿真软件以及与前两者相关的函数库。现今,建立虚拟环境一般有如下工具和方法:

①用 CAD 进行对象实体的三维建模,如 Solid Works Corporation 的 Solid Works, Parametric Inc 的 Pro/Engineer, CATIA CAD/CAM 软件,以及 Intergraph Corporation 的 Solid Edge 等。AutoCAD 几何建模直接利用图形几何元素,属于线框模型表示。该公司推出的 Mechanical Desktop(MDT)采用结构模型进行实体建模,将立方体、圆柱体、圆锥体等作为基本体素配置在三维空间内,通过对基本体素的布尔操作(包括和、积、差、交、并)描述和表达复杂物体的三维形状信息,然后通过虚拟现实软件(如 Visualization Toolkit (VTK)、World Toolkit 等)把建模对象引入虚拟环境,再通过编程语言进行实体对象的交互编程。

②用目前最新的开放式三维图形标准 OpenGL 进行建模。OpenGL 作为三维图形标准,用函数构造几何元素,属于表面模型表示。OpenGL 是一种图形与硬件的接口,开发者可以用这些函数来建立三维模型和进行三维实时交互。OpenGL 提供的基本功能有模型绘制、模型观察、坐标变换、颜色模式设定、位图和图像处理、雾化效果、光照处理、效果增强、纹理映射、实时动画和交互技术等。OpenGL 是完全开放的,用 OpenGL 编写的程序不仅可在 SGI、DEC、SUN、HPD 等图形工作站上运行,而且可以在微机的 Windows NT、Windows Server 环境下运行,具有很好的可移植性。OpenGL 比较适合在虚拟现实领域应用。

③用现在十分流行的虚拟现实建模语言(virtual reality modeling language, VRML)对对象进行建模。VRML 是一种网络上使用的描述三维环境的场景描述语言。VRML 语言是一种文件格式,它用于定义与更多信息相关的三维世界的布局和内容。由于其空间中都是些彼此相互作用并能与用户响应的对象,所以它的空间广阔,本身还具有交互性。它用来描述三维交互世界和对象。VRML 是面向对象的语言,它支持多用户,可以与声音、视频、图像进行超文本链接。它定义了一组有用的对象,可用来构造三维图像、多媒体和交互世界。这些对象称为节点,一个节点可以是一个立方体、一个球体、一张纹理图或一个变换等。VRML 使得信息能够在一个交互的三维空间中很容易地被表达出来。VRML 能在 PC 机到多端工作站的不同档次的平台上播放,它是节省带宽的复杂的交互形式的三维空间描述。

CAD 软件在实体建模上的功能相对强大,能够方便地建立模型,而且所建立的模型更加准确和形象。但这种方法需要选择虚拟现实软件把实体模型引入虚拟环境,如果该软件选择不当,则最后获得的虚拟环境将不是很逼真。使用 VRML 语言建模简单、方便,但模型的建立不能得到比较真实的实体对象,在虚拟环境的渲染中也不能得到比较逼真的效果。其原因就在于 VRML 语言的文件格式简单,它为了适合网络化形式,简化了很多效果,这就造成了它在桌面型虚拟现实系统中的最大缺陷。因此,以 Windows 操作系统为开发平台,采用 Visual C + + 软件及三维图形软件标准接口 OpenGL 为工具,实现三维实体建模不失为当前切实可行的方法。

5.3.2 基于几何信息的建模

在计算机中,形体常用线框、表面和实体模型表示。线框模型是在计算机图形学和

CAD/CAM 领域中最早用来表示形体的模型，至今仍在广泛使用，如 AutoCAD 就是用该方法进行造型。线框模型用顶点和棱边来表示形体，结构简单，易于理解，是表面和实体模型的基础。表面模型用有向的棱边围成的部分来定义形体表面，由面的集合来表示形体。由于线框模型和表面模型在构造形体时都有其各自的缺点与局限性，因此后来出现实体模型。实体模型不仅明确定义了构成物体表面的方向，而且可以检验形体的拓扑一致性，因而被广泛地应用于物体的实体造型过程中。有时为克服某种方法的局限性，在实体的几何造型系统中常常综合使用线框、表面和实体模型。

(1)线框模型

线框模型用一系列关键顶点以及顶点间的关键连线来表现物体。当在编辑阶段仅仅需要一个复杂场景的近似轮廓时，就可以用线框来对场景进行描述。线框模型可能导致表达的二义性，但由于它占用的系统资源少，所以在快速建模和模型预览等不需要很细致地表现模型的场合是非常合适的。

(2)多面体模型

并不是所有的实体模型都适合用线框模型进行描述，因此就产生了用面来描述实体的模型。由于实际生活中的许多实体都包含一些共面的多边形，而且对该模型进行光栅化处理也是可行的，因此就可以用一系列的多边形面片来表示物体。

同曲面模型相比，多面体模型有如下优点：

①多边形形状简单，便于计算和处理。

②多面体可以以任意精度逼近一曲面物体，且可以表示拓扑结构非常复杂的物体。

③只需存储各个多边形的顶点即可表示物体的几何信息，在计算多边形内任一可见点的光亮度时，所需的信息可由顶点的信息插值得到，这使得多面体的绘制可以采用硬件加速技术来实现。

(3)曲面模型

采用多面体模型进行场景造型也有不足，如难以把一个二维的纹理映射到由众多多边形面片离散表示的景物表面上，多面体的存储不适合对形状的整体修改，采用多面体表示的曲面放大后会失去原有的精度，导致几何走样现象，等等。在实际应用中，很多物体的表面都是弯曲的。要使用多边形面片对曲面进行很好的描述，就需要多边形的数量足够地多，如图 5.3 所示。

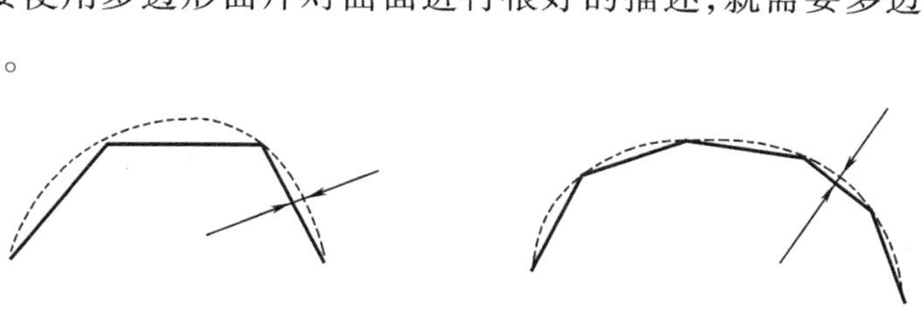

图 5.3　使用线段逼近曲线时增加精度的方法

使用大量的多边形除了处理存储和处理过程十分复杂之外，对于建模阶段也不是一个十分适合的方法。由多边形构成的多面体的离散的点不利于对表面属性进行处理。表面上一个属性的改变(如表面曲率的改变)就需要对许多点的坐标进行修改。要提高精度,又不增加建模时的难度,还要减少多边形的数量,通常使用较简单的曲面片来对一些更复杂的曲面区域进行描述。

曲面模型的建立方法实际上是用平面多边形对曲面逼近方法的一种扩展,平面多边形也是曲面的一种特例,它的表达式的最高次数为 1。目前,多数 CAD 系统均采用此方法建模,如 CATIA、UG、PRO/E 等。

第6章 ROV水下维修作业仿真系统

6.1 系统总体目标

作为探索海洋的重要手段之一，水下机器人(ROV，即遥控无人潜水器)技术是必不可少的。水下机器人技术是当今世界各国海洋科学考察界极其关注的一项集成性高新技术。水下机器人由于其机动、灵活，能够在水中长时间工作，执行水下观察、摄像、打捞和施工等任务的特点，日益成为人类开发、利用海洋资源的重要工具。到目前为止，水下机器人在海洋科学考察、海底资源调查、海洋研究、援潜救生、沉物探查与打捞、水下工程建设与维护、海底石油开发等方面都得到了成功的应用。

近年来，我国海洋工程装备产业发展具备了一定基础，并在基础设施、技术、人才等方面初步形成了产业的基本形态，但在高端的新型设备设计、建造、配套、工程总承包能力等方面仍明显落后于发达国家，难以满足国内海洋开发和参与国际竞争的需要。我国海洋工程作业，特别是在石油及天然气领域的海底管道铺设和完成各种检测、维修及操作任务的经验缺乏，海上作业的极大的风险，都对海上施工作业队伍、海洋装备、作业安全性等提出了巨大挑战。

本章针对海上油气田水下设施应急维修作业保障装备的使用，通过开展模拟仿真技术研究，完成关键技术攻关，建立硬件和软件系统等研究工作，实现ROV水下维修作业模拟操作培训、方案评估、与母船协同作业训练等功能，使其适用于ROV的水下作业、维修的独立作业与联合作业的仿真模拟，能够用于人员作业培训、水下应急维修作业方案的预演及评估；全面、逼真地反映水下设施维修作业的维修和技术保障的环境及其实现过程；逼真反映ROV的运动参数；逼真反映水下作业工具的运动特性；逼真反映母船的运动，以及ROV与母船的协同作业；能对水下作业操作中出现的碰撞、干涉提供报警等信息；能真实地反映水下作业所需的空间；能对设备维修和技术保障的正确性进行评估，最终为海洋工程仿真中心建设提供技术储备和经验积累。其主要建设目标包括：

①硬件：主要包括实现操纵运动数学模型解算的仿真计算机、模拟作业环境的视景产生设备、内装各种仪表和设备的模拟遥控操纵台、各种接口电路板等；

②软件：主要包括三维视景、运动数学模型、教练员等分系统。

6.2 总体方案设计

海上油气田水下设施应急维修作业具有环境复杂、作业状态难以预判、风险巨大、人员培训困难等特点，本节对水下安装、水下应急维修、浮托安装等海洋工程作业特点和系统功能需求进行分析，开展水下作业仿真测试系统的总体构架设计与系统集成技术研究。

6.2.1 体系框架

针对海上油气田水下设施应急维修作业保障装备的使用，通过 ROV 遥控操作、辅助铺管、观察、调查海底作业状况、检测、安装、介入等操作过程进行实时在线仿真，并使其具备以下主要功能：

①ROV 施工作业过程仿真预演，用以评估水下作业方案的可行性和优化作业方案，提前预报及避免风险，并对已完成的水下作业方案进行总结、分析。

②实现 ROV 水下维修作业模拟操作培训，可用于辅助铺管、观察、调查海底作业状况、检测、安装、介入等操作规程和技能的培训。

③扩展后具有与实船监测数据的接口，并可进行作业过程复现，用于陆上远程监控和辅助指挥决策。

④可与母船进行联动培训。

在详细分析深水 ROV 作业培训系统功能需求和性能要求的基础上，采用模块化、标准化和面向对象的设计方法，对 ROV 遥控操作模拟分系统、ROV 水下作业工具仿真分系统、视景综合显示分系统及教练员分系统等功能子系统进行模块化开发、集成和功能扩展，使其具有较强的开放性、继承性和重用性。

6.2.3 考核指标

主要考核指标如下：

①真实模拟深水 ROV 作业环境，能够进行人员培训及作业方案预演和评估。

②系统总延时不大于 150 ms。

③系统年工作强度大于 1 000 h，使用寿命不小于 10 年，平均无故障时间 MTBF > 100 h，平均修复时间 MTTR < 1 h。

④ROV 水下作业模拟视景仿真性能要求：

a. ROV 作业视景采用三台教练员站视景显示器，图像柔和，全屏反走样，三通道图像显示系统，水平视角 120°、垂直视角不小于 40°视场角视景。

b. 图像分辨率不低于 1 920 × 1 080。

c. 图像更新率不小于 30 Hz。

⑤ROV 水下作业模拟动态仿真效果的真实性要求：

a. 六自由度 ROV 运动数学模型及多体偶合动力学模型，能够真实反映在不同环境

(风、浪、流)和操控指令等条件下ROV运动姿态的变化。

b. 运动数学模型解算速率满足视景更新率的要求。

c. 仿真精度:与实操监测数据比对,误差不大于15%。

d. 培训科目与实船一致性要求:作业培训科目设置应满足ROV实际作业的要求,所设置科目应与实船的作业工况一致,达到进行正常和非正常遥控作业工况的模拟培训的要求。

e. 开发出与起重铺管船通信接口,能够实现ROV与母船的协同作业仿真。

6.3　仿真分系统组成

6.3.1　视景仿真分系统

该系统通过三维建模和视景仿真软件开发两方面的工作将计算机成像的多通道视景显示到液晶显示器(教练员台)上形成完整的视觉画面,从屏幕提供三维的视觉感官信息,使受训人员感觉置身于真实的操船、海上作业环境当中。

视景通信计算机(运行视景通信软件)接收教练员系统的初始化信息(训练科目、环境设置等)、运动与设备仿真系统的运动姿态参数(ROV的六自由度信息等)和设备信息(主机转速、螺旋桨转速等)及其他运动目标的运动姿态参数,将上述信息按照制定的通信协议发送至视景计算机图形生成系统、视景模拟软件,并将视景计算机图形生成系统反馈的海底高程数据和碰撞信息发送至教练员系统、运动仿真系统,实现对内、对外数据通信。

视景计算机图形生成系统接收教练员的信息后,在Vega Prime或Vortex软件中完成初始化后,按照教练员设定的训练科目加载相应的地景模型、海洋和环境特效,实时检测本船与地景模型的碰撞信息并更新ROV的位置和运动姿态,图像刷新率不低于30 Hz,模拟逼真的ROV操作效果,输出动态、流畅的三通道视景图象。

视景仿真软件设计遵循模块化思想,兼顾系统功能的可扩展性。根据功能划分,视景仿真软件设计结构如图6.1所示。

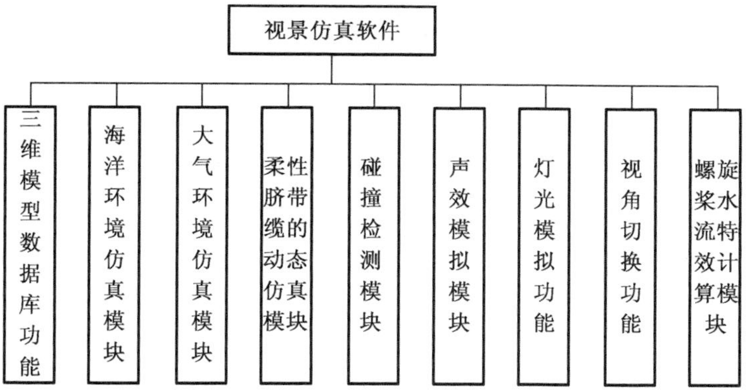

图6.1　视景仿真软件设计结构

视景仿真软件主要用于构建场景模型,并对场景模型进行渲染,真实反映视场内场景。建立逼真的三维训练视景仿真系统需要在 Vega Prime 图形生成系统上进行软件二次开发,主要包括:

①三维模型数据库功能。

②海洋环境仿真模块。

③大气环境仿真模块。

④柔性脐带缆的动态仿真模块。

⑤碰撞检测模块。

⑥声效模拟模块。

⑦灯光模拟功能。

⑧视角切换功能。

⑨螺旋桨水流特效计算模块。

1. 三维模型数据库功能

三维模型是虚拟场景中最基本的元素,其质量和大小直接影响视景仿真的逼真度与实时性。三维模型库提供存在 ROV 的深水环境和海底地形,主要包括 ROV、母船、起重机、辅助铺管设备、机械手等,其根据 ROV 视景仿真系统对三维模型的要求,采用 OpenFlight 数据格式,层次化管理模型数据库,基于建模软件 MultiGen Creator,建立适应模拟系统视景仿真要求的三维模型数据库。三维视景中的模型种类可以简单分为静态视景模型库和大场景地形视景数据库。

静态视景模型库包括典型 ROV、母船、目标船、助航标志、起重设备、水下作业工具、作业平台、铺管设备等三维模型。图 6.2 为 ROV 模型,图 6.3 为海洋石油 201 船模型。

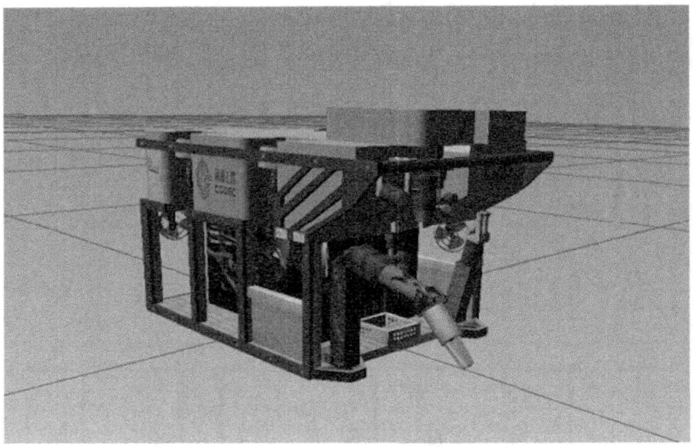

图 6.2　ROV 模型

图 6.3　海洋石油 201 船模型

大场景地形视景数据库包括海洋、海床、岛屿、陆地、植被建模等。

三维地形建模是指将一定范围内适当比例的真实地形高程数据、地貌特征数据,根据不同的地形转换算法,结合包含真实地形表面细节的纹理,生成具有一定组织序列、能够近似表示部分地球表面状况的多边形集合。三维地形建模的主要流程如图 6.4 所示。

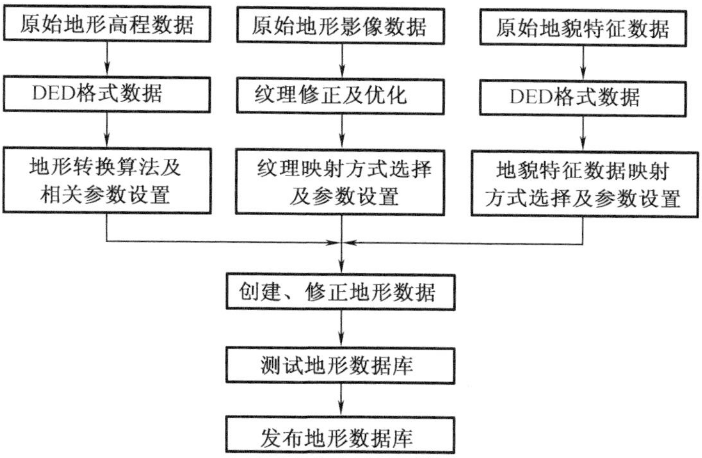

图 6.4　三维地形建模的主要流程

(1)三维地形建模过程

①规划地形数据库

根据仿真目的和对场景的要求,结合现有实时系统的硬件和软件平台性能,在满足实时性要求的前提下,对应用于仿真系统的整个模型数据库的多边形预估。最简单的多边形估算方法是,实时系统硬件每秒钟处理多边形数量除以帧频。对于所创建的地形模型而言,通用的规则是将多边形预算的$\frac{1}{3}$用于地形模型,$\frac{1}{3}$用于地物模型(如房屋、树木等),其余$\frac{1}{3}$用于场景中的运动物体模型。

②地形数据的预处理

目前常用的地形高程数据有美国地质测量局(USGS)的 DEM 数据、美国图像地图局

(NIMA)的 DTED 数据和一些其他来源的数据。这些格式的地形数据不能直接在 MultiGen Creator 软件中使用,必须进行处理,转换成 Creator 的 DED 专用数据格式。为此,MultiGen Creator 提供了相应的转换工具,如 readusgs、image2ded、float2ded、image2ded 及 catdma 等。

③创建地形参数设置

首先,导入 DED 格式地形高程数据,在相应的高程比例尺上设置颜色、纹理和材质。这些属性将应用于生成的地形模型。

其次,选择要创建地形的目标区域,建模人员可以通过鼠标或指定经纬度的方式进行确认;同时,根据仿真的应用类型,确定生成地形的 LOD 细节层次数目。

最后,设置地图投影类型。MultiGen Creator 提供了五种地图投影类型:Flat Earth、UTM、Geocentric、Lambert Conic Conformal 及 Trapezoidal。用户可以根据仿真要求和即将创建地形的真实地球区域,选择最适合的投影方式以减少投影误差。

④地形转换算法选择

对地形模型有不同需要的仿真类型选择不同的转换算法和参数,生成地形的多边形数量和场景外观也会有很大差异,进而最终影响仿真系统的性能和显示效果,因此必须根据具体情况选择最适合的地形转换算法。MultiGen Creator 提供了 Polymesh、Delaunay、CAT 及 TCT 四种三角形化算法将高程数据转换为地形模型。

a. Polymesh 算法

Polymesh 算法根据设定的高程信息采样率在原始 DED 文件中进行有规律采样,以获得地形多边形顶点坐标,进而创建矩形网格面的地形模型。一个地形模型的组节点是由 X 方向乘以 Y 方向的 2×2 个地形组节点构成,每四个低级的 LOD 地形组节点构成更高级的地形组节点,不同的 LOD 模型组节点包含的地形节点数量保持不变。生成地形的顶点高度根据 Z Scale 参数对原始的采样高程数据缩放得到。Polymesh 算法提供四种地形三角形化的方法。Best Fit 根据三个相邻顶点高程相同则生成一个三角形的规则创建地形,生成的地形模型用于地形与海岸线连接的平坦区域。BottomRight/UpperLeft 根据 SGI Performer 中的三角形化规则生成地形三角形模型。BottomLeft/UpperRight 则按照普通图形硬件的三角形化规则生成地形三角形模型。QuadsinFlatArea 通过四个高程相同顶点形成一个四边形来代替两个三角形的规则创建地形。用户可以根据 High LOD Polygon Count 参数提示,调整高程采样率,以控制最高级 LOD 模型多边形数量,从而满足实时系统多边形预算的要求。

b. Delaunay 算法

Delaunay 算法是基于 Delaunay 三角网的地形生成算法。与 Polymesh 算法不同,它对原始数据中的每个高程点都进行处理,从最低分辨率的 LOD 开始生成地形。较低 LOD 地形模型的顶点被结合到更高级的 LOD 中,以保持每个 LOD 的顶点与更高级分辨率 LOD 的顶点相符,使不同 LOD 地形模型之间平滑过渡。通常情况下,生成同样精度的地形模型,Delaunay 算法比 Polymesh 算法使用多边形的数量少。

如果需要对山脊和山谷检测,则构成山脊和山谷的高程点将被加入三角化处理中,如要保护海岸线,Creator 将生成的地形多边形与海岸线进行相交测试,并将沿海的高程点加入三角化计算中。这一过程重复执行,直到数据中未使用的高程点与相邻高程点的平均高程的差值小于 Terrain Accuracy Tolerance 的公差，或者地形多边形数量达到最大面与组的限制。

c. CAT 算法

CAT 算法对 Delaunay 算法进行了改进。它改变了地形的分块模式，采用相邻 LOD 间的三维变形（Morphing）技术来平滑过渡层次间的切换，可消除瓷片边界现象。但是，只有 SGI Performer2.0 以上版本才支持此算法。与其他算法不同，CAT 算法创建的 LOD 模型不使用分块地形，LOD 间的切换是在面到面级别的替换，它随着视点在地形数据库上的靠近，动态使用较高级 LOD 的多边形代替低级的 LOD 中相应的多边形，从而保证地形 LOD 转换的平滑过渡效果，而不会出现“突跃”现象。

d. TCT 算法

TCT 算法实际上是一种限制性的 Delaunay 算法。使用 TCT 算法创建的地形模型只有一个 LOD，因此只能用于批处理地形转换。与其他算法不同，它可以将地貌矢量特征数据 DFD 与地形高程数据一起处理，生成包含地貌特征（如道路、河流以及湖泊等）的完整地形模型。地貌特征不是简单地投影到地形表面，而是成为地表上的一部分。用户可以选择随地形一起生成的地貌特征种类。与其他算法相比，TCT 算法所生成地形模型的多边形数量显著增加。

⑤地形模型的生成与测试发布

设置完成创建地形所需的参数和规则后，生成地形模型的工作就由 MultiGen Creator 自动完成了。生成地形数据库后，应首先在 MultiGen Creator 中浏览，仔细检查可能出现的如细长三角形（Edge Slivers）、切换 LOD 时出现的垂直边界（Wall/Gaps）等异常现象。对于检查通过的地形模型，还应在实时系统中加载测试，查看系统运行时帧频是否满足要求，切换 LOD 时是否平滑过渡，以及地形纹理和地貌特征数据是否符合要求，等等。如果出现问题，则应该调整参数，重新生成地形数据库，直至满足系统运行要求。

对于没有大瑕疵的地形模型，最后仍需对部分地形纹理及地貌模型进行修正、调整，经过反复测试，才能投入使用。

（2）地形纹理的应用

地形纹理贴图（以下简称地形纹理）是增强三维地形模型真实感的一个重要途径。对于细节层次较低的模型，甚至可以直接使用地形纹理代替地形多边形，从而提高地形模型的多边形使用效率。

满足 MultiGen Creator 要求的地形纹理可由卫星、航拍及其他来源的影像资料经过优化处理得到。建模人员可以在地形高程比例尺指定不同高程颜色的同时，进行相应的纹理设置，包含真实地理坐标信息的地形纹理可以采用同样的方式进行映射；另一种方式是使用间接纹理映射，即将地形多边形的颜色、纹理及材质等属性对应到一个特殊图像文件上，再将图像文件映射到地形模型。图像像素颜色与地形多边形属性之间的对应关系保存在后缀为.indrect 的文件中。在地形转换过程中，当地形多边形的顶点与相应的间接纹理控制文件信息匹配时，对应的多边形属性会被自动应用到相应的地形多边形上。

同时，MultiGen Creator 提供了多分辨率纹理（mipmap）和索引分块（clip texture）技术，

用来解决因大量应用纹理而消耗内存、影响系统性能的问题。多分辨率纹理是指将对应相同地区的地形纹理分成一组不同分辨率的纹理组，在实时运行中，随着视点变化，选用相应分辨率的纹理，减少内存使用。索引分块技术是指将较大的地形纹理进行分块索引，在应用中根据需要将分块纹理根据一定算法调入、调出内存，从而实现通过纹理的分块调度来提高系统的运行效率。

(3)地貌特征的应用

地貌特征主要指存在于真实地形之上的河流、湖泊、森林等自然景观，以及公路、桥梁、建筑等人文景观。在地形数据库中添加这些地貌特征，对于增强地形模型的真实性具有重要意义。

目前常见的原始地貌特征数据格式有 DFAD、DLG 和其他矢量数据。用户可以使用 MultiGen Creator 提供的工具，根据需要方便地将所需特征转换为 MultiGen 的 DFD 格式，在地形建模过程中使用。DFD 数据格式使用特征类型码(FID)对地形特征进行分类，每个特征类型码对应一组定义特征表面材质属性的代码(SMC)。两者共同决定特征数据映射到地形模型上时的纹理、材质及颜色等属性。

将地貌特征数据映射到地形模型上的方法主要分为预先映射和事后映射。预先映射主要指在地形模型生成之前设置需要映射的地貌特征，地形的多边形将围绕地貌特征生成。例如，将河流选择为预先映射方式处理，则河流会成为地形多边形的组成部分。这会使地面仿真应用具有更加真实的视觉效果，但是会大量增加地形多边形的数量。事后映射方式指在地形模型生成之后，再投影所需地貌数据。

在计算机辅助设计(CAD)、三维动画和其他领域，通常使用大量的曲线曲面及复杂的纹理构建三维模型。但从视景仿真领域的观点看来，这种基于工程设计或动画的建模思路由于没有考虑渲染效率，根本不能满足实时系统的要求。使用 3DMAX、MAYA 等建模工具创建的三维模型，必须进行精简优化，才能在实时系统中使用。虽然建模人员可以使用 MultiGen Creator 提供的 Vsimplify 工具对引入模型简化，但仍然需要大量烦琐的手工工作，如构建适当的 LOD 以及解决面缺失等问题。因此，多数情况下使用 MultiGen Creator 重新建模。

与 MultiGen Creator 所提供的三维地形建模中强大的批处理功能相比，在三维实体建模方面，MultiGen Creator 略显简单，看起来不如 3DMAX 等建模软件便捷。但它们的建模目的不同，建模思路也不尽相同。MultiGen Creator 主要针对实时系统设计，通过高效的层次数据结构、LOD 技术、纹理技术等方面的设计优化，在协调处理模型真实感与实时渲染之间具有其他建模软件无法比拟的优势。

使用 MultiGen Creator 进行对象建模，应在满足实时渲染的基础上，尽可能地提高模型的逼真度。建模人员综合运用好 MultiGen Creator 提供的建模功能，同样可以构建具有高度真实感的实体模型。

①逻辑化层次结构

MultiGen Creator 采用的 OpenFlight 格式是一种高效的逻辑化层次数据结构，因此建模人员必须针对对象模型的特点，采用模块化设计方法，合理细分层次节点。这种做法不仅有助于模型的编辑、LOD 设置、外部引用以及数据库的重组和优化，同时也能够为提高实时系统效率构建良好的基础。

②LOD 技术

LOD 是一组代表同一物体不同分辨率的模型组。实时系统在处理模型时,会根据设定的 LOD 距离切换不同细节层次的模型,从而有效地提高系统多边形利用效率。因此,在建模过程中合理地设置 LOD 层次显得尤为重要。通常的做法是先构建细节层次最高的模型,然后通过自动(Vsimplify 工具)和手工(如构建包围盒)结合的方式,自高而低地构造不同细节层次模型。

③纹理映射技术

使用纹理贴图代替物体建模过程中可模拟或难以模拟的细节,可以有效地提高模型的逼真度和渲染速度。例如,使用透明纹理模拟门窗和栏杆,可以有效地降低模型的复杂度。而利用各向同性构建树木、标牌等的 BillBoard 技术创建的模型仅是单个平面。纹理图片的来源大多是拍摄实物对象的三维正投影照片,经修正处理得到。需要注意的是,纹理大小应是 2 的幂次,否则在 Vega Prime 驱动时无法正常显示。

在 MultiGen Creator 环境下也可以进行构建和连接物体的运动建模。MultiGen Creator 提供了 DOF 技术,DOF 节点可以控制其子节点按照设置的自由度范围进行移动和转动,使物体表现出合乎逻辑的运动方式。声音节点也可以在物体建模的过程中加入,从而丰富视听内容,增强视景仿真的综合效果。

2. 海洋环境仿真模块

该模块分为海平面以上和海平面以下的海洋环境实景仿真。海平面以上部分是海浪的模拟,基于 vpMarine 模块实现。由于 ROV 的工作区域位于水下,所以视景仿真的重点放在对水下环境的模拟上,包括对海底的地形、水中的浮游生物等的模拟。作业区的海床模型是根据真实数据和纹理贴图基于 MultiGen Creator 创建的,而浮游生物的模拟以及海流的动态感模拟是通过粒子系统和 DOF 制作实现的。

由于本节中海底地形是利用 OpenGL 实时生成技术获得的,因此这里的水下环境建模指的是除海底地形外的水下海洋环境建模。海底风、浪、流的变化不能像海面一样用海面波浪运动和水花来体现,海底的环境模拟具有自己的特点。

a. 基于光照的影响,越深的地方海洋背景颜色越深,呈渐变的效果。

b. 要体现海流的运动,让观察者感到周围有“水体运动”,为达到这种效果,可在蓝色水体模型里面添加两层贴有透明水波纹理的环形柱面,并设置 DOF 旋转动画,让两层柱面分别向两个反方向运动,使观察者感到周围的水波在运动。

c. 海底的能见度比较低,景物看上去有雾蒙蒙的感觉,但又要保证观察者能够清楚地看到 ROV 的作业情况,因此在 LynX Prime 的环境设置里添加 EnvCloudLayer 实例,产生“近地雾”的效果。水下环境模型效果图如图 6.5 所示。

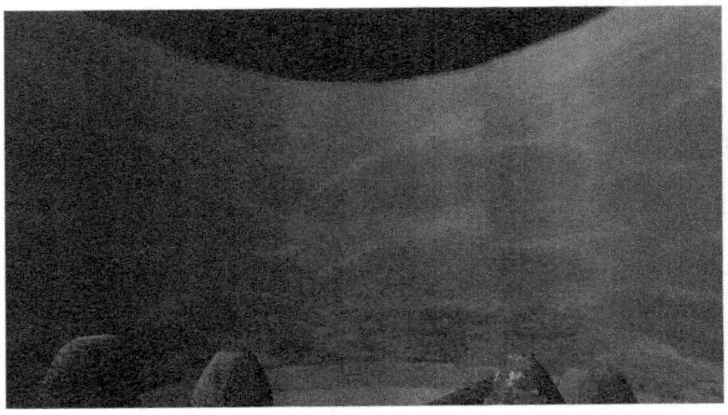

图 6.5　水下环境模型效果图

d. 观看海底世界最直观的感受就是里面的悬浮物很多,在海流的作用下“漂动”。本节采用粒子系统特效来模拟悬浮物,贴图采用“水母”形状的透明纹理,添加“风”实例并附上速度和方向,使粒子沿风向缓慢运动,并在程序的主循环中设置粒子的释放间隔,使画面中永远都有“悬浮物”生成、消亡和运动。

e. 由于海草外形复杂,难以建立三维实体,故采用纹理平面制作。首先,在 MultiGen Creator 中建立大小合适的面,在其属性栏的 Billboard 选项中选择 Axis With Alpha,让该面的法向始终指向视点;其次,制作海草的纹理,选出海草的照片,在 Photoshop 中将有用的纹理抠出,将其背景设为透明,并注意在保存时储存透明度信息;最后,把背景透明的纹理粘贴在平面上即可。

f. 由于场景很大,可采用 populate 的方法把大量建好的海草模型副本随机种植到地形上去。由于 Billboard 的旋转总是相对于世界坐标,因此需要将其放置于原点处才能绕自身的轴旋转,如果不在原点,就只能通过给节点添加变换矩阵的方式将其从原点移动到其他位置才能使其正确地绕自身轴旋转。对于大量种植的方式,要用实例化的方法,以处于原点处的 Billboard 为基准建立大量实例。这样不仅可以使每个面都能以正确的方式旋转,还能大大减少面的数量,降低系统开销。需要注意的是,每个 Billboard 之上都需要有一个组节点或体节点作父节点,且父节点之下只能有一个 Billboard,否则将无法正确显示。海草模型效果图如图 6.6 所示。

图 6.6　海草模型效果图

g. 为了丰富视景仿真的海洋环境,适当增加一些鱼群。对于鱼的模型,除了需要贴上纹理以外,还需要令其运动起来。运动分为两类:其一是鱼游动时身体的摆动;其二是鱼游动的宏观路径。要做出摆动的效果,可以利用 animation 动画,将多张处于不同游动状态的鱼的照片循环播放,但为了简化模型,我们只建立数个鱼的模型,每个模型中将鱼简化成数个平面,平面转动角度各不相同,最后用动画序列技术将他们顺序播放,即可产生摆动的效果。鱼群游动的路径则采用 VP 中的 PathTool 工具设定运动路径和导航,即可让鱼在设定好的路线上循环游动。鱼模型效果图如图 6.7 所示,鱼模型在场景中的运动效果如图 6.8 所示。

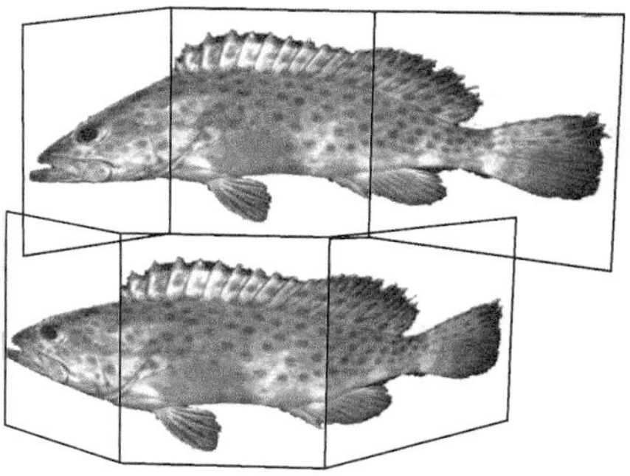

图 6.7　鱼模型效果图

图 6.8　鱼模型在场景中的运动效果

3. 大气环境仿真模块

该模块指海面以上的大气环境的实景仿真。用 VP 中的 vpEnv 模块即可逼真地模拟出昼夜光照连续变化、不同的气象(如晴天和雨、雪、雾等恶劣天气)、不同能见度等级的雾景等,如图 6.9 和图 6.10 所示。

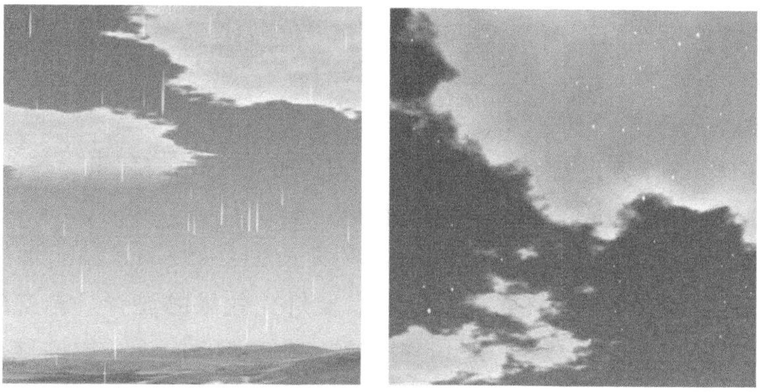

图 6.9　雨、雪天气的效果图

图 6.10　不同能见度等级的雾景

4. 柔性脐带缆的动态仿真模块

柔性脐带缆的上端与中继器相连，中继器由重缆垂直悬挂。由于中继器和重缆足够重，水面母船上配有升沉补偿系统，因此可近似认为中继器隔离了水面船舶的振荡对 ROV 的影响，能让 ROV 较平稳地工作。根据 ROV 在水下的实际作业环境，采用凝聚参数法分析柔性脐带缆的受力状况，并对柔性缆绳做如下简化：

①不考虑缆上附着物。

②缆表面光滑且运动速度很慢，忽略缆的惯性力。

③不考虑分段的弯矩。

④各节点处海流速度相等。

在该条件下建立水动力方程并求解，利用 OpenGL 完成缆绳的动态建模。

5. 碰撞检测模块

采用 vpIsector 模块中的 LOS 自由光束检测方法，检测 ROV、母船是否与训练场景、对象物发生碰撞，并将这个信息发送到运动数学模型进行相应解算，调整运动模型姿态。

6. 声效模拟模块

声效模拟在整个训练过程中能够提供给受训人员逼真的听觉感受，帮助受训人员从听觉上正确判断 ROV 的航行状态。本系统主要在 Vega Prime 软件中添加声音文件，设置各种声音的父节点、声源位置、触发方式、播放模式、音量、音频，以及音频随声源和观察者位置移动的相对变化因数，声音衰减的最大和最小距离，等等，然后通过编程控制声音的触发和停止。声效模拟主要模拟以下声音效果：

①ROV 主机声。

②ROV 出入水的声音。

③碰撞声：ROV 与作业设备、海底、礁石等障碍物的挤压、轻碰、重碰等。

④环境声：海洋中的风浪声、海洋生物发出的声响等。

7. 灯光模拟功能

灯光模拟功能主要涉及光源、光点的设置以及灯光效果的设置。光点（light points）是指模型数据库中的一些具有自发光属性的特殊顶点，它既不同于一般的顶点，也不同于光源（light source）。虽然光点在实时系统中可以产生发光的效果，但它却不能像普通光源一样照亮其他模型对象，也不对模型数据库的着色处理产生任何影响。在几乎伸手不见五指的水下世界中，ROV 的灯光应该是极为明显的，而探照灯灯头也会显得极为明亮。为了模拟探照灯的明亮、耀眼的视觉效果，这里在灯泡模型上添加一定密度的白色光点。

光点设置面板上主要有“Light Lobe”“Animation”“Calligraphic Display”三大功能分区。“Light Lobe”选区的参数主要用于控制光点的扫视范围和旋转效果，对于一些对光点的可视范围有特殊要求的灯具（如机场的菲涅尔灯）的制作非常重要；“Animation”选区的参数用于控制光点的强度状态，以产生随机的动画效果；“Calligraphic Display”选区的参数用于控制光点的丽图显示状态，而丽图显示状态需要 SGI 参数（SGI Performer）的支持。ROV 探照灯的光点效果图如图 6.11 所示。

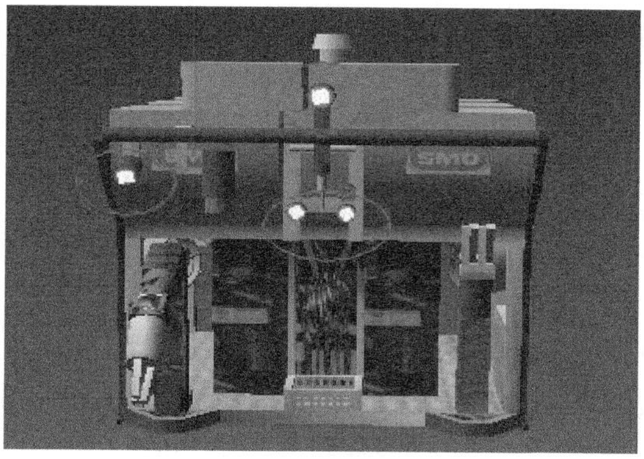

图6.11　ROV探照灯的光点效果图

由于海底3 000 m无阳光照射,因此探照灯扫过的地方能看清景物。采用VP提供的vpLightLobe模块来模拟光源投到物体上形成的光晕,同时利用vpThreatDome功能模拟光束效果,ROV探照灯效果图如图6.12所示。

图6.12　ROV探照灯效果图

8.视角切换功能

该功能以驾驶视角为主,切换不同的观察角度以便监视ROV的作业情况。

9.螺旋桨水流特效计算模块

为了真实地模拟螺旋桨旋转引起的水花特效,可以基于Fluent计算该螺旋桨的敞水定常水动力性能,并将计算结果导出后加以处理,作为螺旋桨附近流场仿真的依据,然后基于Vega Prime中的粒子系统制作方法编程实现水花特效的仿真。

6.3.2　运动仿真分系统

模拟器的研制工作必须对ROV的运动做出正确的描述,因此需建立能够反映ROV运动特征、变化规律及本船与其他实体相互作用关系的船舶运动数学模型,需建立ROV各类作业的动力学、运动学模型构建及解算。运动仿真系统的数学模型是模拟器研制成功与否的关键,是衡量模拟器逼真度的核心指标。船舶的位置变化和各种运动参数等都依赖于数学模型的解算,模型的解算准确与否是模拟系统使用的关键。

运动学数学模型分系统能够接收教练员系统设定的环境和训练科目等指令,为遥控设备、显示仪表、视景系统等提供ROV自航状态、作业模式下作业等环境的数学模型的实时仿真结果，从而实现遥控操作、辅助铺管作业及其他水下作业仿真。

1. ROV 系统运动仿真数学模型

本节的研究目标是实时解算 ROV 单体在海洋环境扰动（浪、流）作用下依靠自身推进器产生的推力而自主航行时的运动速度、位置和姿态。ROV 系统运动仿真数学模型要能真实地模拟出 ROV 依照操控指令进行六个自由度耦合运动的运动状态；能反映环境条件和作业条件的差异为 ROV 运动带来的差异；能实时解算海洋环境（风、浪、流）因素对 ROV 运动状态的影响；满足视景仿真对实时性的要求。

根据所建立的 ROV 系统运动仿真数学模型开发 ROV 运动仿真软件，其流程图如图 6.13 所示。该软件的程序用 Fortran 语言编写，其接受由教练员系统和驾控操纵系统传输来的数据计算 ROV 所受到的各种力，然后通过求解运动学、动力学方程得到 ROV 的速度、角速度、位置和姿态。本程序中的运动方程用四阶经典龙格－库塔法求解。

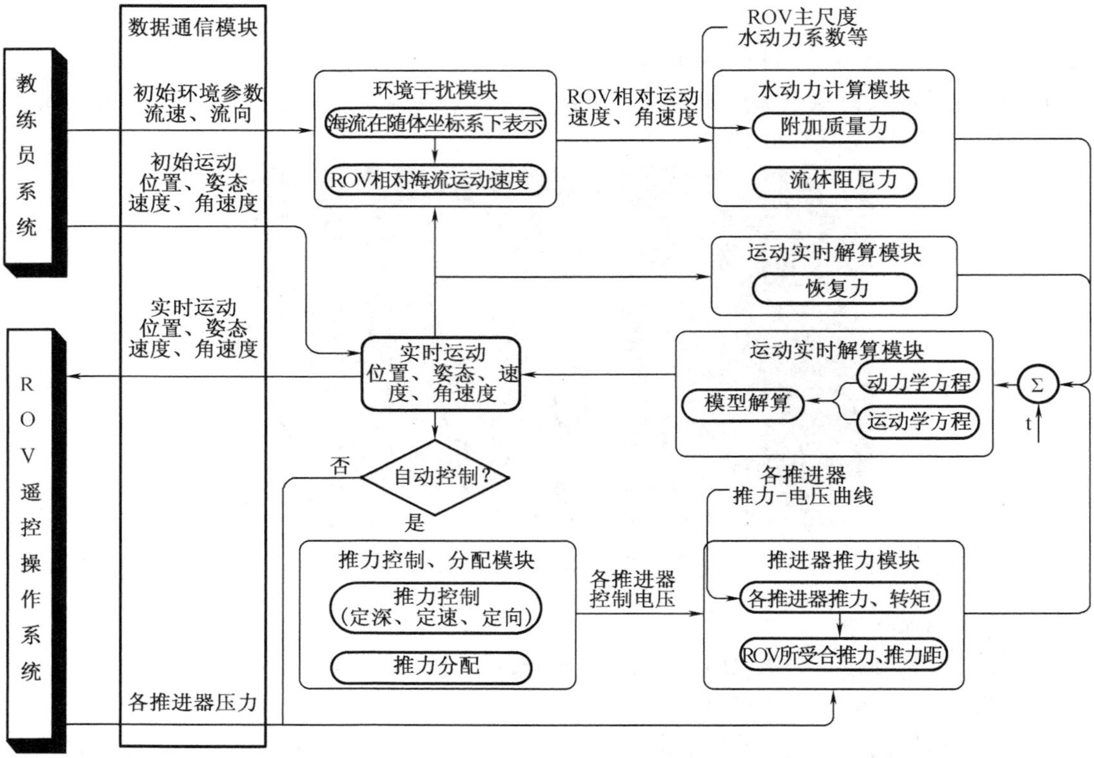

图 6.13　ROV 运动仿真软件流程图

（1）坐标系与运动参数的定义

为描述 ROV 在水下的六自由度运动，定义三个直角坐标系，如图 6.14 所示。

①惯性坐标系 $EXYZ$：该坐标系固联于地球，方向按右手法则的规定，即 EX 指向北为正，EY 指向东为正，EZ 指向下为正。

②ROV 随体坐标系 $GX_0Y_0Z_0$：该坐标系固联于 ROV，随 ROV 一起运动，坐标系的原点位于 ROV 的重心 G，方向按右手定则的规定，即 GX_0 指向艏部为正，GY_0 指向右舷为正，GZ_0 指向下为正。ROV 随体坐标系与惯性坐标系 $EXYZ$ 间的转换关系用欧拉角 φ、θ、ψ 来表示。

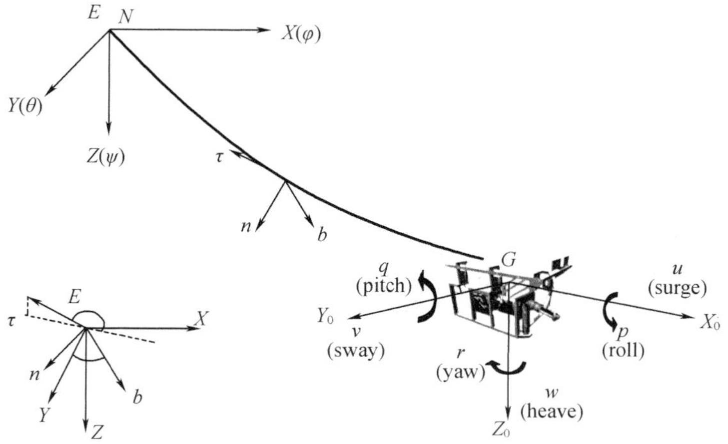

图 6.14　坐标系定义

③缆线局部坐标系 τnb：该坐标系位于缆线上，其中 τ 指向切线方向（tangent），n 指向法线方向（normal），b 指向副法线方向（bi - normal）。缆线局部坐标系 τnb 与惯性坐标系 $EXYZ$间的转换关系用欧拉角 α、β 来表示。

ROV 重心处相对于固定坐标系 $OXYZ$ 的速度为 V，V 在随体坐标系 $GX_0Y_0Z_0$ 上的投影为 u（纵向速度）、v（横向速度）、w（垂向速度）；ROV 以角速度 Ω 转动，在随体坐标系$GX_0Y_0Z_0$ 上的投影为 p（横倾角速度）、q（纵倾角速度）、r（摇艏角速度）；ROV 所受外力 F 在 $GX_0Y_0Z_0$ 坐标系上的投影为 X（纵向力）、Y（横向力）、Z（垂向力）；力矩 M 的投影为 K（横倾力矩）、M（纵倾力矩）、N（摇艏力矩）。速度和力的分量以指向坐标轴的正向为正，角速度和力矩的正负号遵从右手系的规定，运动和运动参数见表 6.1。

表 6.1　运动和运动参数

DOF	力（力矩）	线速度（角速度）	位置（欧拉角）
1. 纵荡	X	u	x
2. 横荡	Y	v	y
3. 深沉	Z	w	z
4. 纵摇	K	p	φ
5. 横摇	M	q	θ
6. 艏摇	N	r	ψ

（2）ROV 六自由度运动方程的建立

考虑环境扰动（浪、流），ROV 六自由度动力学、运动学方程可表示为

$$M\dot{V} + C(V_r)V_r + D(V_r)V_r + g(\eta) = \tau \tag{6.1}$$

$$\dot{\eta} = J(\eta)V \tag{6.2}$$

式中，V_r 为 ROV 相对于环境的运动速度；M 为惯性矩阵，包括 ROV 质量矩阵 M_{RB}与附加质量矩阵 M_A；C 为科氏力矩阵；D 为 ROV 受到的阻尼力作用；g 为恢复力；τ 为控制量，包含推进器施加于 ROV 上的推力。

(3)水动力模块

ROV 所受到的流体水动力包括惯性力和黏性力两部分，表达为运动速度的函数。惯性力由附加质量力 $M_A\dot{V}$ 和科氏力 $C(V_r)V_r$ 相加而成，而 $D(V_r)V_r$ 是黏性阻尼力，由惯性阻尼、摩擦阻尼、兴波阻尼和漩涡阻尼组成。参考 DTNSRDC 的潜艇运动标准方程和 Fossen 的 ROV 运动六自由度模型，并根据 ROV 的几何外形和运动特性建立适用于 ROV 运动特性的水动力数学模型，并获得一套适用于 ROV 的水动力系数（惯性、黏性水动力系数），计算 ROV 运动过程中受到的黏性、惯性水动力。

(4)恢复力

$g(\eta)$表示由重力、浮力组成的恢复力/力矩，其表达式为

$$g(\eta)=\begin{bmatrix}0\\0\\0\\-BG_yW\cos\theta\cos\varphi+BG_zW\cos\theta\sin\varphi\\BG_zW\sin\theta+BG_xW\cos\theta\cos\varphi\\-BG_xW\cos\theta\sin\varphi-BG_yW\sin\theta\end{bmatrix}\tag{6.3}$$

式中，$BG=[BG_x,BG_y,BG_z]^{\mathrm{T}}=[x_G-x_B,y_G-y_B,z_G-z_B]^{\mathrm{T}}$，并假设重力、浮力平衡。

(5)推进器推力

ROV 推进器的建模是先根据 ROV 推进器液压推力曲线获得推进器推力与压力之间的函数表达式，然后根据各推进器的位置得到作用在 ROV 上的总推力。ROV 各推进器位置如图 6.15 所示。

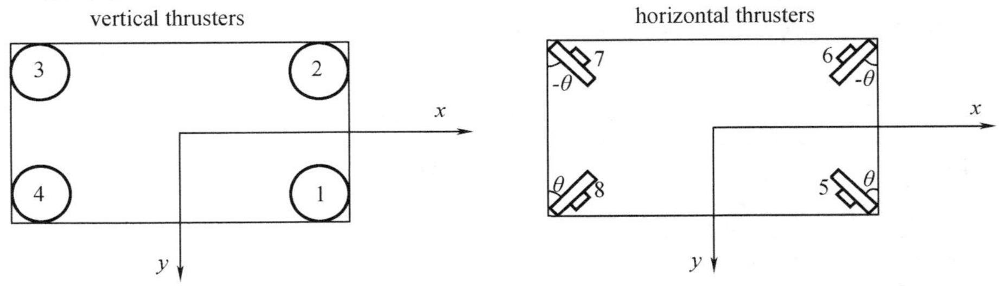

图 6.15 ROV 各推进器位置

2. 多功能机械手动力学模型

(1)模型构建流程

为实现 ROV 水下维修作业模拟操作培训、方案评估、与母船协同作业训练功能，需建立 ROV 作业机械手的动力学模型及其虚拟样机，实现驾驶员与教练员的作业培训功能。所构建模型应能实时解算 ROV 的七功能机械手与五功能机械手在深水环境下的运动速度、位置、姿态和水流的流速及流向，得出 ROV 机械手各关节的受力状态；能反映环境条件和作业条件的差异对作业机械手的影响，尽可能保证数据得出和视景仿真相对实时性的要求。

对虚拟样机进行模型建立和参数定义后，将 ADAMS 的编译器封装为动态数据库文件，设置接口；由教练员台设定载荷的类型和环境参数，驾驶员根据工作要求完成工作，即输入机械手的位置和姿态；实时进行动力学解算并将数据传递到教练员台，教练员台可以观察到机械手各关节的受力、角速度、角加速度及在直角坐标系下的位移曲线图。ROV 作业机械手动力学

分析系统工作流程图如图 6.16 所示。

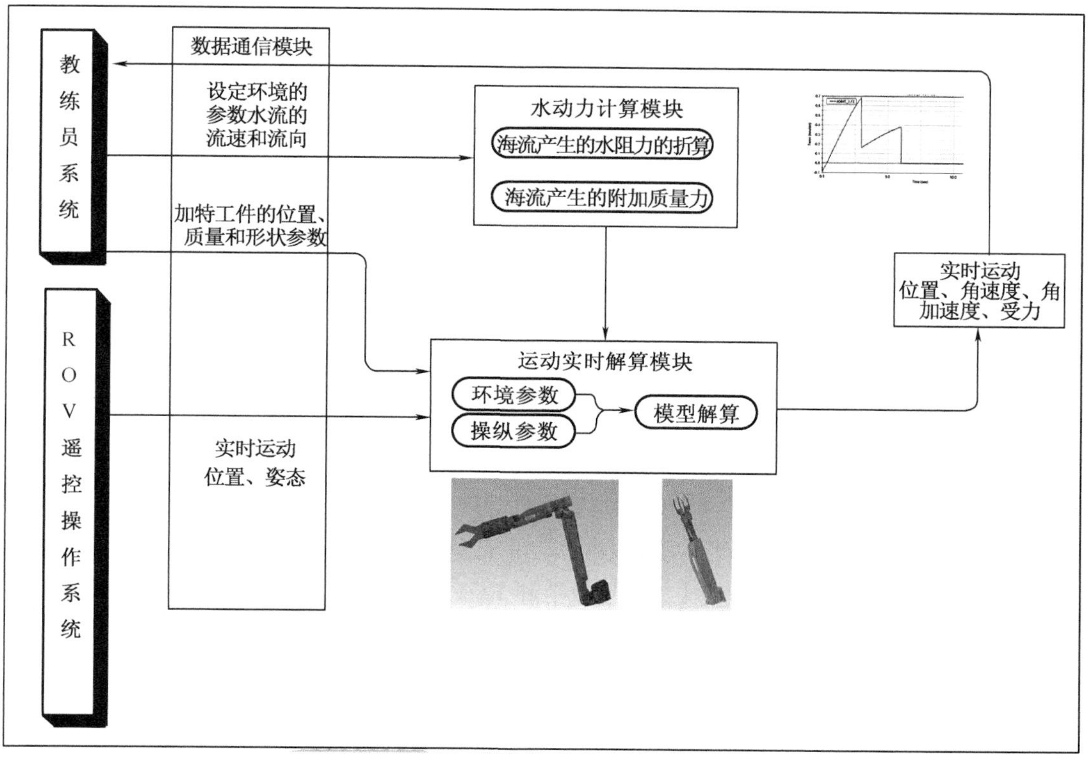

图 6.16　ROV 作业机械手动力学分析系统工作流程图

(2)水下机械手动力学

机械手分析常用 D－H(Denavit－Hartenberg)坐标系来定义各关节的运动,通过雅克比矩阵可以很快地得到机械手的运动方程。七功能机械手 D－H 坐标系简图如图 6.17 所示。

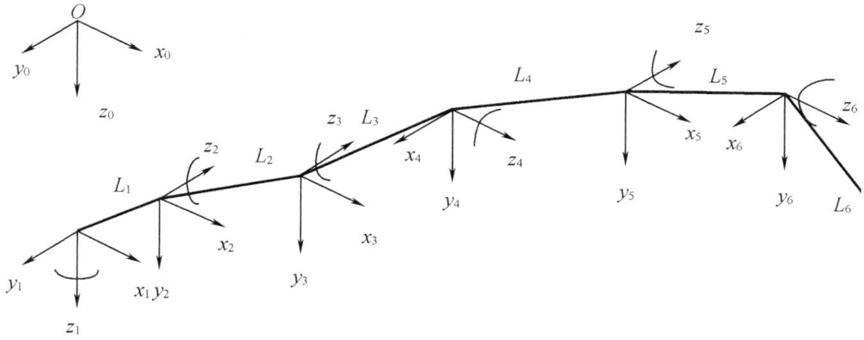

图 6.17　七功能机械手 D－H 坐标系简图

图中 O 坐标是惯性坐标,其他坐标的位置是机械手的各关节位置;L_i($i=1,2,3,4,5$)是机械手各关节之间的连接部分;L_6 是手抓;各关节的运动轴已经在图中标出。

图 6.18 为五功能机械手 D－H 坐标系简图。

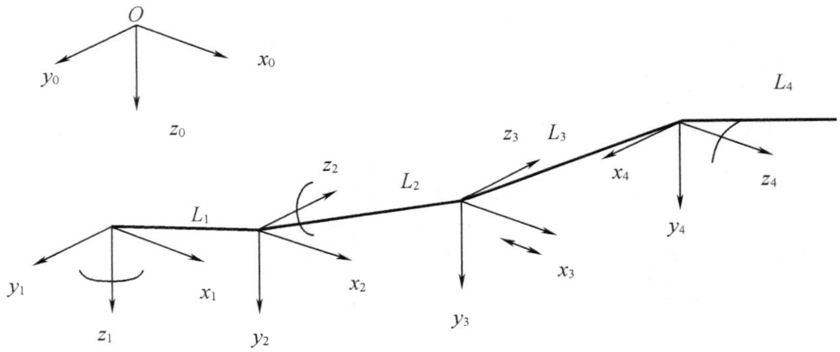

图 6.18　五功能机械手 D－H 坐标系简图

机械手动力学分析当前常用的动力学建模方法是牛顿－欧拉(Newton－Eular)法和拉格朗日(Lagrange)方程法，Newton－Eular 法需要对每一构件建立平衡方程，方程中包括不做功的约束反力，这样会使方程的数目大大增加。用 Lagrange 方程可以得到最少数目的微分方程，但是推导过程中需要计算动能和势能等能量函数，而且求导运算也相当烦琐。本节的方案选用 Lagrange 方程法，因为在机械手和 ROV 本体相互作用时，只需分析靠近 ROV 本体的关节受力。

Lagrange 方程的基本形式为

$$\frac{\mathrm{d}}{\mathrm{d}t}\frac{\partial L}{\partial \dot{\boldsymbol{\alpha}}_i}-\frac{\partial L}{\partial \boldsymbol{\alpha}_i}=\boldsymbol{T}_i, i=1,2,3,4,5,6 \tag{6.4}$$

$$L=\sum K-\sum P \tag{6.5}$$

式中 L 为动势；K 为动能；P 为势能；$\boldsymbol{T}$ 为力矩；$\boldsymbol{\alpha}$ 为广义坐标的角位移；t 为时间；i 为对应的广义坐标的编号。

水动力的计算方程为

$$\mathrm{d}\boldsymbol{F}=\frac{1}{2}\rho C_{\mathrm{d}}D\cdot\|v\|\cdot v\mathrm{d}l+\rho C_{\mathrm{M}}A\dot{v}\mathrm{d}l \tag{6.6}$$

式中 C_{d} 为阻力系数；C_{M} 为惯性力系数；ρ 为流体密度；A 为物体在垂直于流体速度方向 v 的投影面积；D 为结构物的等效直径。阻力系数和惯性力系数与 Keulegan－Carpenter(KC)数、Reynolds(Re)数、浸没结构物体几何体外形以及流场方位等有关。由于黏性波浪理论尚不成熟，Morison 公式中的阻力系数 C_{d} 和惯性力系数 C_{M} 还不能够从理论上直接给出，因此系数取值常利用实验研究获得。因为水下环境复杂，所以应用叠加原理将其分为两部分：第一部分为静水环境下，因水下机械手自身运动搅水导致的受力；第二部分为在水环境下，水下机械手以某个位姿静止，仅受水流冲击的受力。

(3)动力学方程的求解

基于实时性求解特性，采用虚拟样机的方法对 ROV 的机械手进行动力学分析。在三维建模软件 Catia 中根据实物的尺寸参数建立虚拟样机模型，机械手及 ROV 三维模型如图 6.19所示。

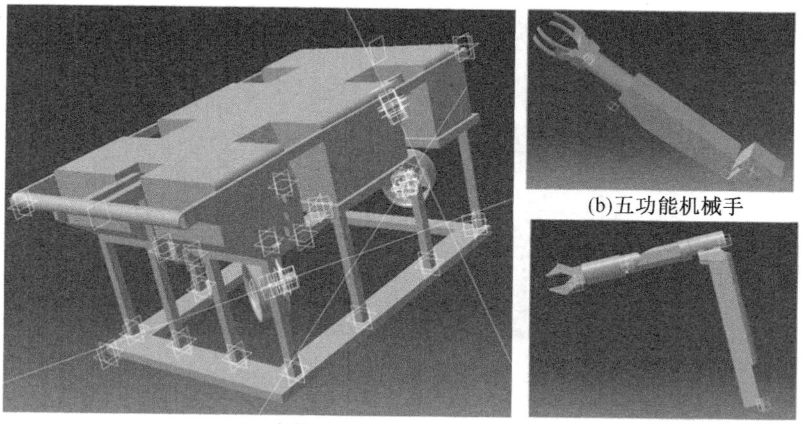

(a)ROV本体　(b)五功能机械手　(c)七功能机械手

图6.19　机械手及ROV三维模型

将三维模型导入动力学软件ADAMS中，定义相关的参数。基于动力学分析软件ADAMS对七功能机械手和五功能机械手进行虚拟样机的动力学分析，分析其动力学特性，得到各关节在不同载荷和水下环境时的受力。根据理论分析设定水动力所产生的附加力，根据实际工作要求确定载荷。

（4）机械手模型的建立

首先，根据机械手动力学理论模型，在Catia中建立其虚拟样机模型并导入ADAMS中进行动力学仿真，机械手在Catia中的模型如图6.20所示。

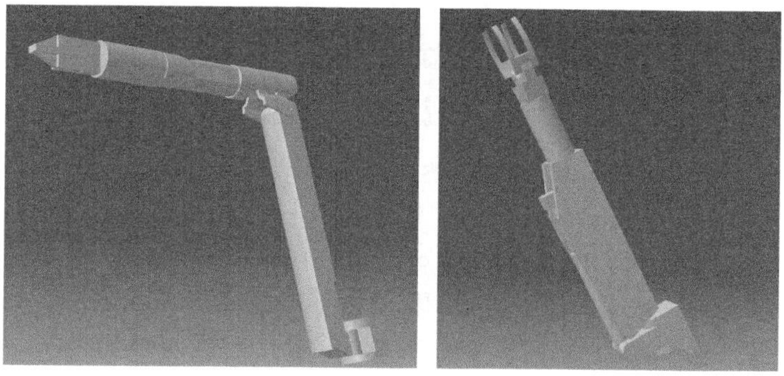

图6.20　机械手在Catia中的模型

其次，机械手模型的外形尺寸是基于实物的尺寸定义的，导入到ADAMS中的模型如图6.21所示。

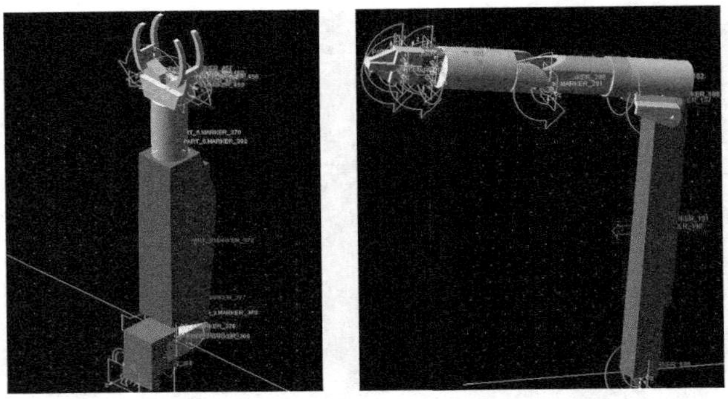

图 6.21　机械手在 ADAMS 中的模型

再次，对其中每个部分定义属性，包括质量、质心位置和转动惯量，其参数定义如图6.22所示。

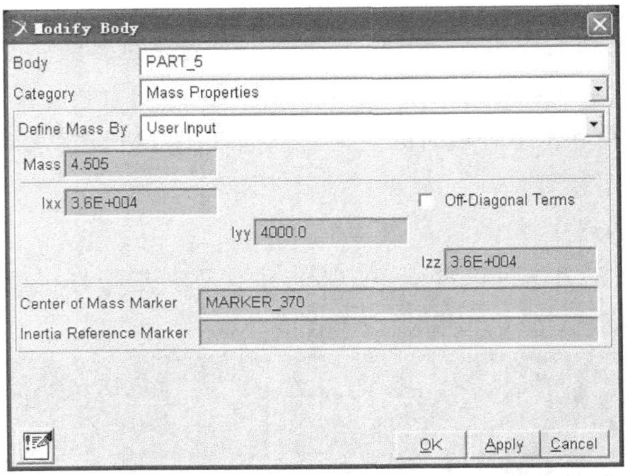

图 6.22　机械手在 ADAMS 中的参数定义

最后，添加约束，机械手的关键是转动副，只有五功能机械手有一个移动副。之后添加驱动电机，驱动电机的控制方法有三种：位移、速度和加速度。可以根据不同的需要选择驱动电机的控制方法。最后添加水动力，因为模型为刚体，所以水动力通过公式折算为点力，该数值由公式计算得出。

6.3.3　教练员分系统

教练员（教练台）系统主要由教练员控制台和教练员人机界面组成。教练员控制台用来完成整个模拟训练系统各个分系统的控制，以及模拟系统的故障检测与保护，配备有一系列的硬件控制按钮和显示指示设备，以减轻教练员的工作负担。这些按键和显示设备安装在控制面板上，教练员可以方便地对其操作，设置和更快地获取驾驶训练与模拟系统运行状况的重要信息。教练员采用硬件和软件的方法对整个模拟系统进行在线及离线的监控。

教练员人机界面是组织培训和教学的工具，对受训人员的训练效果起到非常关键的作用。教练台在利用模拟系统开展训练时，需要预先给受训人员设定一些任务，如遥控航行训练、水下作业训练等；同时设定一些环境参数，如能见度、风、浪、流、天气等；教练员还要利用教练台监控遥控操作台的训练情况，以便及时进行分析和指导。图 6.23 为教练员系统功能框图。

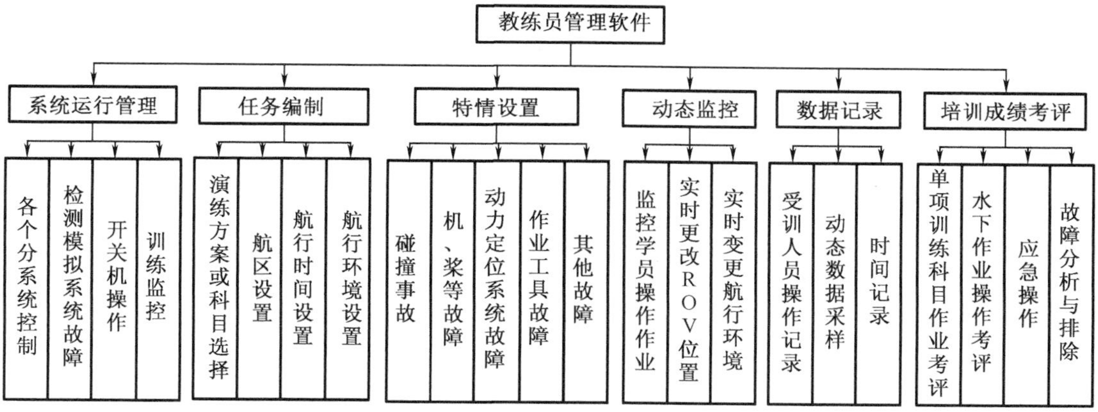

图 6.23　教练员系统功能框图

(1)系统运行管理

教练员通过控制台上的控制面板可以对整个模拟系统的各个分系统进行控制，检测模拟系统故障并报警，以及进行开关机操作、训练监控等。

(2)任务编制

教练员通过教练台给受训人员设置训练任务，并都以文件形式存储起来，供以后调用，主要包括：

①可以选择演练方案或科目、航区、航行时间。

a. 单科目训练：ROV 遥控操纵演练、水下作业工具应用训练。

b. 海上平台导管架安装演练。

c. 输油管道安装演练。

d. 电缆铺设演练。

e. 油田设施结构物的检测作业演练。

f. 替代潜水员进行水下作业演练。

g. 应急情况和典型故障处理演练。

h. 综合操作演练。

②设置航行环境，如风、浪、流、时间、水温、海床状况及能见度等。

(3)特情设置

在训练过程中，教练员将设置各种特情故障让受训人员在船舶发生故障的情况下及时采取措施，训练学员的应急操作能力，提高操纵人员安全操纵的技能。特情故障包括：

①碰撞事故。

②机、桨等故障。

③动力定位系统故障。

④作业工具故障。

⑤其他故障。

(4)动态监控

教练员可以在任何时候对受训人员的操作、作业进行监控,在必要时加以动态干预,包括:

①监控学员操作作业。

②实时更改 ROV 位置。

③实时变更航行环境,包括训练区域的环境条件、ROV 状态和作业状况。

(5)数据记录

记录受训人员训练时的操船数据是为了事后分析或评分。在某一阶段结束后,模拟结果以图形(海图轮廓 + ROV 航迹)和数字(船位及各种操船数据)形式给出,包括:

①受训人员操作记录。

②动态数据采样(如位置、速度、航向、潜深、作业工具的动作等)。

③时间记录。

(6)培训成绩考评

根据有关规则和算法建立考评模块,对受训人员进行成绩评估,并生成分析报告给出驾驶成绩,可以根据受训人员在以下方面的操作表现评估。

①单项训练科目作业考评。

②水下作业操作考评。

③应急操作。

④故障分析与排除。

教练员控制台主要包括教练台台体、控制面板、液晶显示器等硬件设备。教练员人机界面采用 VC. Net 和 MS - SQL Server7. 0 数据库技术开发友好的人机交互界面软件系统,采用综合显示器和触摸屏的方式,用计算机加以控制,使教练员能够迅速地设置各种练习和实时监控学员的操作。

(7)教练员系统数据库

从训练的业务逻辑上看,训练科目、考核题目的生成、编辑等工作是由多个教练员共同承担的,并按系统的划分相对地集中。因此,结合整个训练信息管理与人员信息管理的开发工作,数据库子系统应包括:

①训练科目数据库。

②训练记录数据库。

③教练员和学员基本数据库。

④训练方案设计数据库。

6.3.4 ROV 模拟遥控操纵台

ROV 模拟遥控操纵台用来模拟 ROV 操纵环境,操纵台布局、各种操纵设备、仪表、信号显示设备等应与 ROV 实船基本一样，它们的工作、指示情况也与实船相同。遥控操纵员操纵各种操纵设备（遥控操纵杆、油门、开关等）时，不但能看到各种仪表、信号灯相应地工作，而且能听到相应设备发出的声响以及外界环境的声音（模拟水下声响）。

ROV 模拟遥控操纵台的硬件主要由 1:1 比例仿真综合遥控操纵台（包括操纵台操控设备、显示仪表）、遥控操纵人员座椅、设备和显示仪表信号模拟计算机（包括声呐、视频、操作手柄等设备的信号发生器）、综合显示墙等组成。图 6.24 为 ROV 模拟遥控操纵台。

图 6.24　ROV 模拟遥控操纵台

ROV 模拟遥控操纵台由影像显示墙和台体组成。台体包括两个主要的工作站：一个是 ROV 驾驶员工作站；一个是 ROV 副驾驶员工作站。驾驶员工作站位于控制台左边；副驾驶员工作站位于控制台右边。每个位置上都有两个可移动的桌面，分别是驾驶员左手工作台、驾驶员右手工作台、副驾驶员左手工作台和副驾驶员右手工作台。ROV 模拟遥控操纵台硬件组成见表 6.2。

表 6.2　ROV 模拟遥控操纵台硬件组成

序号	驾驶员左手工作台	驾驶员右手工作台	副驾驶员左手工作台	副驾驶员右手工作台
1	监视显示器 1	监视显示器 2	声呐显示器	监视显示器 4
2	驾驶员显示器	监视显示器 3	副驾驶员显示器	Windows 显示器
3	驾驶员触屏	灯控面板	音频控制面板	副驾驶员触屏
4	桌面台灯（左）	自动功能和微调面板	动力控制面板	绞车控制面板
5		垂直推进器操纵杆	云台 1 操纵杆	控制系统轨迹球
6		TMS 控制滑块	云台 2 操纵杆	声呐轨迹球
7		水平推进器操纵杆		影像显示轨迹球
8				桌面台灯（右）

ROV 模拟遥控操纵台的长、宽、高分别为 2 500 mm、800 mm、900 mm，其布置图如图 6.25所示。

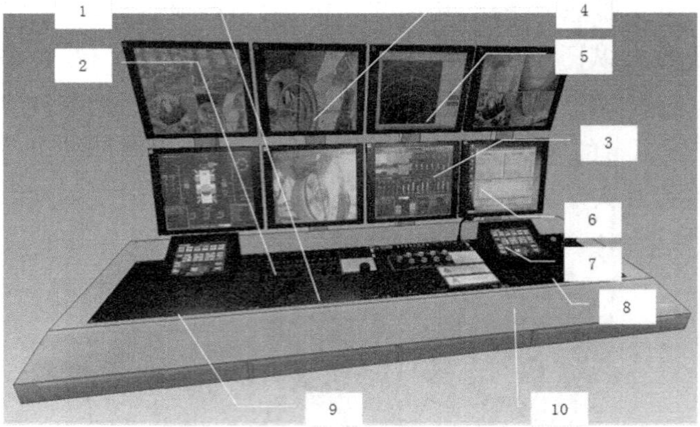

图 6.25　ROV 模拟遥控操纵台布置图

1—航行操作台;2—航行操作手柄;3—综合信息显示;4—水下摄像机显示;5—声呐;
6—主控信息显示;7—操作面板;8—机械手操作手柄;9—驾驶员操纵站位;10—副驾驶员操纵站位

ROV 模拟遥控操纵台的要求是实现 ROV 的实时运动操纵模拟、各种开关及设备的操作模拟和载人潜水器各分系统的故障模拟。为此,需要设计人机界面,实现实时信号采集,载人潜水器实时运动响应计算,操作及报警信号的输出显示,与教练员台控制计算机,视景管理计算机的实时数据通信(基于以太网),以及故障模拟与显示等。图 6.26 为 ROV 模拟遥控操纵台功能框图。

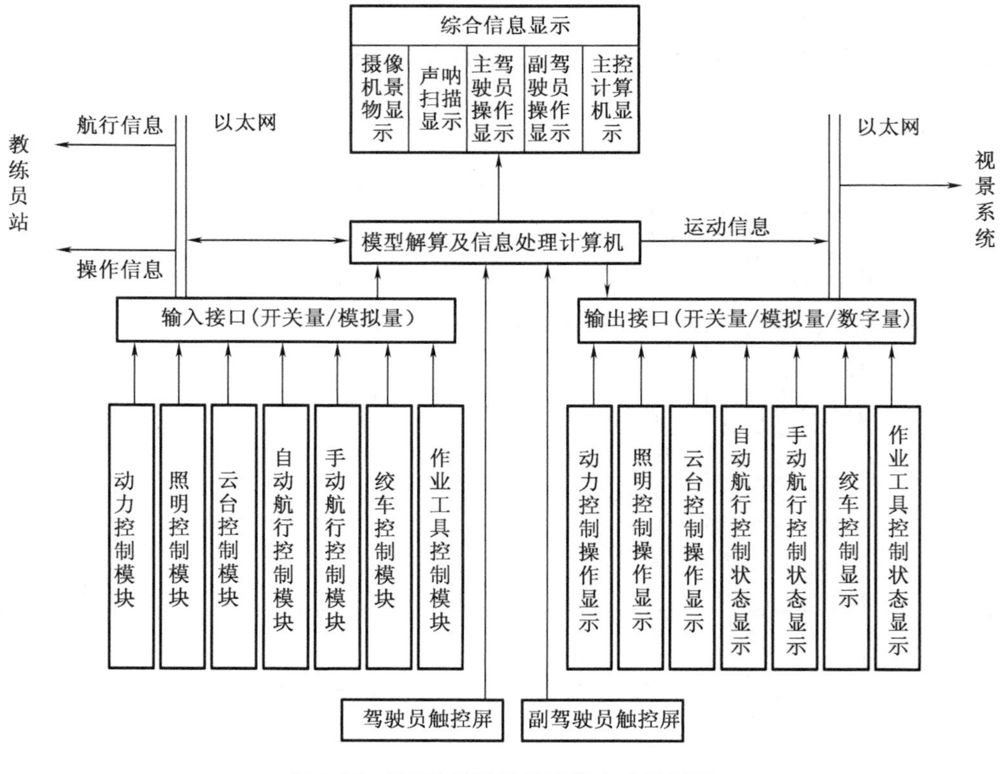

图 6.26　ROV 模拟遥控操纵台功能框图

6.3.5 辅助系统

辅助系统用于模拟系统建设时应考虑到的各仿真训练室的空调系统、供电系统等；真实地模拟ROV作业场景中的各种声音；能够用于本系统教练员与学员的通信及作业训练通信。辅助系统包括：

①监控系统。

②音响系统。

③通信系统。

④配电系统。

辅助系统能够有效地提高全面反映水下设施维修作业的维修和技术保障的环境及其实现过程的逼真性，提高模拟仿真质量。

参 考 文 献

[1] 喻晓和. 虚拟现实技术基础教程[M]. 北京:清华大学出版社, 2015.

[2] 陈雅茜, 雷开彬. 虚拟现实技术及应用[M]. 北京:科学出版社, 2015.

[3] 李新晖, 陈梅兰. 虚拟现实技术与应用[M]. 北京:清华大学出版社, 2016.

[4] 郭卫东. 虚拟样机技术与 ADAMS 应用实例教程[M]. 北京:北京航空航天大学出版社, 2008.

[5] 王扬,郭晨,章晓明. 现代仿真器技术[M]. 北京:国防工业出版社, 2012.

[6] 郭宇承, 谷学静, 石琳. 虚拟现实与交互设计[M]. 武汉:武汉大学出版社, 2015.

[7] 郑相周, 唐国元. 机械系统虚拟样机技术[M]. 北京:高等教育出版社, 2010.

[8] 胡小强. 虚拟现实技术与应用[M]. 北京:高等教育出版社, 2004.

[9] 张树生, 杨茂奎, 朱名铨. 虚拟制造技术[M]. 北京:西北工业大学出版社, 2006.

[10] 王瑞林, 李永建, 张军挪. 基于虚拟样机的轻武器建模技术及应用[M]. 北京:国防工业出版社, 2014.

[11] 刘义. RecurDyn 多体动力学仿真基础应用与提高[M]. 北京:电子工业出版社, 2013.

[12] 刘延柱,潘振宽,戈新生. 多体系统动力学[M]. 2 版. 北京:高等教育出版社, 2014.

[13] 韩清凯, 罗忠. 机械系统多体动力学分析、控制与仿真[M]. 北京:科学出版社, 2010.

[14] 陈峰华. ADAMS 2016 虚拟样机技术从入门到精通[M]. 北京:清华大学出版社, 2017.

[15] 洪嘉振, 刘锦阳. 机械系统计算动力学与建模[M]. 北京:高等教育出版社, 2011.

[16] 劳尔. 仿真建模与分析[M]. 5 版. 范文慧,译. 北京:清华大学出版社, 2017.

[17] 杨国来, 郭锐, 葛建立. 机械系统动力学建模与仿真[M]. 北京:国防工业出版社, 2016.

[18] 张袅娜, 冯雷. 控制系统仿真[M]. 北京:机械工业出版社, 2014.

[19] 翟华. 机械系统仿真原理与应用[M]. 合肥:合肥工业大学出版社, 2008.

[20] CHRIST R, WERNLI R. The ROV Manual: A User Guide for Remotely Operated Vehicles [M]. 2nd ed. Oxford: Butterworth-Heinemann, 2013.

[21] BARTOLO P J D S, JORGE M A, BATISTA F D C, et al. Virtual and Rapid Manufacturing: Advanced Research in Virtual and Rapid Prototyping[M]. Boca Raton:Crc Press, 2007.

[22] LI B H, CHAI X D, YAN X F, et al. Multi-Disciplinary Virtual Prototype Modeling and Simulation Theory and Application (Distributed, Cluster and Grid Computing) [M]. New York: Nova Science Publishers, 2012.

[23] FOSSEN T I. Handbook of marine craft hydrodynamics and motion control[M]. Hoboken: Wiley, 2011.